高等学校规划教材

GAODENG XUEXIAO GUIHUA JIAOCAI

DONGWU YICHUAN
ZIYUAN BAOHU GAILUN

动物遗传资源保护概论

赵永聚　主编

西南师范大学出版社

XINAN SHIFAN DAXUE CHUBANSHE

内容简介

动物遗传资源保护的重要意义不仅在于维持生态平衡,为人类保持一个和谐的自然环境,而且也是保护人类自身生存和经济发展不可缺少的资源。本书主要包括动物遗传资源多样性与形成机制、动物遗传资源保护现状、动物遗传资源保护原理和一般途径、自然保护区的建立与管理、生物技术在动物遗传资源保护中的应用、动物遗传资源多样性保护的有关法规、行动计划和国际组织、动物遗传资源的管理与利用等内容,同时系统介绍了畜禽、实验动物、渔业和野生动物等遗传资源的保护现状。

本书可作为各类大专院校动物学专业的教材或参考书,也可作为其他生物学工作者和环境保护主义者的参考资料。

图书在版编目(CIP)数据

动物遗传资源保护概论/赵永聚主编.—重庆:西南师范大学出版社,2007.9

ISBN 978-7-5621-3962-1

Ⅰ.动… Ⅱ.赵… Ⅲ.遗传－动物资源－资源保护－概论 Ⅳ.Q953

中国版本图书馆 CIP 数据核字(2007)第 144379 号

动物遗传资源保护概论

赵永聚 主编

责 任 编 辑:杜珍辉

封 面 设 计:〔CASTALY 商品视览〕周娟 钟琛

出版、发行:西南师范大学出版社

　　　　　重庆·北碚 　邮编:400715

　　　　　网址:www.xscbs.com

印　　　刷:重庆新生代彩印技术有限公司

开　　　本:787mm×1092mm 　1/16

印　　　张:12.75

字　　　数:321千字

版　　　次:2007 年 9 月第 1 版

印　　　次:2021 年 12 月第 2 次

书　　　号:ISBN 978-7-5621-3962-1

定　　　价:39.00 元

编 委 会

在全球动物遗传资源宝库中，由于我国幅员辽阔、自然生态条件复杂多变，形成了丰富多样的动物遗传资源，无论在质量上，还是在生态地理适应性上都独具特色。由于受人类活动的剧烈影响，乱捕滥猎和动物自然栖息地频繁地遭到破坏，动物遗传资源急剧下降，致使某些物种处于濒危或灭绝的境地，进而造成生态系统平衡失调和影响人类的持续发展。人类正面临动物遗传资源日益枯竭的危险。

动物遗传资源保护的重要意义不仅在于维持生态平衡，为人类保持一个和谐的自然环境，而且也是保护人类自身生存和经济发展不可缺少的资源。这种观念和意识正逐渐深入人心。同时，有感于广大青年学子对保护动物遗传资源工作的满腔热情，为能使他们对保护动物遗传资源有通识的了解，我于2005年开始为不同专业的学生开设了这门课程，报选该课程的同学比较踊跃，反映不错。我在2005冬季查阅大量资料，编写了大纲和讲义，体会到编写《动物遗传资源保护概论》教材的必要性和难度。同时，编写《动物遗传资源保护概论》教材的想法也很快得到有关方面的重视和支持。于是我邀请了国内相关专业的教师进行编写，几易其稿，终于与读者见面。

本书主要包括动物遗传资源多样性与形成机制、动物遗传资源保护现状、动物遗传资源保护原理和一般途径、自然保护区的建立与管理、生物技术在动物遗传资源保护中的应用、动物遗传资源多样性保护的有关法规、行动计划和国际组织、动物遗传资源的管理与利用等内容，同时系统介绍了畜禽、实验动物、渔业和野生动物等遗传资源的保护现状。希望本书对读者系统了解动物遗传资源状况、合理保护利用动物，尤其是濒临灭绝的动物有一定的参考价值。

本书是集体劳动的结晶，众多支持的成果。如果本书有价值，首先要感谢各编者不计较名利、鼎力相助的精神。本书受西南大学立项支持，在编写过程中，参阅了国内许多专家的资料及研究成果。另外，青岛农业大学沈伟博士、贵州农业厅毛凤显博士提供大量资料，我校研究生郑双艳、窦娟霞修改了相关章节，西南师范大学出版社杨光明老师、教务处彭里老师提供许多帮助，在此表示感谢。感谢西南大学博士生导师张家骅教授主审该书，西南大学董国忠教授和甘肃农业大学博士生导师李发弟教授对本书部分章节进行了审稿，提出了许多宝贵意见。

由于本书编写时间仓促，加之编者水平有限和经验不足，错误和缺点在所难免，恳请读者批评指正。

2007年4月

前言 ——赵永聚

CONTENTS｜目录

第一章 绪 论

第一节 动物遗传资源概况

一、动物遗传资源

(一)概念

遗传资源(Genetic resource)是我们今天常常听到的一个词汇。在《生物多样性公约》中遗传资源是指具有实际或潜在价值的遗传材料。所谓遗传材料是指来自植物、动物、微生物或其他来源的任何含有遗传功能单位的材料。因此,遗传资源是指具有实际或潜在价值的来自植物、动物、微生物或其他来源的任何含有遗传功能单位的材料。

我们知道,许多野生动物物种虽然没有种(Species)以下的遗传变异分类单位,但就其种本身也是丰富遗传材料的载体。此外,就物种潜在价值的鉴别方面也没有现成的标准,即有些物种虽然目前尚未发现其特别价值,但随着科学技术的发展,物种的潜在价值将被不断发掘出来。因此遗传资源有广义和狭义的概念。所谓广义的遗传资源是指具有实际经济价值(亦包括诸如社会、文化、环境等方面价值)的动植物和微生物种和种以下的分类单位(亚种、变种、变型、品种、品系、支系、类型)及其遗传材料(包括器官、组织、细胞、精子、卵子、胚胎、染色体、基因和DNA片段、遗传信息等)的所有生物遗传功能单位,包含了物种、组织、细胞、基因等多个层次。我们可以看出,广义遗传资源的概念较大,实际上包括了地球上所有有价值(实际的和潜在的价值)生物种类所拥有的基因资源。而传统上狭义的遗传资源主要指品种资源,所谓品种资源是选育新品种原始材料的类型和品种的总称,是选育动植物优良品种的物质基础,这些材料可以直接选择创造新品种,也可以作为杂交育种的亲本。

同样,广义上的动物遗传资源(Animal genetic resource)是指具有实际或潜在价值的来自动物的任何含有遗传功能单位的材料,主要包括动物基因组、基因及其产物的器官、组织、细胞、血液、制备物、重组脱氧核糖核酸(DNA)构建体等遗传材料及相关的遗传信息资料。而狭义上的动物遗传资源就是动物物种或品种资源。从上面的概念可以看到,广义的动物遗传资源是建立在物种或品种资源之上的，但同时又大大拓展了传统的品种资源概念，即不但包括了物种或品种资源，而且还包括与品种相关的遗传信息资料，更微观地揭示了动物遗传资源的实质。

（二）动物遗传资源的特性

1.可恢复的耗竭性资源

动物遗传资源是一种可耗竭、可更新的自然资源。动物遗传资源可随着群体中基因资源的耗竭和数量的减少而消失，但同时具有再生性，即在被利用后，能通过自我繁殖增长和更新得到恢复。动物遗传资源固有的优良特性还可通过扩大群体规模、优化内部结构等措施来恢复。

2.可选择的多用途资源

动物遗传资源用途比较广泛，可以用作食品、药材、工业原料、科学实验材料、观赏物等。随着科学技术的发展和对动物遗传资源的进一步了解，其用途会更加广泛。同时在不改变原品种特征的基础上，动物遗传资源固有优良特征特性，特别是数量形状，可通过选择得以进一步提高。

（三）分类

动物遗传资源主要包括以下种类：

1.畜禽遗传资源：畜禽及其卵子(蛋)、胚胎、精液、基因物质等遗传材料。

2.实验动物遗传资源：科学研究、教学、生产、鉴定及其他科学实验的动物、模式动物等及其遗传材料。

3.渔业生物遗传资源：海洋和淡水养殖鱼类、无脊椎养殖动物(虾、蟹、贝、藻等)等物种及其品种资源，亦包括野生渔业资源物种。

4.野生动物资源：生存在天然自由状态下或来源于天然自由状态，虽然已经短期驯养但还没有产生进化变异，具有经济价值、社会价值和生态价值的各种动物总体。

二、动物遗传资源的价值

动物遗传资源是地球生命经过长期发展进化的结果，是人类赖以生存和持续发展的物质基础，为人类提供了食物、能源、医药、娱乐等基本需求。丰富多样的动物与它们的物理环境共同构成了人类所赖以生存的生物支撑系统。动物遗传资源多样性的存在，使得人类有可能多方面、多层次地持续利用动物资源，为人类的生存环境提供保障。简而言之，动物遗传资源于人类有直接价值和间接价值。

（一）直接价值

动物遗传资源的直接价值在其被直接用作食物、药物、能源、工业原料时体现出来，通常可以用货币形式表现。家养动物不仅为当今人类生活提供了主要的动物性蛋白质，而且在人类社会发展过程中，在狩猎、运输等多方面都起过重要的作用。

人类猎取、饲养、宰杀动物的主要驱动力是经济效益。世界许多地区食物蛋白质主要来源于牛、羊、猪、鸡、鸭等少数几种畜禽。这些产品有的直接供人类食用，也有的作为动物饲料间接地为人类提供动物蛋白质。我国是世界上畜禽遗传资源最为丰富的国家之一。这些畜禽遗传资源是培育新品种和新品系、保护生物多样性、实现畜牧业可持续发展的重要物质基础,也是满足未来育种需求的重要基因库。在不发达的国家或地区,人们还相当依赖获取野生动物作为食物,如加纳人和扎伊尔人所需蛋白质的 3/4 来源于野生鱼类、昆虫和蜗牛等。除直接为人类提供食物外,动物还在其他方面为人类生活做出了巨大的贡献,如野生动物被用来改良畜禽,每年价值达到数十亿美元。相当多的动物提供了重要的药物,如水蛭素是珍贵的抗凝剂;蜂毒可治疗关节炎;某些蛇毒制剂能控制高血压。此外一些动物还是重要的医药研究模型和实验动物,如小鼠、大鼠、恒河猴等。

(二)间接价值

动物遗传资源还具有间接价值,主要是维持物种多样性和生态平衡,为人类社会适应自然变化提供了选择的机会和原材料,如为寻找新的养殖动物、提取新的药物提供材料,为畜禽及农作物品种改良提供遗传物质,为控制和治疗疾病等方面提供更多的机会等。

三、我国动物遗传资源概况

在全球动物遗传资源宝库中,我国幅员广阔,地形、地貌多种多样,气候复杂,动物物种多样性以及与此相关的遗传多样性十分丰富,仅以中国脊椎动物占全世界脊椎动物种类的比例便可见一斑(表 1-1)。

表 1-1　中国脊椎动物种类及其占全世界脊椎动物种类的比例

项目	兽类	鸟类	爬行类	两栖类	鱼类
全世界	4 180	9 000	6 000	3 300	21 723
中国	572	1 186	380	220	2 831
占世界的比例(%)	13.68	13.178	6.33	6.67	13.23

引自季维智等,《遗传多样性研究的原理与方法》,浙江科学技术出版社,1990。

中国哺乳动物分布类群和种类极为丰富,而且拥有许多特有的珍稀动物。中国也是世界鸟类分布种数最多的国家之一,在动物地理区划上中国地处古北、东洋两界,这在世界上是绝无仅有的。中国鸟类中有些科的种数占世界种数的 50% 以上。如戴胜科(*Upupidae*)、鹟科(*Muscicapidae*)、岩鹨科(*Prunellidae*)、潜鸟科(*Gaviidae*)、瓣蹼鹬科(*Phalaropodidae*)、鹤科(*Gruidae*)、鹲科(*Phaethontidae*)等。鹟科在我国分布有 356 种和 295 亚种,占世界总数的 75% 以上,是研究鸟类物种多样性的好材料。全世界鹤科共有 15 种,见于我国的就有 9 种,其中白鹤(*Grusleucogeranus*)、黑颈鹤(*Grusnigricollis*)、丹顶鹤(*Grusjaponensis*)等都在物种保护上具有重要价值。我国同时也是世界上鱼类多样性最为丰富的国家之一,已记录的鱼类在 2 831 种左右,占世界鱼类总种数的 13.23%,其中内陆水域(河流和湖泊)鱼类 1 000 种左右。

另外,我国形成了丰富多样的畜禽品种资源,而且质量上也独具特色,有许多宝贵的基因。我国畜禽品种资源可分为地方型、选育型(即通过引入品种与地方品种杂交培育成的品种)、引进型(即国外引入的畜禽良种)。20 世纪 80 年代初查明我国共有畜禽品种、类群 596 个,约占全世界总数的 11%,已经列入《中国畜禽品种志》的 287 个,其中牛品种(奶牛、肉牛、肉奶或奶肉兼用牛、水牛及牦牛)98 个(含引进品种 29 个),马品种 66 个(含引进品种 18 个),驼品种 4 个,绵羊品种 79 个(含引进品种 26 个),山羊品种 48 个(含引进品种 4 个),猪品种 113 个(含引进品种 11 个),鸡品种 107 个(含引进品种 50 个,其中蛋鸡品种 26 个,肉鸡品种 24 个),鸭品种 35 个(含引进品种 5 个),鹅品种 21 个(含引进品种 1 个),火鸡品种 3 个。20 多年来,又有一些新的品种和类群不断被发现。我国畜禽不仅数量多,而且还有不少品种以其独特、优良的遗传性状和经济价值而著称于世,例如我国的太湖猪以其性成熟早、产仔多、繁殖率高而闻名国内外;金华猪皮薄骨细,腌制成金华火腿质佳味美,在国内外素享盛誉;我国西南所产的小型猪(或称微型猪),是生物学、医学科研中的重要实验动物;生活在海拔 4 000 m 左右严寒少氧高原上的牦牛,是世界独特的牛种,在雪封千里的草地上仍能负重开路,自古被誉为"高原之舟",同时又为高原人民提供肉、奶、毛皮等主要生活用品;我国的滩羊和中卫山羊生产二毛裘皮,毛穗弯曲美观,为世界著名的裘皮羊品种;湖羊羔皮毛股呈波浪形花纹,光泽美观,为我国珍贵的羔皮羊种,同时又具有繁殖率高的可贵遗传特性;我国培育的中国美利奴羊,成年母羊净毛量超过 3 kg,周岁时羊毛长度达 9 cm 以上,羊毛质量好,具有色白、弯曲、净毛率高等特点,是一个高水平的细毛羊新品种;在广西西部和四川凉山的调查中分别发现的广西矮马和安宁果下马,体高 100 cm 上下,是我国古时"高三尺,乘之可骑行于果树下"的"果下马"的重现,与英国著名的舍得兰矮马不相上下;广东的三黄鸡以其肉嫩味美而饮誉港澳,已成为我国活鸡出口数量较多的鸡种;江西和福建的丝羽乌骨鸡,是配制我国传统名药"乌鸡白凤丸"的主要原料,也是世界特有的药用珍禽;绍兴鸭适于圈养,性成熟早(100～120 天即可开产)、产蛋多(年产蛋 200～210 枚);高邮鸭适于放牧饲养,觅食力强,具有产"双黄蛋"的特点,是腌咸蛋的上好原料;建昌鸭以产肥肝著名,填肥三周,其肝重即可达 300 g 以上,年产蛋 150 枚,为我国优良的肉蛋兼用鸭品种;北京鸭不仅产蛋多(年产蛋 200～220 枚),且肉质优良,制成烤鸭,皮脆而肉嫩,味道鲜美,为我国肉用鸭良种,久已闻名于世,很早就被英、美等国家引种;广东狮头鹅体形大且生长快,70 d 体重即可达 6 kg 左右,成年鹅体重达 10 kg 以上,为世界稀有的肉用鹅品种。

第二节　动物遗传资源保护

一、概念

动物遗传资源保护(Animal genetic resource conservation)是今天大家耳熟能详的词汇,但在不同情况下,动物遗传资源保护有不同含义。从畜牧学角度考虑,动物遗传资源保护就是保存品种(Breeds conservation),简称保种,就是要尽量全面地、妥善地保护现有的动物品种(包括特殊的生态型),使之免遭混杂和灭绝,使优良性状、生产能力和特征不丧失;从遗传学角度考虑,动物遗传资源保护就是保存基因,使原种基因库中的基因不丢失,即保护原种所含基因的多态性。这是与遗传多样性联系紧密的一个概念;从社会学和生态学角度考虑,动物遗传资源保护就是保护生态多样性中的动物资源。因为无论是品种还是物种,都是人类社会和自然界的遗传资源,它们是社会发展、生物进化、生态平衡不可缺少的一部分;从育种学角度考虑,动物遗传资源保护就是保存动物遗传资源的性状。育种主要是通过对具体性状的选择而达到遗传改良的目的。保种就是要妥善保存某些现在或将来有用的性状,作为未来育种的素材。概括地说,动物遗传资源保护就是要尽量全面地、妥善地保护现有的动物遗传资源,使之免遭混杂和灭绝,其实质就是使现有的基因库中的基因资源尽量得到全面的保存,无论这些基因目前是否有利用价值。

保护动物遗传资源与保持群体的基因多样性有着密切关系,但两者的具体内容又有所不同。保护动物遗传资源的实质是保护现有的动物的数目以及特定基因型或特定基因组合体系。而保持群体的基因多样性的实质是保持动物所拥有的基因种类数。从某种程度上讲,与品种特征、特性无关的单个基因丢失,不会影响品种的发展,但是某个基因的丢失将会打破原有的基因型或特定基因组合体系的平衡性,从而间接影响品种特征、特性的表达。

二、动物遗传资源保护的意义

动物遗传资源是人类赖以生存的物质基础,对动物遗传资源科学地管理和保护,使它们不仅能够生存,而且还能够增殖,从而为持续发展提供基础。动物遗传资源保护主要有经济、社会、科学、文化和历史等方面的意义。

(一)经济意义

动物遗传资源保护是指人类管理和利用这些现有资源以获得最大的持续利益,并保持满足未来需求的潜力,它是对自然资源进行保存、维持、持续利用、恢复和改善的积极措施,这些措施对于人类有着直接的经济意义。家养动物是同人类关系最为密切、最为直接的部分,是长期进化形成的宝贵资源。它的任何一点利用都可能在类型、质量、数量上给肉、蛋、奶和毛皮等养殖业生产带来创新。满足人类需要的家养动物改良就是依赖于家养动物的遗传多样性。家养动物及其野生近缘种的遗传变异为畜禽遗传育种提供了不可缺少的基因材料。现有动物遗传资源保存具有潜在的重要经济价值,在过去的几十年里,对于动物产品消费的变化和生产条件的改变,生产者都能够及时应变,这在很大程度上取决于当时家畜、家禽群体中存在有相当广泛的可利用遗传变异。我们无法准确预测遗传多样性的缩小和消失、遗传的均质化或遗传资源的枯竭对我们的畜牧业将带来多大的灾难性后果。同时,面对众多的动物遗传资源,我们还远未知道哪些物种将来是有用的。许多濒于灭绝的生物,其对人类的潜在价值仍然是个谜。

保护家养动物遗传资源的重要经济意义在于:第一,保护畜禽遗传资源,有利于保持生物多样性,实现可持续发展战略;第二,保护畜禽遗传资源,有利于促进畜牧业发展,增加农民收入;第三,保护畜禽遗传资源,有利于培养畜禽优良品种,提高畜牧生产水平和畜产品市场竞争力;第四,保护畜禽遗传资源,有利于满足人民对畜禽产品需要的多样性。

(二)社会意义

动物遗传资源保护的社会效益远远大于它的经济效益。动物遗传资源的可持续发展是文明社会的标志之一。动物遗传资源保护有助于形成良好的社会风气,有助于建立文明的法制社会。我们应该使爱护动物的人及其所从事的工作得到社会的赞许,而捕杀、偷猎国家野生保护动物的人被绳之以法。在北京曾出现过天鹅被偷猎者枪杀的事件,引起了社会舆论的极大关注,肇事者很快落网。可以说动物遗传资源保护反映了人的精神面貌和社会秩序。

动物遗传资源多样性保护也是保持生态平衡的重要内容,生态环境对人类的重要性应受到充分的重视,丰富多彩的大自然是人类社会进步的物质基础。

(三)科学意义

动物遗传多样性是动物遗传育种研究的基础,我们可以利用群体间以及个体间的遗传变异来研究动物的发育和生理机制。深入了解动物驯化、迁徙、进化、品种形成过程以及其他一些生物学基础问题,是很有科学价值的。一些具有特殊基因的畜禽品种更是研究的理想对象。特别是近年来对畜禽基因图谱的研究,以及对特定基因,如控制动物生长、繁殖和疾病发生的基因的鉴别和控制技术的研究,对特异畜禽遗传资源的需求更为迫切。

(四)文化和历史意义

如上面所述,我国有许多特有种。特有种是指那些分布范围狭窄,仅生存于某一局部地区的物种,如大熊猫(*Ailuropoda melanoleuca*)、白暨豚(*Lipotes vexillifer*)、扬子鳄(*Alligator sinensis*)等物种。鉴于中国的特有种的形成比较复杂,与地质、气候和生物进化的进程有关,研究这些特有种本身就代表了中国的一种文化现象。被誉为我国"国宝"的大熊猫,憨态可掬,是人们最喜爱的珍稀动物之一,同时也是世界野生动物保护基金会的标志动物。畜禽品种是在特定的自然生态环境和社会历史条件下,经过人类长期驯化、培育而成的,对这些遗传资源的保存也为一个国家的文化历史遗产提供了活的见证。与建筑物和地理遗址具有历史价值一样,畜禽品种资源也同样具有历史价值。对这些濒危动物遗传资源的保存,应该像对待一个国家其他文化遗产一样给予高度的重视。

三、动物遗传资源保护概况

(一)畜禽遗传资源保护

畜禽资源保护是国家种畜禽管理的重要内容之一。我国有着丰富的畜禽遗传资源,加强畜禽遗传资源的保护工作,是保证我国畜牧业可持续发展的需要,是促进畜牧业结构调整、满足人民对畜产品优质化和多样化的需要,是培植我国畜牧业产业优势、增强国际竞争力的需要。世界各国都将家畜禽遗传资源保护工作作为应尽的职责,列为政府一项重要工作。我国对畜禽遗传资源保护工作是十分重视的,并采取了一系列措施,如拨专款抢救、保护受到威胁和濒临灭绝的畜禽品种、在原产地建立地方原种保护场、划定保护区、制定改良计划等等。但由于我国在畜禽保种方面还存在设施与手段落后、资金投入不足、盲目杂交利用等问题,造成部分畜禽品种数量减少,有的濒临灭绝,有的甚至已经灭绝,当前的畜禽遗传资源保护工作形势依然严峻。

(二)实验动物遗传资源保护

实验动物的发展状况是衡量一个国家和一个部门生命科学研究水平的重要指标。20世纪中期发达国家相继制定和颁布了动物法、动物福利法、动物保护法、实验动物法等来约束和规范实验动物的使用和管理。我国潜在的实验动物资源极其丰富,具备一个巨大的实验动物原始资源库和基因库。我国的实验动物科技工作者已经在开发长爪沙鼠、鼠兔、旱獭、矮马、小型猪等我国特有的实验动物资源保护方面取得了令国际实验动物学界瞩目的成绩。1984年国务院批准建立了中国实验动物科学技术开发中心,制定了我国实验动物科学技术的方针、政策、法规和规划。通过建立国家级实验动物中心、研究野生动物实验动物化、保存和利用实验动物种质资源、健全动物管理条例,政府加强了对我国实验动物遗传资源的管理。但目前仍存在实验动物遗传资源的标准化程度不够、自主研发能力有待进一步提高等显著问题。

(三)渔业生物遗传资源保护

我国渔业生物资源的丰富程度位于世界前列,有大量的特有种和稀有种,含有丰富的遗传基因,普遍具有适应性广、抗病能力强、经济价值高的特点。自 20 世纪 50 年代以来,我国组织实施了多次大规模的调查研究工作,取得了大量生物资源与环境数据,同时将渔业生物遗传资源研究与育种工作纳入国家统一规划和组织协调,颁布了渔业生物遗传资源保护的相关法规条例,重新修订并颁布了《渔业捕捞许可管理规定》,使保护走向法制化渠道。同时我国也存在已有的渔业遗传资源保护和管理的法律法规体系尚不完善、栖息环境不断恶化、渔业生物遗传资源破坏严重等问题。

(四)野生动物遗传资源保护

作为世界上生物多样性极其丰富的国家,我国蕴藏着宝贵的野生动物遗传资源。在我国数十万种野生动物中,有相当一部分动物与我们的生产生活关系非常密切,是我们食物、衣物、药物、工农业产品以及其他特殊价值的提供者或者载体。新中国成立以来,为了加强对动物遗传资源的管理,保护和合理利用动物遗传资源,我国政府相继颁布了一系列关于动物遗传资源保护法律法规。同时国际条约和协定正在以惊人速度迅速发展。由于越来越多的人认识到野生动物遗传资源保护的重要性,对其的保护工作也在迅速开展着。但由于修路、开矿、筑河坝、城镇开发区建设、毁林和垦荒、过度放牧、围垦造田、环境污染等人为因素的加剧,野生动物遗传资源的生境遭到严重破坏,分布区日益缩小,遗传资源急剧消失。

四、加强我国动物遗传资源保护的建议

(一)继续动物遗传资源的调查和编目工作,了解其资源状况

调查和详尽了解动物遗传资源状况是有效保存和合理利用这些资源的前提和基础。我们必须加强重要动物物种、类群的调查编目及生物学研究,进一步掌握我国动物遗传资源的本底状况。同时我们应该做好动物遗传资源的监测,应用现代信息技术建立起全国动物遗传资源动态信息数据库,实现资源和信息共享,为动物遗传资源研究、管理和利用服务。

(二)开展多种形式的动物遗传资源保护研究和体系建设

我们必须要重视动物遗传资源保护的科研及开发工作,积极研究和不断探索科学、有效、经济的保护方法,改变目前保种形式单一、手段落后、设施陈旧的局面,要在完善现有保种技术的基础上,加强冷冻精液、胚胎及其他方式保种等的科研工作。

（三）依靠科技实现动物遗传资源保护与开发利用相结合

合理开发利用是资源保护的主要目的。但目前我国动物遗传资源的利用大多停留在原始阶段，技术含量不高，很少综合利用，资源浪费惊人。因此，我们必须推广高新技术和建立新型产业，探索利用动物遗传资源的新途径。

（四）加强动物遗传资源保护领域的国际合作

我们要充分利用《生物多样性公约》和其他国际条约的机制，加强国际合作，在确保国家重要的、特有的遗传基因不流失的前提下，开展双边、多边以及与国际组织的科技交流与合作，学习引进国外先进技术，履行好畜禽品种资源保护的国际义务。

（五）建立完善的法律体系，健全管理机构

我们应对涉及动物遗传资源的保护、管理和利用的具体细节做出全面规定，做到"有法可依"。同时我们还要健全机构，强化监督管理，根据资源情况和保护开发需要，遵照分级管理、执法必严、违法必究的原则，切实做到权限清楚、职责明确、协调有力、工作有序。

（赵永聚）

第二章 动物遗传资源多样性与形成机制

第一节 动物遗传资源多样性

遗传资源多样性是生物多样性的重要组成部分。遗传资源多样性与物种多样性和生态系统多样性彼此有机联系,共同构成生物多样性。任何物种都具有其独特的基因库和遗传组成,可以说物种是构成生物群落进而组成生态系统的基本单元,而遗传资源多样性是生态系统多样性和物种多样性的重要基础。

一、动物遗传资源多样性的概念和含义

(一)动物遗传资源多样性概念

目前遗传资源多样性有广义和狭义两个定义。广义遗传资源多样性是指地球上所有生物所携带的遗传信息总和,也就是各种生物所拥有的多种多样的遗传信息。Mcneely(1990)把遗传资源多样性定义为:蕴藏在地球上植物、动物和微生物个体基因中的遗传信息的总和。1992年,世界资源研究所(WRI)提出了狭义遗传资源多样性的概念:遗传资源多样性是指种内基因的变化,包括同种显著不同的群体间或同一群体内的遗传变异。施立明等(1993)认为遗传资源多样性主要是指种内不同群体之间或同一群体内不同个体的遗传变异的总和。总之,遗传资源多样性是指物种个体之间或群体内的基因或基因型的多样性。因此,遗传资源多样性是一个需用种、变种、亚种或品种的遗传变异来衡量其内部变异性的概念。每一物种都是一个独特的基因库,物种多样性中包含遗传资源多样性,但遗传资源多样性又远远超过物种多样性的范围。每一物种均由许多个体组成,没有两个个体的基因组是完全相同的。种下可能有亚种的分化,或由许多地理或生态种群所组成。因此,许多物种实际上包含成百上千的不同遗传类型。我国有着极其丰富的野生和家养动物遗传资源,其物种、亚种或变种都

具有丰富的遗传变异,是遗传资源多样性的珍贵宝库。正是这些丰富的遗传资源多样性为中国物种的多样性奠定了基础,而通过丰富的物种多样性又形成我国不同类型的生态系统。

(二)动物遗传资源多样性含义

动物遗传资源多样性含义涉及如下内容:

1.广义的遗传资源多样性可泛指地球上所有生物携带的遗传信息,包括不同物种的不同基因库所表现出来的物种多样性。

2.作为生物多样性的一个重要层次,遗传资源多样性所指的主要还是种内的遗传变异。种内的遗传变异既包括群体内的个体间变异,也包括群体间或群体系统、生态型、变种、亚种间以及家畜家禽品系、品种间的遗传差异(施立明,1990;葛颂等,1994;Hamrick,1990)。

3.遗传资源多样性指种内可遗传的变异,而那些由于发育或环境引起的变化不在遗传资源多样性之列(蒋志刚,1997)。

4.遗传资源多样性表现在 DNA、mRNA、多糖、脂肪、蛋白质等生物大分子、细胞器、细胞、组织、器官、个体、种群、群落、生态系统、景观等不同层次上,还表现在结构、形态、行为、生理、功能等诸多方面。

(三)动物遗传资源多样性的研究意义

对遗传资源多样性的研究已经密切联系于物种的形成、分化、进化以及物种濒危机制和应采取的保护措施等方面。对这些问题进行研究有如下意义:

1.有助于追溯生物进化的历史,探究现存生物进化的潜能

遗传变异是生物进化的内在源泉,研究生物的遗传资源多样性可以追溯生物进化的历史,探究现存生物进化的潜能,是进化生物学研究的核心问题之一。

2.可以评估现存的各种生物的生存状况,预测其未来的发展趋势

遗传资源多样性水平高低和其群体遗传结构,是长期进化的结果。遗传资源多样性在一定程度上决定了物种的分布以及数量多样性,并将影响该物种未来的生存和发展。因此,遗传资源多样性研究将可以评估现存的各种生物的生存状况,预测其未来的发展趋势。如我国特有的大熊猫群体被隔离为 30 多个小群体,每个群体不到 50 头,甚至少于 10 头。根据 36种血液同工酶及蛋白质的电泳检测发现,来自 8 个品系的 12 只大熊猫,在检测的 40 个遗传位点上,39 个位点均表现为单态,只有一个位点有两个等位基因多态,遗传资源多样性水平极低,因此许多专家认为大熊猫正面临灭绝的境地。而同样实验条件下的 17 只亚洲黑熊(*Selenarctos thibetanus*)却表现出丰富的多态性,因此研究专家普遍认为亚洲黑熊在短期内没有灭绝的危险。

3.在遗传资源多样性研究的基础上才能制定保护策略和措施

生物多样性保护的关键就是保护物种的遗传资源多样性或进化潜力。遗传资源多样性越丰富,该物种对环境变化的适应能力越大,其进化的潜力也就越大。采取科学的保护措施之前所开展的保护等级的确定、有效种群数量确定、物种生存力分析、保护数量的确定、保护对象的获取以及保护管理方案制订等一系列工作,都应在对该物种的遗传资源多样性研究的基础上进行。只有掌握物种多样性水平高低及其群体的遗传结构,才能制定有效的保护策略和措施,否则任何物种水平上的保护生物学活动都可能成效不大。例如,在实际取样时,对于一个基因流比较小,群体间变异量占 60% 的物种至少要取样 6 个群体,才能保存其 95% 的遗

传资源多样性,而对于群体间变异量占 20% 的物种,要达到同样的效果则只需从两个群体取样(Hamrick 等,1990)。

4.遗传资源多样性是人类生存和社会发展的基础

遗传资源多样性是生物界几十亿年进化产生的宝贵资源,是人类生存和社会生产的基础。如遗传资源多样性的研究对家畜家禽的新品种培育、遗传改良、新药剂开发、人类遗传疾病的诊断治疗、生物活性物质的制备生产、生物资源的鉴别、有害生物的检测和控制等方面均具有重要的作用。遗传资源的多样性是进行抗病育种等工作的前提条件,为家畜选育提供了机会和可能。

家养动物多样性是生物多样性中一个重要而又独特的组成部分。它在物种多样性中占的比例很小,但是在遗传资源多样性中却非常重要,它是人类生活重要的生产资料,与人类社会生活关系非常密切,因此它的保护对人类社会持续发展具有更为重要的意义。动物品种和类型是构成家养动物多样性的重要形式,一个品种中汇集了各种各样的基因,可以在一定的环境中发挥作用,从而使品种表现出各种为人类所需要的特性。一个品种就是一个相对独立的特殊基因库,是培育优良品种和利用杂种优势的良好原材料。

二、动物遗传多样性的功能等级

动物遗传资源多样性有诸多功能等级,如基因、染色体等。基因决定蛋白质,而蛋白质是有机体发育、表型和行为的基础,这些功能水平的任何方面都能够体现遗传资源的多样性。除此以外,它还有分类等级,即遗传物质相互作用的结构实体:基因、染色体、细胞、有机体、局域(Local)种群、小种(Race)、物种和更高级的分类单位。这种等级水平也叫"有机体结构水平"等级。也有人认为基因是真正唯一的选择单位,物种是唯一的分类单位。形态变异是遗传变异最好的表达,也是实践中认识遗传多样性的最直接特征,不过需要注意的是二者之间并不存在完全的对应关系,毕竟表型的外显是一个复杂的多因素影响的过程。狭义的动物遗传多样性主要是指 DNA 分子的多态性。

遗传多样性是生物多样性的核心组成部分和最终来源。从鉴定形态、生理特征紧密连锁的 DNA 标记出发,通过基因定位制图进行了编码生理、形态特征甚至是数量性状位点基因的克隆和测序,特别是生物基因组全序列分析的进展,促使从形态到分子不同水平的多样性都可以统一归纳为 DNA 序列的变化,即不同尺度 DNA 片段的缺失、插入和重排。因此胡志昂(2000)提出以所涉及 DNA 片段的大小排出遗传多样性的等级制度:①单碱基变异,相当于突变子与重组子;②2~6 核苷重复序列拷贝数的变化,即微卫星 DNA 多态性;③几百碱基重复序列的变异,所谓小卫星 DNA;④整个蛋白编码序列的变异,即顺反子;⑤基因组水平上的变异,包括细菌质粒、胞质 DNA 和染色体及其片段的缺失、插入、重组和水平转移。

三、动物遗传资源多样性的时空布局

自然种群在时间和空间上都是有结构的,局部种群间的地理分异格局和基因流规模,对任何种群的进化和遗传变异都是非常重要的。动物遗传资源多样性的时空布局是通过物种的时空布局体现的。物种的特有性(Endemism)是指物种自然分布范围有一定的限制,是对世界广泛分布现象而言的,一切不属于世界性分布的属或种都可以称之为分布区内的特有属或特有种。不同地区的动物中,特有性的程度也因不同地区的历史和自然条件等的差异而有较大的不同。全球高等脊椎动物多样性水平高的 10 个国家依次为澳大利亚、巴西、印度尼西亚、墨西哥、菲律宾、马达加斯加、美国、中国、秘鲁和哥伦比亚。

(一)物种多样性的空间格局

对大多数陆生动物来说,极地的物种多样性最低,随着纬度的降低,物种多样性增加,在热带雨林达到最大值,不管是在区域物种多样性水平上还是在群落物种多样性水平上都表现出这样的规律。哺乳动物、鱼类、爬行动物等大多数脊椎动物类群,随着纬度降低物种多样性增加。

热带地区比温带地区拥有更多的鸟类,但鸟类多样性的纬度梯度特征比较复杂。其原因之一是很多热带鸟类要迁徙到温带地区交配繁育后代,这就大大增加了温带地区夏季繁殖季节鸟类的多样性。但是并不是所有的生物类群,在物种多样性方面都表现出随着纬度降低而物种多样性升高的趋势。一些类群表现出随纬度降低而物种多样性减低的趋势,如两栖类、海洋底栖生物等。两栖类在北纬 35°附近物种多样性达到最大值。

(二)物种多样性的时间格局

历史上物种多样性的资料,都是通过化石记录得到的。由于化石记录的不完整,使有关物种多样性的结论一直有争议。但普遍被接受的结论是从大的时间尺度上看,陆生脊椎动物,以及海洋脊椎动物的物种多样性都是逐渐增加的。

(三)物种多样性的空间分布格局的形成机制

有关物种多样性空间分布格局的形成机制有多种假说。气候因子假说认为适宜的气候因子允许较多物种生存;气候变率假说认为稳定的气候为物种分化创造了条件;生境异质性假说认为物理因子或生物因子的复杂性孕育了较多的生态位;竞争假说认为一方面竞争有利于减小生态位宽度,另一方面竞争排斥减少物种数目。以上可以看出这些假说有些用环境因子进行解释,有些用生物因子进行解释。每个假说至少在一定程度上,在一定区域内或在所研究的对象范围内是正确的,但在全球范围内,在大陆区域尺度上,一定有一个第一性的原因。

能量多样性假说认为物种丰富性由每个物种所分配到的能量所决定。在大尺度上能量有可能是影响物种空间格局的第一重要因子。能量多样性假说越来越得到广泛的支持,它反映了大尺度长期进化过程的结果。

能量水平并不直接决定物种数目,而是通过决定进化速度,从而间接影响生物多样性(Rohde,1992)。沿纬度梯度(或海拔梯度)物种多样性与能量非常显著相关。一种解释就是一个地区的物种多样性受能量供应限制。但一般认为,高的能量水平可以导致高的生产力,但并不意味着直接产生高水平的物种多样性,一个地区少数物种的优势作用完全可以垄断能量供应,而并不一定要有高的物种数目。能量水平决定进化速度主要是通过缩短世代交替时间、提高突变频率及较快的生理过程,来加速自然选择,保存突变个体。这种解释有一定道理但需要更有力的证明。

小尺度物种多样性格局的形成主要由生态因子所决定。Currie 于 1991 年提出,在小尺度范围内,物种丰富度可能由生境多样性、干扰等决定。Wright 等(1993)的研究结果也表明,大尺度物种多样性由能量决定,小尺度格局比较复杂,涉及其他主导因子。

第二节 动物遗传资源多样性的检测方法

人们对遗传资源多样性的检测最初是从形态学开始的。随着染色体的发现及其结构和功能的确定,人们又把研究的重点转向染色体上。20世纪60年代,电泳技术以及特异性组织化学染色法应用于群体遗传和进化研究,使科学家们从分子水平上来客观地揭示遗传资源多样性成为可能。20世纪80年代,分子生物学技术的发展,带来了一系列更为直接的检测遗传资源多样性的方法,即直接测定遗传物质本身序列的变异。研究者针对遗传多样性的4种不同表现形式,相应发展了形态标记、细胞遗传标记、生化遗传标记和分子遗传标记遗传多样性检测技术,可以从不同角度和层次来揭示动物遗传资源的遗传变异。

一、形态标记

形态标记(Morphological markers)是指肉眼可见或仪器可测量的特定的外部特征,如动物毛色、皮肤结构、外部生理特征等。由于这些标记具有典型的外部形态特征,容易识别,因而可作为一种遗传标记来研究性状间的相互关系,并对不同性状进行分组和归类,同时可阐明影响这些特征的基因及其染色体、基因与相邻基因在染色体上的相对位置。因此可以用它标记某一染色体区段,并对其他未定位置的基因进行连锁分析。形态学标记最早被用于动物的遗传检测和基因定位,为生理、生化等性状的遗传研究以及动物育种改良奠定了基础。

形态标记可大致分成下列几个步骤:选取性状、确定性状变异的遗传基础、遗传变异的度量和分析等。

对于表型性状来说,通常可分为受单基因决定的质量性状和受主效QTLs或微效多基因控制的数量性状。对这两类不同性状的研究方法各不相同。对质量性状的分析相对较为简单,可采用类似孟德尔豌豆杂交试验的经典方法。但在生物群体中大多数与生物适应和进化有关的性状,以及人类所关心的动物经济性状多是一些数量性状。对于这些性状必须采用特定的试验方法进行分析,以确定性状变异中遗传所决定的比重,这类分析方法包括杂交和子代测定以及配合力分析等数据统计和数量遗传学方法。

然而,利用形态学性状研究遗传资源多样性存在着致命的缺点,即通过表型性状的研究所能准确分析的基因位点太少,因而不能客观地估计遗传变异性。具体体现在:①当采用符合孟德尔遗传的质量单基因性状为遗传标记时,尽管通过遗传分析可以确定编码这些性状的基因位点,但这类简单遗传的性状在生物类群的众多性状中所占比例很小,反映的基因位点太少;②即使能分析一大批此类单基因位点,但由于这种方法所能知道的基因都是可变的,必须有两个以上的等位基因才能分析,否则我们检测不出来,因此仍不能作为整个基因组的代表,客观地反映遗传变异水平;③对能充分反映基因组受多基因编码的数量性状来说,我们目前也只能大致估算有效因子的数目(Falconer,1981),且同样存在着与单基因性状检测类似的问题。

二、细胞遗传标记

细胞遗传标记（Cytological genetic markers）是指对经过处理的动物染色体数目和形态进行分析，主要包括染色体核型和 Q、G、C、R 带型及缺失、易位等。通过对不同物种染色体形态、数目和结构的研究，偶尔会发现某些个体的染色体数目比该物种的正常合子染色体数目要多或少一个或若干个，即非整倍体、缺失、易位等，而且染色体结构变异表现出特定的细胞学特征。或者在与其他具有正常染色体品系生成的杂种中，由于减数分裂过程的异常，容易导致特定染色体上基因的分离与重组发生偏离，因而可以作为一种遗传标记来测定基因所在的染色体以及在染色体上的相对位置。

三、生化遗传标记

生化遗传标记（Biochemical genetic markers）是以动物体内生化性状为标记，主要包括血型标记、血清蛋白标记和同工酶标记。自 Smithies 1955 年用淀粉凝胶电泳分离血清蛋白成功后，聚丙烯酰胺凝胶电泳、双向电泳、等电聚焦电泳等各种电泳技术的发展，为生化遗传标记研究提供了强有力的工具。常用的生化遗传标记有脂酶类、碱性磷酸酶、酸性磷酸酶、淀粉酶、碳酸酐酶、脱氢酶类、血红蛋白、血清运铁蛋白、白蛋白和后白蛋白等。另一类生化标记主要指血型以外的体液或排泄物中的化学物质，如奶中的奶蛋白、公畜精液和母畜阴道黏液等。生化遗传标记具有经济方便的优点，而且多态性也较表型和细胞遗传标记丰富。有研究认为，同工酶谱带由于与基因位点直接相关，几乎 25% 的位点具有多态性。生化标记已被广泛用于物种起源与分类研究中，其与动物性状相关性的研究也已在动物育种中得到应用。

20 世纪 50 年代一些科学家发现，同一种酶具有多种不同形式，它们催化同样的反应，只是反应的最适 pH 和最适底物浓度不同，因而将这类结构不同，功能相似的酶称为同工酶，即具有同一底物专一性的不同分子形式的酶。同工酶是由不同的多肽亚单位形成的复合蛋白。构成同工酶的不同多肽亚单位由不同基因座编码。等位酶是指同一基因位点上不同等位基因编码的同工酶。

由于酶由基因编码且通常不因环境的变化而发生饰变，同工酶、等位酶在生物界普遍存在，并以共显性方式表达。因此，通过电泳技术可以获得各种等位酶的谱带，通过一定的分析方法能够简便地快速识别出编码这些谱带的基因位点和等位基因，尤其是选取一批受单位点不同等位基因编码的同工酶（即等位酶）作为整个基因组的随机样本，可以比较客观地度量生物遗传变异的大小。对同工酶进行分析可以间接揭示生物种群遗传结构，检测种群的遗传资源多样性。

同工酶电泳具有实验简便、成本低等优点，可以方便地检测许多个体。更为重要的是，在我们选定一批酶系统或位点作为遗传标记时，是根据现有成熟的酶电泳技术和染色方法而定的，并未考虑这些酶系统或位点在样本中的变异情况，可变多态或不变单态的酶系统（或位点）均是同等对待，因此一批同工酶基因位点的变异可以较为客观地代表整个基因组的变异，可以对任何物种或群体的结果进行比较。

但相对于 DNA 遗传标记方法而言，同工酶标记取材要求严格，酶活性可能受环境和生理状态影响,信息量偏低。由于酶电泳技术只能检测编码酶蛋白的基因位点,所检测的位点数目也受现行酶电泳和染色方法所限,而不可能很多,最常用的酶系统一般在 30 个左右,因此一批等位酶位点的变异并不一定代表整个基因组的变异,而且有一些隐藏的变异性可能无法通过酶电泳技术检测出来,故酶电泳技术可能会低估遗传变异的水平。另外,濒危物种往往表现出很少的多态性,这时获得的信息量也偏少。

四、分子遗传标记

20 世纪 70 年代末,随着 DNA 重组技术的产生以及随之而来的生化遗传学和分子遗传学的迅猛发展,对基因结构的研究已能够在分子水平上对 DNA 多态性标记进行遗传分析,识别个体基因型的差异。分子标记(Molecular genetic markers)更准确而直接,即直接标记遗传物质 DNA 本身,这种 DNA 标记避免了以表型性状推测基因型时可能出现的许多问题。分子遗传标记具有存在较为普遍、多态性丰富、遗传稳定、准确性好等特点。目前已得到广泛应用的分子遗传标记有:限制性片段长度多态性(Restriction fragment length polymorphism,即 RFLP)、扩增片段长度多态性(Amplified fragment length polymorphism,即 AFLP)、随机扩增多态性 DNA(Random amplified polymorphic DNA,即 RAPD)、单链构象多态性(Single strand conformation polymorphism,即 SSCP)、小卫星 DNA(Minisatellite DNA)、微卫星 DNA(Microsatellite DNA)等。

(一)RFLP

RFLP 是 20 世纪 70 年代发展起来的一种分子遗传标记,也是最早用于群体遗传资源多样性分析的 DNA 分子标记技术。该技术是将核(n)DNA、线粒体(mt)DNA 或者总 DNA 提取出来,用已知的限制性内切酶消化,电泳印迹后再用 DNA 探针杂交,并放射自显影,从而得到与探针同源的 DNA 序列酶切后在长度上的差异。限制性片段长度多态性主要来源于基因突变和 DNA 分子结构重排所引起的限制性内切酶识别位点的改变,这种差异反映在酶切片段的长度和数目上。

(二)ALFP

ALFP 是一种基于 PCR 和 RFLP 基础上发明的 DNA 指纹技术。该技术与 RFLP 的主要区别是用 PCR 代替 Southern 杂交,它兼有 RFLP 技术的可靠性和 PCR 技术的高效性,所以被认为是一种十分理想的、有效的、先进的分子标记,现已被广泛用于遗传图谱构建、遗传资源多样性研究、基因定位及品质鉴定等方面研究。

(三)RAPD

20 世纪 80 年代末期,随着热稳定的 Taq DNA 聚合酶的开发,以聚合酶链反应(Polymerase chain reaction,PCR)为基础的遗传资源多样性检测技术便应运而生。RAPD 技术是以 10bp 左右的随机寡核苷酸单引物,对 DNA 进行扩增,扩增产物通过电泳分离后检测其多态性。这种多态性反映了基因组相应区域的 DNA 多态性。对任一特定引物,它在基因组DNA 序列上有其特定的结合位点,一旦基因组在这些区域发生插入、缺失或碱基突变,就可能导致这些特定结合位点的分布发生变化,从而导致扩增产物数量和大小发生改变,表现出多态性。就单一引物而言,只能检测基因组特定区域 DNA 多态性,但利用一系列引物则可检测整个基因组。RAPD 已经成为检测 DNA 多态性的有效遗传标记,被广泛应用于遗传资源多样性分析,以及分类、进化、动植物遗传图谱的制定等领域。

(四)SSCP

SSCP 技术自 1989 年问世以来,经不断地改进和完善,已成为检测基因结构和突变(主要为点突变,短核苷酸序列的缺失或插入)的一种有效方法,与 PCR-RFLP 一样已成为基因分析的有力工具。其基本原理是依据单链 DNA 在某一种非变性环境中具有其特定的第二构象。DNA 序列甚至单碱基变化都能导致这种空间构象的改变,在非变性聚丙烯酰胺凝胶电泳中,构象不同导致电泳迁移率不同,从而将正常链与突变链分离出来。

其突出优点是简便、快速、灵敏,有较高的检测率(小于 300bp 的 DNA 片段中的单碱基突变 90% 可被检出)。但它也有不足之处:不能确定突变的位置和类型,需进一步测序和分析;电泳条件要求较严格;点突变对单链 DNA 分子立体构象的改变不起作用或作用很小时,易发生漏检。为了进一步提高 SSCP 的检出率,可将 SSCP 分析与其他突变检测方法相结合。其中与杂交双链分析(Heteroduplex analysis,Het)法结合可以大大提高检出率。

(五)直接重复序列拷贝数变异

直接重复序列拷贝数变异(VNTR,Variable number tandem repeat)是在基因组中大量存在的基因外的重复序列,由十几到几十个碱基组成的串联重复序列。由于这些重复序列的突变率很高($10^{-5} \sim 10^{-3}$),导致核心序列的数目产生增减变化,在不同的个体间表现为 DNA 片段长度高度可变,因而成为极其丰富的限制性长度多态标记。基因组 DNA 经过酶切,Southern 转移后,用微卫星作为探针即可得到具有高度个体特异性的指纹图谱。由于微卫星序列在整个基因组中都有分布,产生的是稳定遗传的共显性标记,而且体细胞和生殖细胞在微卫星指纹图谱上完全一致,因此,尽管微卫星探针具有高度的种属特异性,但是探针的制备以及对未知基因组微卫星指纹图谱的构建仍具有相当的难度,需要投入大量的人力物力。上述的巨大优势仍然使 VNTR 标记在医学、生命科学的相关领域高精度的分析中具有无可替代的价值。

(六)核酸序列分析

核酸序列分析是指通过测定核酸一级结构中核苷酸序列组成来比较同源分子之间相互关系的方法。它的前提是在准确测序基础上进行。核酸序列分析可以克服杂交、PCR-RFLP、PCR-SSCP 等方法所遇到的局限性,可直接观察到碱基变化的转换与颠换、插入、缺失等核苷酸的变化或分布情况。这些变化在物种系统发育分析时可以以不同的方式表现出来,公开发表的序列都可直接用来进行所需要的比较和分析。这就大大拓宽了其研究范围,我们可以在更广的范围上进行生物进化和系统发育的研究。其缺陷主要在于成本相对较高、研究位点大小和数量受限制等。

第三节　动物遗传资源多样性的测度

一、杂合度

用基因位点上杂合体出现的频率来评价种群遗传资源多样性,被称为遗传杂合度(Heterozygosity)分析,常用不同基因位点上杂合体在种群内所占比例的平均值,来表示种群总体上的杂合度。计算杂合度 h 和平均杂合度 H 的公式分别为:

$$h = 1 - \sum_{i=1}^{m} P_i^2,$$

$$H = \frac{1}{n} \sum_{i=1}^{n} h_i$$

式中:P_i 为第 i 个等位基因频率;

m 为等位基因个数;

n 为研究的某种群的位点个数;

H 为平均位点杂合度。

二、多态信息含量(PIC)

$$PIC = 1 - \sum_{i=1}^{m} P_i^2 P_i^2 - \sum_{i=1}^{m-1} \sum_{j=i+1}^{m} 2P_i^2 P_j^2$$

$$\overline{PIC} = \frac{1}{L} \sum_{i=1}^{m} PIC$$

式中:$\overline{PIC}$ 为位点平均多态信息含量;

L 为研究的位点个数;

P_i 和 P_j 分别为第 i 和第 j 个等位基因在群体中的频率;

m 为等位基因数。

三、遗传距离

遗传距离(Genetic distance)是用来比较特定种群间的分化程度的指标,其测度单位是平均单位长度 DNA 上核苷酸或密码子的差数。假如各个密码子的变化彼此间独立,则纯密码子差数的期望值为标准遗传距离,在实际分析中采用两个种群各相关位点的基因频率的变化来表示。假定 x_i 和 y_i 分别代表种群 x 和 y 在同一基因位点上第 i 个等位基因的频率,$P_x = \sum x_i^2$,$P_y = \sum y_i^2$,$P_{xy} = \sum (x_i y_y)$,那么种群 x 和 y 之间的遗传同一性(Genetic identity)则是:

$$I = \frac{P_{xy}}{(P_x \cdot P_y)^{\frac{1}{2}}}$$

两个种群间的遗传距离表示为：

$$D = -\ln I$$

四、基因和基因型频率

基因型频率是指一个群体中某一性状的各种基因型之间的比率。

$P_{AA} = N_{AA}/N$，其中 P_{AA} 代表某一位点的 AA 基因型频率；N_{AA} 表示群体中具有 AA 基因型的个体数；N 为检测群体的总数量。

基因频率是指一个群体中某一基因对其等位基因的相对比率。计算的公式可以写成：

$$P_A = (2N_{AA} + N_{aa1} + N_{aa2} + N_{aa3} + N_{aa4} + \cdots\cdots + N_{aan})/2N$$

式中：P_A 表示等位基因 A 频率；

N_{AA} 表示群体中具有 AA 基因型的个体数量；

N_{aan} 表示群体中具有 Aan 基因型个体数量；

$A_1 - A_n$ 为等位基因 A 的 N 个互不相同的复等位基因。

影响基因频率的因素主要有突变、选择、迁移、遗传漂变等。

五、Hardy-Weinberg 定律

为了研究群体遗传结构及其变化规律，英国学者哈迪（Hardy）和德国学者温伯格（Weinberg）提出了 Hardy-Weinberg 定律，其中心内容是：在随机交配的大群体中，若没有选择、突变或者迁移因素的作用，基因频率和基因型频率在世代间保持恒定，而且，基因频率与基因型频率间存在简单的关系。符合上述条件的群体叫做平衡种群。其公式为：

$$\chi = \sum \frac{\{|(OE)| - 0.5\}}{E}$$

此公式应用 YATES 修正项，式中：O 代表观测值，E 代表理论值。

影响 Hardy-Weinberg 平衡的因素：①随机交配的偏移；②基因频率的随机漂变；③突变；④群体间的迁移；⑤自然选择。

六、固定指数

$$Fis = \frac{X - \chi^2}{\chi(1 - \chi)}$$

式中：X 为某等位基因纯合子基因型频率。

种群自交和杂合子适合度小于纯合子时，$Fis > 0$；相反，种群杂合子适合度大于纯合子时，$Fis < 0$。固定指数是对基因型偏离 Hardy-Weinberg 平衡的测量。种群遗传学还有两个描述分异程度的参数，Wright(1951) 的 Fst 和 Nei(1987) 的 Gst，这两个参数都是用特定等位基因频率变异描述种群等位基因的排列，细节不再赘述。

第四节　动物遗传资源多样性形成机制

遗传是生物的一种属性,是生命世界的一种自然现象。没有遗传不可能保持性状和物种的相对稳定性,变异不可能得到积累,生物也就不可能进化,更不可能产生多样性。但是,遗传性又是一个相对的过程,遗传的同时还产生变异,变异形成了形形色色的生物。遗传带来的简单重复不可能产生新的性状,如果没有变异生物也失去了进化的素材。遗传与变异构成了生物进化和多样性产生的基础。

众所周知,遗传信息记录在 DNA 序列中。通常 DNA 忠实地进行复制,故每次复制形成的两个 DNA 分子彼此相同且与其亲本一致。但 DNA 分子在复制过程中偶尔也会发生错误,导致子细胞或后代在 DNA 的顺序或数量上不同于母细胞或亲本。遗传资源多样性产生的根本来源在于这种偶然发生的错误,即突变(Mutation)及有性生殖过程中基因型不相同的亲本基因组之间所进行的新组合,即重组(Recombination)。突变包括染色体畸变和基因突变。染色体畸变即为染色体数目和结构的改变;基因突变是基因位点内部核苷酸的改变,又称为点突变(Point mutation),也就是传统意义上的突变。

一、DNA 复制

DNA 的复制特性在一定程度上决定了动物遗传资源多样性的产生及其变异性,并使其永不间断地处于进化当中。尽管 DNA 分子复制过程中有非常精密的修复机制,但是也难免会发生错误,这正是产生多样性的根源。DNA 的复制错误是产生新的基因的一个重要来源,每一个基因都有自己的复制品,同时也会生产出以自己为模板的各类分子。另外,染色体的混合、重组和各种变化也都是产生新的生物多样性的基本条件。DNA 复制一旦产生错误,这个错误会继续被复制。随着复制错误的产生和扩散,动物体内同一基因片断会有多个复制品,这些复制品中就包括了很多有错误的复制品。如果把这些基因片断混合在一起,它们就相当于一个"原始营养汤",这里充满了由好几个品种的复制分子组成的种群,而且都是同一祖先的"后裔"。他们当中会有一些品种比其他品种拥有更多的成员,在复制分子的数量上产生差异。某些分子一旦形成后,就会安于现状,不像其他分子那样易于分裂。在"原始营养汤"里,这种类型的分子会相对的多起来,这不仅仅是"长寿"的直接的逻辑后果,而且是因为他们有充裕的时间去复制自己。因此,"长寿"的复制基因往往会兴旺起来,假如其他条件都不变,那么后代种群就会出现一个朝着寿命变得更长的"进化趋向"。

二、染色体畸变

由于染色体是遗传物质的载体,是基因的携带者,所以染色体数目和结构的改变会引起遗传信息的改变。遗传学上将一个正常配子中所包含的染色体数称为染色体组(Chromosome），也指一个配子中所携带的全部遗传信息，所以在其他场合也称为基因组（Genome）。各种生物的染色体数目都是相对恒定的，都含有一套以上的基本的染色体组。构成染色体组的若干个染色体在形态、结构和功能方面各异，但又互相协调，共同控制生物的生长、发育、遗传和变异。

（一）染色体数目的改变

凡是细胞核中含有一个完整染色体组的称为单倍体（Haploid），含有 2 个染色体组的为二倍体（Diploid），超过 2 个染色体组的称为多倍体（Polyploid）。

染色体数目的变化又可以分为倍数性改变和非整倍性改变。倍数性改变，即染色体数目的变化是以染色体组为单位而增减，由此形成的多倍体多为同源多倍体（Autopolyploid），即具有 3 个以上的同源染色体。而自然界还产生了一些异源多倍体（Allopolyoloid），即由两个或两个以上的不同物种杂交，它们的杂种经染色体加倍而形成多倍体。

非整倍性改变是指细胞核内染色体数目不是染色体组的完整倍数，而是在二倍体染色体数目的基础上增减个别几条染色体，包括单体、缺体或三体等不同情况。单体是指在二倍体中缺少了一条染色体（$2n-1$）。在多倍体植物中，单体能得到保存；缺体指在二倍体中缺少了 2 条染色体（$2n-2$）。利用单体和缺体可以将一个特定的基因定位在一条染色体上；三体是指在二倍体中增加了一条染色体（$2n+1$）。在各种非整倍体中，三体是比较普遍的一种，不仅在异源多倍体中，而且在一般的二倍体动物中都有存活的三体。增加的这条染色体对生物体的影响因物种而异。

（二）染色体结构的变化

染色体结构的改变往往起因于染色体或染色单体的断裂。它包括缺失（Deletion 或 Deficiency）、重复（Duplication 或 Repeat）、倒位（Inversion）、易位（Translocation）等情形。

1.缺失

缺失是指染色体丢失了一个片段，使位于该片段上的基因也随之丢失。缺失包括末端缺失（Terminal deletion）和中间缺失（Interstitial deletion）。末端缺失是指染色体在长臂或短臂接近末端的一个接段发生一次断裂，造成染色体缺失远侧节段的现象。中间缺失是在染色体着丝粒一侧，长臂或短臂内发生两处断裂后，产生 3 个节段。中间片段脱离后，近侧段（离着丝粒近）和远侧段（离着丝粒远）的断面彼此连接，形成一条有中间缺失的衍生染色体。

2.重复

重复是指一个染色体上的某一片段出现两个或两个以上拷贝的现象，使位于这些片段上的基因多了一个或一个以上拷贝。重复有串联重复（Tandem duplication）和倒位串联重复两种。串联重复是重复片段紧接在固有的片段之后，两者的基因顺序一致。重复片段可以在染色体中部或染色体端部。倒位串联重复是重复片段与固有片段衔接在一起，但重复片段中的基因顺序与固有基因排列顺序相反。

3.倒位

倒位是同一染色体上的某一片段发生了 $180°$ 的颠倒，造成染色体上基因序列的重排（Rearrangement）。倒位是自然界常见的一种染色体结构变异，它不改变染色体上基因的数量。它引起许多特殊的细胞遗传学行为，是某些动物种属间遗传差异的基础，是推动动物物种形成和分化的因素之一。其中不包括着丝点的倒位称为臂内倒位，包括着丝点的倒位称为臂间倒位。

4.易位

易位指一个染色体臂的一段转接到另一个非同源染色体的臂上的现象。最常见的是相互易位（Reciprocal），即非同源染色体间相互交换染色体片段，造成染色体间基因的重排。另外一种被称为单向易位，即一条染色体的片段插入到另外一条非同源染色体的非末端区段内，这实际上是一种转座（Transposition）。第三种被称为整臂易位（Whole-arm translocation），即两条非同源染色体之间整个臂的转移或交换。第四种为罗伯逊式易位（Robertsonian translocation），又称为着丝粒融合（Centric fusion），是整臂易位的一种特殊形式，只发生在两条具有近端着丝粒的非同源染色体之间。两条非同源染色体在着丝粒区断裂，两者的长臂进行着丝粒融合，形成一条大的亚中着丝粒的非同源染色体。两者的短臂也可能彼此连接成一条短染色体，含很少的基因，一般在细胞分裂时消失，导致染色体数目减少。

三、基因突变

基因（Gene）是DNA分子上的特定的一段序列，即负责编码特定的遗传信息的功能单位。基因按其功能和性质可以分为结构基因（Structural genes）、调节基因（Regulatory genes）、核糖体RNA基因（Ribosomal RNA genes，简称rDNA）和转移RNA基因（Transcription RNA genes，简称tDNA）。

基因突变可以是自发产生，也可以是诱导产生。自发突变（Spontaneous mutations）是自然状态下产生的突变。诱导突变（Induced mutations）是有机体暴露在诱变剂中引起的遗传物质改变。

（一）自发突变

自发突变包括DNA复制中的错误及自发损伤（Spontaneous lesions）两种类型。前者见前述DNA复制部分，后者包括脱嘌呤、脱氨基和氧化性损伤碱基等几种类型。脱嘌呤是自发损伤中最常见的一种，它是由于碱基和脱氧核糖间的糖苷键受到破坏，从而引起一个鸟嘌呤或一个腺嘌呤从DNA分子上脱落。脱氨基是指胞嘧啶脱氨基后变成尿嘧啶，未经校正的尿嘧啶会在复制过程中与腺嘌呤配对，结果由G-C对变为A-T对，产生G-C→A-T的转换。氧化损伤碱基属于第三类自发损伤，一些活泼的氧化物如超氧基（O_2^-），氢氧基（OH^-）和过氧化氢（H_2O_2）不仅能对DNA的前体，也能对DNA本身造成氧化性损伤，从而引起突变。

虽然在自然界正常的生物条件和环境中，每个基因位点上的自发突变率很低，但由于一个物种拥有许多个体，每一个体又具有许多基因位点，所以新的基因突变能在自然界不断地出现。例如，人有10万个基因，按每代每个基因的平均突变率是10^{-5}来推算，每个人将产生父母所没有的突变为$2×10^5×10^{-5}=2$个；如果每个人平均携带2个新突变，按全世界50亿人计，在目前人类群体中新产生的突变数目就高达100亿个。当以整个物种为单位时，即使在单个基因位点上，每代也会发生许多新突变，如人的每一基因位点上，每代能产生10 000个（$5×10^9$个体，2基因位点，10^{-5}突变率）新突变基因。所以由突变过程而产生的新的遗传变异的潜力是巨大的。

（二）诱导突变

在动物漫长的进化演变过程中，自然界中诸多的诱发因素，如物理、化学因素等对动物遗传资源多样性的影响程度难以评价，或许是对物种的产生发生过作用，或许是某些物种遗传多样性的产生原因。

四、重组

基因重组是遗传的基本现象，不仅在减数分裂中发生基因重组，在高等生物的体细胞中也发生重组。重组不只发生在核基因之间，在叶绿体基因间、线粒体基因间也可发生，只要有DNA就会发生重组。

重组即通过有性生殖过程，将群体中不同个体具有的变异进行重新组合，形成新的变异。在有性生殖的生物中，由不同合子发育成的个体有不相同的基因型，其根本原因就在于重组。细胞减数分裂时，非同源染色体的独立分配和自由组合是重组的基本过程。此外，同源染色体内DNA顺序基因间的交换，也是遗传重组的重要部分。

引起DNA分子间重组的机制可分为下列3类(Ayala等，1984)：发生在同源DNA分子之间的一般(General)重组；发生在顺序极少同源的DNA分子间的位点专一(Site-specific)重组；发生在顺序不同源的DNA分子间的异常(Illegitimate)重组。

对异体受精的生物来说，绝大部分的基因型变异是多代以来存在于群体内基因的相互分离和重新组合的结果。由于重组过程不仅能产生大量的新变异，而且产生变异的速度要比突变更快，所以天然群体中变异性的直接来源不是突变而是重组(Grant，1991)。此外基因流(Gene flow)、杂交(Hybridization)、选择(Selection)和遗传漂变(Genetic drift)等会造成群体之间出现各种不同形式的分化和隔离，也是产生种内遗传变异的因素，借此形成种内不同的遗传变异分布式样，即特定的群体遗传结构。

(闵令江)

第三章　物种濒危、灭绝与外来种问题

第一节　物种濒危

一、物种濒危

自然界生物物种的发生、发展、衰退和消失要经历一个漫长的过程。在这过程中物种的形成与绝灭的速率基本接近。但是自人类社会出现以后,随着人口的剧增,人类向自然界索取生物资源的规模越来越大,强度越来越高,最终导致自然生态系统恶化、资源日益枯竭、物种濒危。

濒危物种(Endangered species)指所有由于物种自身的原因或受到人类活动或自然灾害的影响而有灭绝危险的野生动植物。从广义上讲,濒危物种泛指珍贵、濒危或稀有的野生动植物。濒危物种可以分为绝对性和相对性两种。绝对性是指濒危物种在相当长的一个时期内,野生种群数量较少且不增加,存在灭绝危险。相对性是指某些濒危物种的野生种群绝对数量并不太少,但相对于同一类别的其他物种来说却很少。也就是说,这些濒危物种在另外一些国家或地区可能并不被认为是濒危物种。

目前,从野生动植物管理学角度来讲,确定一个物种是否濒危的依据主要有:①由世界自然保护联盟(International union for conservation of nature and natural resources,IUCN)制定的濒危物种红皮书(Red data book)及其相关的红色目录;②根据《濒危野生动植物物种国际贸易公约》(Convention on international trade in endangered species of wild fauna and flora,CITES)附录所列物种;③国家和地方为重点保护野生动物而制定的相关目录上的物种。在上述不同目录中,濒危物种又分为不同的等级。

由于历史和现实的原因,中国的物种多样性过去遭受的破坏和当前所面临的威胁都是相当严重的。中国学者从 20 世纪 50 年代以来开展了一系列的生物区系与自然资源的考察,现初步统计,中国哺乳类濒危物种有 94 种,鸟类为 183 种,爬行类计 17 种,两栖类有 7 种,鱼类达 97 种。累计上述脊椎动物共 398 种,占我国脊椎动物总数的 7.7%。

关于中国历史上物种濒危乃至绝灭的记载,目前尚缺乏系统的整理。零星资料表明,犀牛、新疆虎、野马、白臀叶猴、麋鹿等的绝灭或在中国境内绝迹还是较近年代发生的事。另外,近 60 年来资料证明,台湾鬣羚、野骆驼、白鱀豚、儒艮、野象、坡鹿、懒猴、多种长臂猿及叶猴、金丝猴、熊猫、台湾云豹、东北虎、雪豹、朱黑颈鹤、黄腹角雉、黑长尾雉、扬子鳄、白鳍等相当多的物种分布区显著缩小,种群数量剧减。

二、物种濒危的原因

导致物种濒危和灭绝的原因是多方面的,除火山爆发、洪水泛滥、陆地升沉、森林火灾、特大干旱与动物疫病等自然因素所造成的影响外,人为因素的影响是最重要的。如大面积森林的乱砍滥伐、围湖造田、草地滥垦和过度放牧等都会破坏和改变生物生存的生态环境,致使物种濒危或绝灭。人类无休止的滥捕乱猎也是一个主要原因,如猕猴在 20 世纪 50 年代因过度捕捉出口,加上栖息环境的破坏造成种群数量剧减,迄今尚未得到恢复。又如,中国淡水鱼类资源由于不断加大捕捞强度以及渔具的不合理使用,致使物种数量锐减。环境严重污染致使有害污染物不仅积聚于生物体内,同时又破坏了自然生态系统,使物种濒危或灭绝。水利工程建设中的拦河闸坝隔断了某些鱼蟹类洄游的通道,使它们失去了产卵场所,加上水库下游流速减慢,水温下降,致使生态环境改变,造成鱼蟹种群数量减少。此外城市和乡镇建设的发展,工矿企业的增多势必占地越来越多,从而缩减了某些物种的生存空间。商业上的不合理收购使许多经济动物遭到过度猎杀。外来种的扩散改变了原生植被与生境,这也是造成某些物种数量急剧下降乃至濒危的原因。

三、动物遗传资源濒危优先顺序划分

动物遗传资源多样性丰富的地区往往也是经济欠发达地区,用于动物遗传资源保护的资金难以满足多样性保护的需要。因此,为使有限的投入达到最佳的保护效果,有必要对动物遗传资源濒危优先顺序进行划分。

动物遗传资源濒危等级的划分要求所使用的数据尽可能全面、充足和准确,同时又要兼顾标准的简单、实用和可操作性。这就要求达到科学和实用之间的平衡。对于物种濒危等级的标准,早期主要使用了容易操作的、由世界自然保护联盟(IUCN)制定并反复修改的定性指标。这些指标包括种群数、种群大小、种群特性、分布范围、分布格局、栖息地类型、质量及面积、致危因素和灭绝危险。为了克服定性指标的主观性和随意性,引入了更客观的定量指标,如种群个体数、亚种群数、分布面积和地点数等。

濒危物种红皮书(Red data book)概念始于 20 世纪 60 年代,是由 Peter Scott 提出并发展起来的,目的是根据物种受威胁严重程度和估计灭绝的危险性将物种列入不同的濒危等级。由世界自然保护联盟制定濒危物种红皮书的方法不久被一些国家所采纳,用于编制国家或地区级的红皮书。这样就使红皮书的内容逐年增加,最后不得不用仅含有由世界自然保护联盟批准的濒危物种目录,即红色目录(Red list)所取代。自 1986 年起,IUCN 每两年对动物红色目录修订一次。IUCN 登记系统也被用于显示特定地域的保护优先序。我国也依据该系统审定和出版了我国的动物红皮书和红色目录。

上面提到，《濒危野生动植物国际贸易公约》(CITES 公约)也是确定一个物种是否濒危的主要依据。该公约的濒危物种标准是根据物种的生物学现状和贸易情况两个方面制定的。如该公约采用对不同种类的野生动植物物种的国际贸易按该物种的濒危程度分别予以控制的办法，即对 3 个附录中所列物种的国际贸易分别规定了管制措施。但该公约在很大程度上依据 IUCN 动物红皮书和红色目录。如列入附录 I 的物种的标准与 IUCN 濒危物种等级标准是一致的；列入附录 II 的物种的标准与 IUCN 濒危物种等级中的易危等级标准相似。

我国动物濒危等级参考了 1996 年版的 IUCN 濒危物种红色目录，根据我国实际情况，使用了野生灭绝(Extinct in the Wild，EW)、绝迹(Extinct，EX)、濒危(Endangered，E)、易危(Vulnerable，V)、稀有(Rare，R)和未定(Indeterminate，I)等等级。我国《国家重点保护野生动物名录》使用了两个等级，将中国特有、稀有或濒于灭绝的野生动物列为一级保护动物，将数量较少或者有濒于灭绝危险的野生动物列为二级保护动物。

第二节　物种灭绝

一、物种灭绝的概念

灭绝就是一个物种或一个种群不能够通过繁殖自我维持。下列情况发生时即可认为发生了物种灭绝：一是最后一个个体死亡；二是当剩下的个体不能够产生足够有生命或有繁殖能力的后代。根据国际自然保护联盟(IUCN)定义，物种灭绝是指 50 年内没有在野外观测到任何该物种的个体。

在整个生命史上，灭绝亦如种形成一样作为进化的正常过程，以一定的规模经常发生，表现为各不同分类类群中部分物种的替代，即新种产生和某些老种消失，这是常规灭绝(Normal extinction)或背景灭绝(Background extinction)，在大多数地区的灭绝速率都低于 8.0 科/百万年。在生命史上发生过非正常的大规模的灭绝事件。在相对较短的地质时间内，由于生态环境发生了剧烈的变化，一些高级分类类群整体消失的现象称为集群灭绝(Mass extinction)。张昀(1998)认为物种的灭绝是自然界中一种普遍现象，人们所见到的每一物种只不过是大量物种灭绝与形成过程中的一个时间点上现有的物种，它们所处的状态应该说是物种形成前后与灭绝之间。可见任何物种都将会遭遇以下三种情况之一：①线系长期延续而无显著的表型进化改变——物种形成"化石"；②线系延续进化并改变为不同的时间种，称为线系分支——形成新种；③线系终止——物种全部死亡，即物种灭绝。灭绝是物种形成的负效应，因为物种的数目在有限的空间和有限的可利用资源的情况下，不可能无限增长，有产生必然就有消亡。灭绝是生物圈在更大的时空范围内的自我调整，物种灭绝是生物与环境相互作用过程中，生物未达到与环境的相对平衡与协调所付出的代价。

当今生物多样性保护的着眼点就是减缓现有物种的灭绝速率，特别是减缓那些单种科、单种属的灭绝；其次是研究防止那些生态系统中的旗舰种(Flagship species)、关键种(Keystone species)灭绝的措施。

二、物种灭绝状况

(一)地球生命史上的物种主要集群灭绝事件

在地质历史上已经证实发生了多起集群灭绝事件(见表 3-1),其中重大的生物灭绝事件有 5 次,分别发生在奥陶纪末、泥盆纪末、二叠纪末、三叠纪末和白垩纪末,以白垩纪末的恐龙及其他海洋和陆生生物的灭绝最为有名。最剧烈、造成灾难最大的生物灭绝却发生在二叠纪结束时,据估计导致了当时 95% 的物种灭绝,据分析主要原因是由于气候变迁或陆地大气中化学成分的改变。其他 4 个重大的集群灭绝事件也都导致了当时 76%～85% 的物种灭绝。

表 3-1　历史上主要生物集群灭绝事件

灭绝事件	距今年代/万年	灭绝的生物类群		
		科/%	属/%	种/%
始新世后期	35.4	—	15	35±8
白垩纪末期*	65.0	16	47	76±5
白垩纪中后期	90.4	—	26	53±7
侏罗纪末期	145.6	—	21	45±7.5
侏罗纪早期	187.0	—	26	53±7
三叠纪末期*	208.0	22	53	80±4
二叠纪末期*	245.0	51	82	95±2
泥盆纪后期*	367.0	22	57	83±4
奥陶纪末期*	439.0	26	60	85±3

* 表示重大的生物灭绝事件;引自恩斯特·迈尔著,田铭译,《进化是什么》,上海科学技术出版社,2003(略有改动)。

(二)第六次大灭绝

从 1600 年以来的灭绝,古生物学家称之为地质史的第六次大灭绝,其灭绝量大约是以往地质年代"自然"灭绝的 100～1 000 倍。自 1600 年以来,所有生物类群中以哺乳动物和鸟类的灭绝比例最高,分别为 2.1% 和 1.3%,并且其中的大部分灭绝是发生在最近的 150 年内,而在 1850～1950 年期间,灭绝率上升到大约每两年灭绝一种。哺乳动物在 17 世纪每 5 年灭绝一种,而在 20 世纪,每 2 年就有一种灭绝;鸟类在更新世的早期,每 83.3 年有 1 个物种灭绝,而现代则每 2.6 年就有一种鸟类从地球上消亡。在过去的 400 年中全世界共灭绝了 58 种哺乳动物,平均约每年灭绝 0.15 种,大约每 7 年灭绝一个种,这个速率较化石记录高 7 至 70 倍。20 世纪内已经灭绝了 23 种哺乳动物,每年 0.27 种,每 4 年中就有一种哺乳动物从地球上消失了,灭绝速率较正常化石记录高 13 到 135 倍。据 1904 年统计,仅江浙两省的家蚕品种资源就有 1 270 多个,而现在保存在中国农科院蚕业研究所的仅有 700 多个。对于家畜动物来说,人们单纯追求畜产品数量增长,普遍存在"重引进、轻培育,重改良、轻保护"的现象。20 世纪 70 年代末和 80 年代初我国畜禽品种资源普查结果证实,已有 10 个地方品种消失(荡脚牛、阳坝牛、高台牛、枣北大尾羊、项城猪、深县猪、太平鸡、临洮鸡、武威斗鸡、九斤黄鸡)。联合国粮农组织的专家在最近发表的《家养动物多样性世界观察》中指出,在过去的 100 年中,全世界已有超过 1 000 个品种的家养动物灭绝,如果不采取有效措施,在未来 20 年内,人类还将失去 2 000 种家畜和家禽品种。

三、动物灭绝的原因

生命刚刚出现，灭绝便已开始。新的物种不断形成，旧的物种逐渐灭绝，在自然界达成一种生与死的平衡。但是由于人口的急剧增长和人类活动的增加，物种灭绝的速率不断加快。对于物种灭绝的机制和因素目前依然存在着不同的见解，事实上也确实存在着两种不同的灭绝因素：一是自然因素，另一是人为因素。从物种角度来看，可以大致分为自身因素和外部因素。影响物种生存的外部因素包括生物学因子、环境因素和人为活动等。

1. 动物自身的发展规律

从生物进化的历史来看，物种灭绝是一种正常的现象。由于物种在长期进化过程中，适应了当时的自然环境，而当自然环境突然产生变化时，由于不能适应这种变化而出现了灭绝。因此在 30 亿年的生命史中，不断地发生着物种的灭绝，同时也不断有新物种的产生，更适于生存的新物种取代了被淘汰的物种。在所有生存过的动物物种之中，有 99％的物种已经灭绝了。一个物种如同个体一样也有一定的寿命，鸟类物种的平均寿命为 200 万年，哺乳类动物物种为 600 万年，后者相当于地球生命史的 1/500。

2. 生物因子

生物因子包括竞争、捕食、生物入侵、寄生与疾病等。

当有机体共同利用同一有限资源时，或当某一类个体数量迅速增加时，常常导致个体间发生竞争。竞争分两类：一是争夺性竞争，即两类生物利用同一环境资源；二是干扰性竞争，即通过攻击、占有领土等进行竞争。竞争在大陆上可能导致密度的下降，除非在极端特殊情况下（如岛屿和人为干扰等），竞争本身绝少导致灭绝，但在小于一定临界面积的岛屿上，也可能发生灭绝。

环境空间异质性及其大小对物种的共存有十分重要的作用。在异质环境空间里，食饵既能躲藏，又有充足的空间在各种镶嵌环境片段中求得生存。捕食者并不歼灭它的食饵，因为如果一个捕食者只寻找那些稀有食饵物种的话，它就更容易饿死。人们看到的最普遍现象是捕食者经常取食那些相对数量较大的物种，而不是或很少取食那些数目稀少的物种。另外，一个聪明和高度组织化的捕食者种群，会尽量不去捕食那些数量变得很少的物种，以使它们有一个最小的生产量和繁殖率。

外来物种就是指在某个生态系统中原先不存在，而是通过有意或无意的途径侵入的物种。外来物种的侵入方式主要可以分为有意引进、无意引进和自然扩散等方式。外来物种进入后，由于竞争关系会改变当地原有的食物链，甚至会极大威胁当地的原有物种，严重的可导致一些物种的灭绝，对当地的农业、林业和其他方面的经济造成损失，对人类的健康造成严重的损害。澳大利亚本来没有兔子，但是托马斯·奥斯汀在 1859 年引进了 24 只兔子，由于澳大利亚没有兔子的天敌，得到了大量的繁殖，破坏了当地原有的食物链，把几万平方公里的植物全部吃光，使得其他种类的野生动物面临饥饿，甚至是灭绝。自从 1600 年来，由于外来物种的引入，全世界共有 22 种两栖类和爬行类灭绝。在新西兰自 1000 年以来青蛙和蜥蜴有 9 个种是由于外来物种的入侵而面临灭绝或近乎灭绝。我国目前已成为受外来入侵物种危害最严重的国家之一。在 IUCN 公布的世界上 100 种危害最大的外来入侵物种中约有一半已入侵了中国。由于畜牧业的发展，人们通过二元或三元杂交培育出了经济效益好的畜禽，使得这些畜禽成为自然史上空前的优势物种,而其他一些数千年来驯化的传统品种因经济效益差受到人们的冷落,面临濒危甚至是灭绝,如上海的荡脚牛、湖北的枣北大尾羊、河南的项城猪、江苏的九斤黄鸡等已经完全灭绝。

病菌常常是导致物种灭绝的一个重要因素。在这方面,病菌和捕食者具有共同的特点,即病菌的生存往往建立在寄主或被食者生存活力的基础之上。这种相互依存关系的自然结果是形成"特有性平衡"(Endemic balance)。在这种情况下,病菌的致病能力减弱,这是在长期的协同进化过程中逐渐形成的。在这一过程中,被寄生物种对病菌逐渐产生了抗性,同时病原体的毒性也逐渐降低。由此推论,病害的广泛流行应该是相当罕见的。只有在长期存在的生态平衡被打破的情况下,该区域才有可能发生广泛的病害流行。病害流行通常可分两种情形:当易受感染的寄主物种从未受病菌感染的区域迁入病菌感染强烈的地区时;病菌传入没有病菌传染的地区时。导致病害流行的一个重要因素就是接触。种群成员的频繁接触为高毒性感染病菌的存活创造了必要的条件。现代城市居民最容易遭受严重的病菌感染,而史前人类由于分别生活在较小的被隔离的区域,则很少发生病菌的广泛传播。显然,如果一个物种的不同种群分别生存在相对隔离的地区,则可避免病菌的严重感染,避免因病菌的广泛流行所导致的灭绝。许多物种的镶嵌式样也许是生物在漫长的进化过程中逐渐发展起来的适应策略。

3.大时间尺度灭绝的环境因素

毫无疑问,无论某一物种的分布是多么广泛,其生存都有赖于特定的环境条件。从化石记录可以看到,一些世界性分布的类群在世界性气候和地质变化中常常灭绝,就可以说明这一问题。导致环境条件变更和破坏的因素可分为缓慢的地质变化、气候变迁和灾变事件。

(1)缓慢的地质变化

使生物生存条件变更的缓慢地质变化主要指地球板块的移动、海域消失以及由此而产生的大陆生态地理条件的缓慢变化。地壳整个布局的改变破坏了原来的生存条件,同时又创造了新的生存环境,如二叠纪和三叠纪交界时期,超级大陆与联合古陆的形成使大量生存在大陆架上的海洋生物灭绝,同时又为陆地生物的进化创造了必要条件。

(2)气候变迁

气候的变迁不仅能够改变生物在纬度和经度上的分布范围,而且往往造成大量物种灭绝。根据化石记录,白垩纪晚期全球气候的干旱使38%的海生生物属彻底灭绝,陆地动物遭受灭绝的规模更大。分布在岛屿的物种在气候发生变迁的情况下更容易灭绝。大陆上尽管具有广阔的空间,然而物种对其分布范围的调整并不如我们所想象的那样轻而易举。对于一个长期适应于某一特定气候的物种或类群,其适应性以及适应性的调节范围总是有限度的。每一个物种或类群都有其固定的生活节律(生物钟),它的调节幅度是很有限度的。气候的变化或变迁超过了某一物种或类群的调节限度,就可能导致该物种或类群不可避免地走向灭绝。

(3)灾变事件

生物类群的大灭绝往往和地球上重大的灾变事件相关联。有些灾变事件仅发生在局部区域,有些则是全球性的。化石记录和地质上大量资料的统计和分析揭示出地球历史上生物界曾经历了几次重大的灾变,都出现了生物类群的大量灭绝。这些灾变事件有些是地球内部的自身运动所致,如海退现象、火山爆发、造山运动及海洋作用;有些则是来自外部空间的干扰,如太阳系中一些小行星和地球相撞、超新星(Supernova)的爆炸等。

①海退现象对物种灭绝的影响

海平面的下降常常与多次生物区系的危机时期有关。海退明显地使大陆架生物类群的生存空间减少,导致种群数目的急剧减少,最终使大量物种灭绝。如二叠纪后期地球历史上最严重的生物区系危机可能是由于巨大的海退所致。尽管海退在减少海洋性生物生存空间的同时又扩展了陆地生物的生存空间,但是海退所导致的全球性气候变化仍使陆地生态系统不可避免地遭受到严重破坏并导致大量物种灭绝。

②火山爆发和造山运动对物种灭绝的影响

火山爆发直接导致大量生物灭绝。短时期内大量的火山爆发时,其效应与小行星与地球相撞所产生的气候效应相似,大量的火山灰冲入大气层,加强了地球对光的反射能力,使辐射到地球表面的太阳光迅速减少,导致地球表面的气温急剧下降。几次生物区系的危机均发生在火山爆发和造山运动时期。如奥陶纪后期、泥盆纪后期和白垩纪后期所发生的 3 次生物大灭绝事件均伴随着火山爆发和造山运动。大多数火山爆发的持续时间和生物大灭绝时期相吻合。火山爆发对环境造成的压力最终导致地球局部生态系统的毁灭。

③来自太阳系的灾变事件对物种灭绝的影响

近年来,古生物学中一个有争论的问题是关于是否有一个体积巨大的小行星和地球相碰撞,从而导致了晚白垩纪生物界的大灭绝。据推测这颗小行星的体积大约是火星体积的一半,来自于火星和木星之间的行星带。碰撞后所带来的灾变性反应导致了地球生态系统的巨大破坏。在全球范围中呈不连续分布的沉积岩中,人们发现矿物质具有被冲击的特征。另外,一种小球体也在碳含量较高的同一地层中被发现。这些小球体被认为是由于撞击引起巨大火焰所产生的碳粒。除含有异常铱元素之外,其他地质化学方面的异常现象也被认为是来自地球之外。

这种碰撞对地球气候的影响力是巨大的。小行星在大气中燃烧以及和地球的相撞会产生大量的岩石碎片并弥散在大气中,至少要持续一个星期。这种尘埃云会阻碍所有的太阳光线射入地面,由于光线强度极低,光合作用不能进行,因此在几个月之内地球表面温度迅速下降,并一直维持在 0 ℃以下。除此之外,大气中会出现氰化物、氮氧化物等有毒气体,并可能导致全球性酸雨以及臭氧层的破坏等。这种气候的大骤变势必对生物圈产生重大的影响,而全球性气温急剧变冷往往就是生物大灭绝即将来临的征兆。

4.人类活动对生物的巨大冲击

(1)栖息地的减少和栖息地环境污染

由于人口的急剧增长,人类占有的地球资源越来越多。随着人类文明的不断发展,人们对自然环境不断地进行改造,如砍伐森林、修建道路和桥梁、建房盖楼、填海造地、围湖造田、开垦荒地等,以更好地适合人类生存。但是在改造自然环境和追求所谓高品位生活的同时,也在一定程度上影响了其他动物的生存,如侵占了动物的栖息地,使得动物栖息地越来越小,因此可以承载的动物数量也就越来越少,增大了物种灭绝的概率。如麋鹿在古代分布于华北和长江中下游,数量也很大,但是随着人类文明的进步和经济的发展,其栖息地逐渐缩小,最后导致该物种的自然种群在我国灭绝,这一过程大约经历了 2 000～3 000 年;猕猴曾生活在河北东陵,由于东陵是清王朝的陵墓,这里的森林是不准砍伐的,但是在清朝后,这些森林开始被偷伐,至 20 世纪 50 年代起被大规模地采伐,由于栖息地的丧失,导致该物种于 20 世纪 80 年代在东陵地区灭亡。

目前的化工产品、汽车尾气、工业废水、有毒金属、原油泄漏、固体垃圾、去污剂、制冷剂、防腐剂、农药的大量使用、酸雨等严重污染了水、空气、陆地等动物赖以生存的栖息环境。如大量的生活污水和工业污水排放到湖泊河流中,再加上一些不合理的渔业经营,降低了湖泊的自净能力,造成了严重的水污染,并加快了水体的富营养化,严重威胁到其中鱼类的生存;DDT(一种农药)对鸟的卵壳形成具有破坏作用,是引起许多鸟类灭绝的主要因素;世界上最大的淡水湖——维多利亚湖,由于受到污水的污染,使得目前湖中除了一种土产鱼类和两种外来鱼类存在数量较多外,所有其他鱼类都濒临灭绝或已经灭绝。

(2)人类不合理的开发和利用

现在一些不法分子在经济利益的驱使下,对一些动物甚至是珍稀动物进行大规模的捕杀,这样破坏了原有的生态平衡和食物链。数量的急剧下降严重影响它们和在食物链中与它们关系密切的物种的繁衍生息,最终会导致该种动物的灭绝。我国过度捕猎是非常严重的,在内蒙,仅从被破获的野生动物资源案例中得知,在 1989~1990 年,至少有 15 580 只黄羊被捕杀;在新疆,无节制的乱捕滥猎,曾导致准噶尔盆地赛加羚羊绝迹和天山北麓盘羊种群消失;塔里木河下游大面积湿地消退和野猪锐减,导致以其为主要食物的里海虎的灭绝。目前,中东国家驯养的猎隼,多数是偷猎和走私来的,1990~2000 年,来中国参与偷捕猎隼的外国人达 500 人次之多。

四、物种灭绝的内在机制

1.灭绝为进化创造了条件

人们可以想象,如果没有物种灭绝,生物多样性不可能不断增加,物种形成便会被迫停止。这样,许多进化性创新,如新的生命体和新的生命形式便不可能出现。由此看来,灭绝在进化中的作用就是通过消灭物种和减少生物多样性来为进化创新提供生态和地理空间。

2.物种灭绝与类群的系统发育年龄有关

任何一个物种或类群既有它发生和扩展的过程,也有它衰亡的过程。在系统发育过程中处于幼期阶段的类群仍缺乏对环境的有效适应。自然选择创造了这些类群,同时常常在它们还没有来得及扩展自己时又将它们扼杀在摇篮之中了。这些现象在生物界是普遍存在的。对于新生类群来说,幼期阶段则是它们系统发育中的瓶颈阶段。在众多的新生类群中,只有少数类群能够渡过这一瓶颈阶段。古生物学研究和化石记录表明,地球上几乎所有的大灭绝事件中,比较古老的支系往往受到较大的影响。在正常的地质时期,古老支系的灭绝率也比其他类群高得多。这些古老支系在系统发育过程中处于衰亡阶段,其生存脆弱性是显而易见的。

3.物种灭绝与其形态性状单一有关

观察了大量生物化石类群之后,人们发现在正常地质年代形态性状单一的类群容易灭绝,而那些形态性状多样的类群则具有较高的生存率。其主要原因在于生物体的每一个外部形态都和它特定的生理功能相关联。形态性状多样的类群往往具有多样化的生理功能以及较完善的生态适应性。形态性状单一的类群似乎缺乏比较多样化的生理功能,缺乏对外界干扰的应变能力。

第三节　外来种问题

在自然界,由于地理、地貌和气候等因素的影响,每一个物种都被限制在一定的区域内生存发展,这些物种即本地种。虽然物种自身可发生迁移,但如果没有人类活动的影响,这种自然迁移速度很慢。一种生物以任何方式传入其原产地以外的国家或地区,并在那里繁殖,建立自然种群,这种生物被称为外来种(Exotic species)。在引入地建立了庞大的种群,并向周围地区扩散,对新分布区生态系统的结构和功能造成明显的损害和影响的外来种称为入侵种(Invasive species)。生物多样性是人类赖以生存和发展的物质基础,地球上的生物多样性每年为人类创造约 33 兆美元的价值(Costanza 等,1997)。然而,近年来,生物多样性受到了严重威胁,物种灭绝速度不断加快,遗传多样性急剧贫乏,生态系统严重退化,这些都加剧了人类面临的资源、环境、粮食和能源危机。而外来物种对生态环境的入侵已经成为生物多样性丧失的主要原因之一。历史上,外来物种引入某一地区及由其引起严重后果是伴随着欧洲殖民扩张的历史而被人们所知晓。从公元 1500 年起,随着欧洲海外扩张的进程,欧洲人把猪、牛、羊、马等牲畜带到了美洲和大洋洲等地,当这些动物逃跑变野后,它们在各种各样的居住地内很快地散布开来。不可否认,这样的物种迁移对于人类的生存和发展产生过积极的作用。但是,历史告诉我们,非本地物种的引入如果没有得到有效的引导和控制,就会严重危害到当地人们的生产和生活,危害生态环境。1859 年,当澳大利亚的一个农夫为了打猎而从外国弄来几十只兔子后,一场可怕的生态灾难爆发了。兔子是出了名的快速繁殖者,它在澳大利亚没有天敌,由于数量不断翻番,它很快就开始毁坏庄稼。到 1880 年,它们到达新南威尔士,开始影响南澳地区的牧羊业。人们组织了大规模的灭兔行动,但收效甚微。到了 19 世纪 90 年代,当兔群抵达西澳时,人们修了一条长达 1 600 km 的栅栏,试图将其拦住。但是,这个栅栏很快被冲破了,至今它们已繁衍了 6 亿多只后代。这个国家绝大部分地区的庄稼或草地都遭到了极大损失,一些小岛甚至发生了水土流失。绝望之中,人们从巴西引入了多发黏液瘤病,以对付迅速繁殖的兔子。但是后来证明,针对兔子的细菌战只是使不断恶化的状况得到暂时缓解,一小部分兔子对这种病毒具有天然的免疫能力,它们在侥幸逃生后又快速繁殖起来。整个 20 世纪中期,澳大利亚的灭兔行动从未停止过。

一、我国动物入侵种的侵入途径

随着国际贸易的不断增加、对外交流的不断扩大、国际旅游业的迅速升温,近年来,外来入侵生物借助多种途径越来越多地传入我国。

(一)有意引入

某些部门或个人为了经济效益、观赏和生物防治等,从国外或外地引入了大量物种。由于管理不善或缺乏相应的风险评估,有的物种变成了入侵种。例如,海狸鼠(獭狸)于 1953 年引入到我国东北后在各地大量养殖。20 世纪 90 年代中期，由于经济原因，獭狸逃生或放生，在野外自生自繁，成为南方农田、果园新的有害动物。原产于亚马孙流域的福寿螺 1981 年引入到广东后，广为繁殖，后被释放到野外，在广东、福建等地造成很大的损失。20 世纪 50 年代中期引进的麝鼠，其皮毛有一定的经济价值，野外放养后迅速繁殖，到处破坏水坝和稻田，其破坏性大大超过了其自身价值。

（二）偶然带入

无意间将外来种从原生地带到遥远的别的地区，人员流动和物资交流可以充当外来种的引入媒介，相当一部分入侵种是由这种方式带入的，比如条形贝之类的大量入侵种就是混杂在远洋船的压舱水中被带往世界各地的；侵入我国的蔗扁蛾、褐家鼠、美国白蛾等都是随人员或商品贸易带入的。货物的木质包装物也常常是外来种传入的重要载体，从日本入侵到我国的光肩星天牛就是以这种方式传入的。另外，原产日本的松突圆蚧是 20 世纪 80 年代初"隐藏"在进口的杉材中潜入的，湿地松粉蚧是随 1988 年从美国进口的一批湿地松接穗条传入广东的。有些害虫是随作物的引入而入侵的，如我国的红铃虫很可能是随着棉种由印度到越南或缅甸而传入的。近来有研究表明，人类抛弃到海洋中的塑料垃圾也为有些入侵者提供了"交通工具"。

二、中国主要外来动物

中国是世界上物种多样性特别丰富的国家之一，已知有陆生脊椎动物 2 554 种（解焱等，2001），鱼类 3 862 种（陈灵芝，1994；中国生物多样性研究报告编写组，1998）。到目前为止，据统计，严重危害我国农林业的外来动物约有 40 种，害虫类包括美国白蛾、松突圆蚧、湿地松粉蚧、稻水象甲、斑潜蝇、松材线虫、蔗扁蛾、苹果绵蚜、葡萄根瘤蚜、二斑叶螨、马铃薯甲虫、桔小实蝇、白蚁、红脂大小蠹等（李行誉，1997；冯明祥，1992；刘源智等，1998；何春华等，1992；程桂芳等，1997；魏鸿均，1997）。其他外来动物包括原产于南美的福寿螺、原产于东非的非洲大蜗牛（陈德牛等，1996）、原产于北美洲的麝鼠（又名水耗子）、原产于前苏联的松鼠、褐家鼠和黄胸鼠（张大铭等，1993）、原产南美洲的獭狸（又名海狸鼠、草狸鼠、沼鼠）（许瑞秋等，1997）等。引进外来鱼类对湖泊的本地鱼种和生态系统也构成了巨大威胁（张国华等，1997；廖国璋，1998）。

（一）美国白蛾

美国白蛾又称秋幕毛虫、秋幕蛾，属鳞翅目，灯蛾科。成虫白色，体长 12～15mm，翅展 25～28mm；雄虫触角双栉齿状，前翅上有几个褐色斑点；雌虫触角锯齿状，前翅纯白色；卵球形，初期为浅绿色，孵化前为褐色。卵通常以不规则块状产在叶背面，每卵块 300 余粒卵；幼虫体色变化很大，根据头部色泽分为红头型和黑头型两类；蛹长纺锤形，暗红褐色；茧褐色或暗红色，由稀疏的丝混杂幼虫体毛组成（方承莱，1985）。

美国白蛾蛹在树皮下或地面枯枝落叶处越冬，幼虫孵化后吐丝结网，群集网中取食叶片，叶片被食尽后，幼虫移至枝权和嫩枝的另一部分织一新网。1～4 龄幼虫多结网危害，网幕为乳黄色，可达 50cm。5 龄后的幼虫开始脱离网幕，分散危害，达到暴食阶段。美国白蛾分布在辽宁等地，每年发生 2 代。

美国白蛾为重要的国际植物检疫对象,原产北美洲,1940年传入欧洲,1945年传入日本,1958年传入朝鲜,1979年传入我国辽宁丹东一带,1984年在陕西发现,现分布于辽宁、河北、山东、陕西、天津等省区,在这种情况下极有可能入侵北京。它是目前对我国农林业造成毁灭性灾害的最为严重的入侵性害虫。各级政府对此十分重视。1981年,国务院办公厅转发了农业部、林业部关于加强对美国白蛾检疫和防治工作的报告的通知;1984年国务院、中央军委发出了《关于迅速扑灭陕西境内美国白蛾的紧急通知》。以上各省市政府均成立了由地方主要领导参加的美国白蛾防治领导小组。1995年,天津发现美国白蛾后,北京市1996年了成立"严防指挥部",以杜绝美国白蛾进京。陕西西安、咸阳、辽宁锦州等地利用人工、机械、化学等方法成功控制了美国白蛾的危害。具体方法有:利用黑光灯诱杀成蛾、人工剪除网幕、秋冬季人工挖蛹、喷施溴氰菊酯和灭幼脲等化学和生物杀虫剂等。

(二)美洲斑潜蝇

美洲斑潜蝇,属双翅目,潜蝇科,又称蔬菜斑潜蝇、苜蓿斑潜蝇。成虫体形较小,头部黄色,眼后眶黑色;中胸背板黑色光亮,中胸侧板大部分黄色;足黄色,两侧有淡棕色斑纹;翅长1.3~1.7mm;卵白色,半透明;幼虫蛆状,初孵时半透明,后为鲜橙黄色;蛹椭圆形,橙黄色,长1.3~2.3mm。

美洲斑潜蝇成虫具有较强的趋光性,飞翔能力较差。成虫吸取植株叶片汁液,在叶片上形成近圆形刻点状凹陷;卵产于叶片上下表皮之间的叶肉中;初孵幼虫潜食叶片上下表皮之间的叶肉,并形成隧道,隧道端部略膨大;老龄幼虫咬破隧道的上表皮爬出道外化蛹。因地理、气候条件不同,该虫的发生特点各异,在我国海南省,可全年发生;在湖北、江苏和安徽等地,8~10月发生严重;在北京、河北、天津一带,7~9月危害相对严重(王福祥,1997)。

美洲斑潜蝇原产美洲,目前分布于美洲、大洋洲、非洲和亚洲的30多个国家和地区。该虫最早于1993年在我国海南省发现,但到1998年,已蔓延到全国21个省区市,危害面积达1 300 000 hm²多。美洲斑潜蝇可寄生22个科的110种植物,尤其是蔬菜瓜果类受害严重,包括黄瓜、甜瓜、西瓜、西葫芦、丝瓜、番茄、辣椒、茄子、豇豆、菜豆、豌豆和扁豆等,它对叶片的危害率可达10%~80%,常造成瓜菜减产、品质下降,严重时甚至绝收。目前在我国防治美洲斑潜蝇的主要措施包括:(1)农业防治(人工防治):在害虫发生高峰时,摘除带虫叶片销毁;(2)物理防治:依据美洲斑潜蝇的趋黄习性,利用黄板诱杀;(3)化学防治:采用绿菜宝、巴丹、杀虫双等可取得明显的效果;(4)生物防治:据调查,在不用药的情况下,寄生蜂天敌寄生率可达50%以上,因此有效保护和利用天敌也可取得一定的防治效果(许再富等,1989)。

(三)松材线虫

松材线虫属蠕形动物门,线虫纲,垫刃目,滑刃总科,伞刃属。线虫成虫虫体细长,体长约1 mm。雌虫尾部近圆锥形,末端圆。雄虫尾部似鸟爪,向腹面弯曲。

松材线虫病又称松枯萎病,是一种毁灭性病害。它是通过松墨天牛等媒介昆虫传播松材线虫于松树体内引发的松树病害。被松材线虫感染后的松树,针叶黄褐色或红褐色、萎蔫下垂,树脂分泌停止,树干可观察到天牛侵入孔或产卵痕迹,病树整株干枯死亡,木材腐烂。此病多发生在高温干旱的气候条件下。从罹病树中羽化出来的天牛几乎100%携带松材线虫,每只天牛都可携带成千上万条线虫,最高可达28万条。当天牛在树上咬食,补充营养时,线虫幼虫就从天牛取食造成的伤口进入树脂道,然后蜕皮成为成虫。被松材线虫侵入的松树往往又是松墨天牛的产卵对象。翌年,在罹病松树内寄生的松墨天牛羽化时又会携带大量线虫,并"接种"到健康的树上,导致病害的扩散蔓延。该病的近距离传播主要靠天牛携带传播,远距离主要靠人为调运带疫(带松材线虫的天牛)的苗木、松材、松木包装箱及松木制品等进行传播。松材线虫雌雄虫交尾后产卵,每个雌虫产卵约100粒。虫卵在温度25℃下只需30 h便可孵化。幼虫共4龄。在温度30℃时,线虫3 d即可完成一个世代。松材线虫生长繁殖的最适温度为20℃,低于10℃时不能发育,28℃以上繁殖会受到抑制,在33℃以上则不能繁殖。

此病在日本、韩国、美国、加拿大和墨西哥等国均有发生。我国1982年在南京中山陵首次发现,以后相继在安徽、山东、浙江、广东等省的局部地区发生并流行成灾,导致大量松树枯死,已被我国列入对内、对外的检疫对象。松材线虫病给安徽、浙江两省带来了近5亿元的经济损失。

我国各级政府十分重视松材线虫病的治理工作,近年来取得了一定的成效。在广东省实施3年的国家级松材线虫病工程试点治理项目,中央、地方和林业部门共计投资5 736万元,治理区土地总面积801 418hm^2,已能够实现"控制、压缩和扑灭"松材线虫病。应用松墨天牛引诱剂和诱捕器及航空监测技术,提高了宏观监控疫情的能力;人工伐除病死树、袋装熏蒸杀灭松墨天牛、利用管氏肿腿蜂防治天牛等方法,起到了明显的控灾效果(新华网,2001)。在安徽,为防止和隔断松材线虫病害传入黄山风景区,一项以保护黄山松为目的的黄山松材线虫病预防体系生物控制带工程近日全面启动实施。宽4 km,内围边界长67 km,外围边界长100 km的黄山生物控制带建成后,将有效阻隔松材线虫病传入黄山风景区(黄讯,2001)。

(四)福寿螺

福寿螺,又名大瓶螺,两栖淡水贝类软体生物,属软体动物门,腹足纲,瓶螺科。成螺雌雄异体,爬行体长3.5～6 cm,贝壳近似圆盘形,一般具6螺层;卵圆球形,直径2～2.5 mm,初产时深红色、黏稠,孵化前变淡,卵成堆叠产,每卵块3～5层,100～960粒不等;幼螺初孵体长2～2.5 mm,软体部分呈深红色,初孵幼螺可在水中爬行,以后贝壳向右旋增加;螺口径在2.2 cm以下为幼螺或高龄幼螺(冯伟明,1994)。福寿螺的生活史分为卵、幼螺和成螺三个阶段。雌雄交配后,受精作用在体内进行。产卵部位主要在离水面10～20 cm的杂草、作物植株或沟渠石壁上。初孵幼螺脱落于水中,即能浮游觅食,独立生活。成螺产卵次数多,产卵量大,每交配一次可连续产卵10多次。成螺喜栖于土壤肥沃、有水生植物生长的流水缓慢的河沟或水田等生境,白天多沉于水底和附在池边,或聚集在水生植物下面,夜晚取食。温度对福寿螺的生长影响很大。在长江以南地区福寿螺可自然越冬,每年发生两个世代(蔡汉雄等,1990)。

福寿螺原产南美洲亚马孙河流域,20世纪70～80年代引入台湾、广东等地,最初价值很高,颇受欢迎,但其肉质松软,缺乏本地田螺的香脆,致使销路大减,人们被迫弃养,福寿螺因此成为河道、水沟、池塘的野生生物。由于福寿螺食性杂、繁殖力强、发育速度快,很快便成为福建、广东、广西、浙江、上海等地的有害动物。福寿螺经常啃食水生植物叶片和茎秆,严重影响植物生长。在广西鹿寨县,福寿螺在稻田的发生密度高达16.95个/m^2,水稻受害株率一般为7%～15%,最高达64%;福寿螺也会危害莲藕,幼螺从叶底啃食浮贴水面的莲叶,致使叶片成穿孔或缺刻,严重时叶片被啃食得千疮百孔,难以抽离水面;福寿螺还危害水仙花等其他水生植物。另外,福寿螺还是一种人畜共患的寄生虫病的中间宿主,极易给周围居民带来健康问题。目前福寿螺的防治是以化学防治为主,辅以人工防治,尚未开展生物防治。由于没有系统、科学的立项研究,目前防治中存在的问题有:所选用的化学杀螺剂品种对水体毒性大,严重污染水质;施药量过多,增加防治成本;防治技术不够精确,防效较低。因此这方面的研究尚需深入开展。

(五)獭狸

獭狸,又称海狸鼠、草狸獭、沼鼠等,属啮齿目海狸科。獭狸体躯短粗而圆,黑褐色,头大体肥,上唇具较大的浅褐色触须,成年雌鼠体长 50~65 cm,尾长 30~40 cm。雄鼠比雌鼠略重,四肢粗短,后肢稍长于前肢,前肢间无蹼,后趾除第1、2趾间无蹼外,其余的趾均具蹼,后掌可支撑身躯站立,游泳时可作桨划行,嗅觉较差,耳小且圆,听觉灵敏(许瑞秋等,1997)。

獭狸在我国南方各地野生,多栖息于常年不结冰、各种水生植物繁茂的河沟、池塘附近,利用较陡的斜坡钻洞营巢。它主要以植物茎、枝叶为食,也食河蚌和其他软体动物。成年雌鼠每胎产仔 6~8 只以上,一年四季均可交配产仔。

獭狸原产于南美阿根廷、智利和乌拉圭等地,我国最早于 1953 年从前苏联引进到东北动物园,以供观赏用。由于獭狸具有浓密柔软的绒毛,毛皮保温性能好,一度被各地视为珍稀动物。福建省于 1989~1994 年间曾积极引种饲养,但由于肉味欠佳,在南方饲养后毛质变差,人们逐渐对獭狸失去了兴趣,大量的獭狸于是逃生或被放生,从而在野外自生自繁,成为危害农作物的重要有害生物。在福建古田县,獭狸啃食稻苗,被害稻苗减产可达 25%~30%。它对番茄、西瓜、马铃薯、蔬菜以及芦柑、雪柑等果树也造成了严重危害,被害的田园损失率大大超过许多病虫造成的损失。我国南方的地理气候比较适宜獭狸的自然繁殖,应加强对獭狸种群发展和扩散的动态监测,应及时采取猎杀、毒杀等手段限制其扩散蔓延,以减少对农业生产的损失(许瑞秋等,1997)。

(六)食人鲳

一种出现在南宁观赏鱼市场上的热带小鱼曾在广西成了有关部门的追捕对象。这种外形优美、色彩艳丽的热带小鱼名叫食人鲳,食人鲳又称“水中狼族”,俗称“食人鱼”。食人鲳原产于南美亚马孙河流域,性情暴烈,具有较强的攻击性,被认为是一种非常危险的生物。据有关报道,在亚马孙河流域,每年就有 1 000 多头水牛被食人鲳吃掉,而食人鲳攻击人类的事件也时有发生。对于广西而言,更为现实的威胁是,一旦这些作为观赏鱼类引进的热带小鱼进入河流湖泊,当地的其他水中生物将面临一场灭顶之灾。广西自然环境与南美类似,食人鲳没有天敌,进入之后将形成优势物种,破坏生态平衡。

三、外来入侵种扩散过程

一般认为外来种的传入扩散过程分为传入、定植、停滞和扩散三个阶段,但每一种入侵种生物都有其自身的入侵特性,扩散过程也不尽一致。

(一)传入期

外来种刚刚传入新的地区,开始适应传入地的气候和环境,依靠有性或无性繁殖形成新的种群,但尚未建立起足够定植的种群。这个时期通常较短,但此时如马上采取人工或机械控制往往能够根除外来种,是防止外来种危害的最佳时期。

（二）定植期

由于经过一定时间对本地气候、环境的适应和一定的种群数量的扩增积累，外来种开始归化为当地种。在这个时期虽然难以根除这种外来种，但仍然可通过人工、机械或化学及生态的方法控制外来种的蔓延，也是控制的理想时期。

（三）停滞期

很多外来种定植后并没有马上大面积扩散、入侵，而是表现为"停滞"状态，在停滞期内，外来种虽然在一定的时间、一定的区域，能维持一定的种群数量，但并没有形成"暴发"的态势。这与外来种自身的繁殖特性和气候特性有关。在停滞期开展有效的防治工作，仍可避免外来种带来大的危害。

（四）扩散期

在此时期，由于外来种形成了适宜于本地气候和环境的繁殖机制和强大的与本地物种的竞争机制，种群扩张不可避免。由于大量种子进入成熟阶段，很容易借助一些外在的扩散条件，从而大肆传播蔓延，形成"生态"暴发。在这个时期，采取任何防治措施都难以在短时间内取得理想效果，而且，如措施不当（如指导不当的人工防治），反而会进一步促进其扩散。所以只能树立长期控制目标，采取以生物防治为主，恢复天敌自然控制作用，同时辅以化学、机械和替代控制的综合治理措施，才能起到一定的缓解效果。

四、动物入侵种对我国造成的危害

近年来，动物入侵种已经对我国的生物多样性和生态环境、农业生产、人体健康等多方面造成严重的危害，同时也造成了巨大的经济损失。主要表现在以下几大方面：

（一）对生物多样性的影响

在自然界长期的进化过程中，生物与生物之间相互制约、相互协调，将各自的种群限制在一定的栖境和数量，形成了稳定的生态平衡系统。当一种生物传入一新的栖境后，如果脱离了人为控制逸为野生，在适宜的气候、土壤、水分及传播条件下，极易大肆扩散蔓延，形成大面积单优群落，破坏本地动植物相，危及本地濒危动植物的生存，造成生物多样性的丧失。大部分外来种成功入侵后大暴发，造成严重的生物污染，对生态系统造成不可逆转的破坏。由于物种在全球范围内的扩散规模日益扩大，世界各地本地物种的生存安全受到了威胁，进而损害地球上的生物多样性。如近几年在餐桌上颇受欢迎的牛蛙，原产于北美洲，因为体大肉多被引进饲养食用，逃逸进入我国自然界后，由于其适应性、繁殖力强（其产卵量为一般蛙类的10倍），食性广，天敌少，具有明显的竞争优势，对原本地的动物构成威胁。非洲鲫鱼进入我国以后，凭借其有强烈的地盘意识及护幼习性，经常形成巨大种群，占据本地物种生态位，使本地物种失去生存资源，对土著鲤科鱼类影响最大，在湖泊和湿地还会影响水鸟的生存。我国从20世纪50年代开始，先后从长江、珠江和额尔齐斯河水系往新疆塔里木河引入鱼类，使塔里木河原有的15种鱼类增至41种。由于引入的外来种与原有的本地种在空间、食物占有等方面发生激烈竞争，从而威胁到本地种的生存，其中独特的新疆大头鱼和塔里木裂腹鱼数量急剧减少,处于濒危状态。

(二)对农林业经济发展的影响

动物入侵种的入侵导致生态灾害频繁暴发,对农林业造成严重损害。如松材线虫病原发于北美,是松材线虫寄生于松树体内而导致树木迅速死亡的一种毁灭性病害,被称为"松树的癌症"。松树一旦感染这种线虫,一般情况下,患病后没有任何拯救措施,当年得病当年死亡。1982 年在南京中山陵首次发现,现已扩散到江苏、安徽、广东 3 省,3.4 hm² ×10 hm² 松林受害,累计死树超过 100 万株。又如原产于日本的冲绳岛和先岛群岛,以及我国台湾省的松突圆蚧属于蚧总目,盾蚧科,在 20 世纪 80 年代初经香港、澳门侵入我国广东沿海地区,迅猛扩散,使广东及我国南方各省的松林资源面临着巨大威胁。1983 年松林受害面积约 1.1 hm² ×105 hm²,1986 年约 3.1 hm² ×105 hm²,1987 年增加到 4.0 hm² ×105 hm²,枯死松林面积约8 hm² ×104 hm²。美国白蛾可危害 200 多种农林植物,包括桑树、臭椿、白蜡,榆树、山楂、苹果、梨、樱桃、柳、杏、泡桐、葡萄、杨树、香椿、李、槐树、桃树、马铃薯、向日葵、草莓、韭菜、玉米、黄瓜、茄子、柿树、黑枣、大豆、甘蓝、丝瓜、蓖麻、冬青、南瓜、花生、辣椒、白菜、甜瓜、烟草、西葫芦、红麻、大麻、芝麻、曼陀罗、胡萝卜、番茄、棉花等。它繁殖力强,扩散快,每年可向外扩散 35～50 km。1979 年,侵入我国辽宁省边境丹东、新金等地,此后 20 年间,该虫向北扩展700 km,平均每年 35 km。据在辽宁省的调查,该虫可危害果树、林木和农作物等 100 多种植物。近年来,稻水象甲、非洲大蜗牛、美洲斑潜蝇等农业入侵害虫严重发生与危害的面积每年超过 1.4 万 km²。据专家估计,中国 20 世纪 70 年代发生在林业上的外来种病虫(美国白蛾、松材线虫、松突圆蚧等)造成的损失每年超过 20 亿元。20 世纪 90 年代初,侵入中国的美洲斑潜蝇造成严重危害,1995 年四川省损失 2.4 亿元,山东省达 11 亿元。

(三)对人类健康的影响

外来种对人类健康可构成直接威胁。一些外来动物如福寿螺等是人畜共患的寄生虫病的中间宿主,麝鼠可传播"野兔热",疯牛病、口蹄疫和艾滋病更是对人类生存的巨大挑战。目前,动物入侵种的入侵已经给世界各国的食品安全、生命安全、经济安全和政治安全敲响了警钟。

(四)对经济的影响

外来入侵种可带来直接和间接的经济危害。保守估计,外来种每年给我国的经济带来数千亿元的经济损失。

(五)对社会和文化的影响

外来入侵物种通过改变侵入地的自然生态系统降低物种多样性,从而对当地社会、文化造成了严重危害。我国是一个多民族国家,各民族聚居地区周围都有其特殊的动物资源和各具特色的生态系统,对当地特殊的民族文化和生活方式的形成具有重要作用。外来种改变生态系统会造成一系列水土、气候等条件的改变,从而影响当地的物种资源多样性,进而对旅游业造成一定的影响,这些都在无声地削弱民族文化的根基。

五、我国应采取的对策

(一)立法与管理

国家目前并没有专门针对外来种的法规或条例,应迅速制定防止外来入侵法和入侵种管理法,从法制高度重视生物入侵问题。由于外来入侵生物威胁到社会的方方面面,仅靠某一个或几个部门是不够的,应成立包括农业、林业、环保、海洋、贸易、检疫、卫生、国防、司法、教育、科研等国家主管部门在内的统一管理协调委员会,从国家利益的高度全面管理外来入侵种。

(二)公众参与和加强教育

防止生物入侵,需要全社会共同努力,应充分调动公众的积极性,提高全社会防范意识,使全社会参与到防止生物入侵的行动中。

(三)有效利用、预防为主

在经过科学的成本—收益分析论证后,可有效地利用入侵生物的某些经济特性,变废为宝,但在此过程中应严防新的人为扩散。对于生物引种,在引入前应进行充分的、科学的评估、预测和测验,谨慎引种,应进一步加强边境、海关检疫和阻截作用,阻止新的入侵种入境,防止无意带入外来生物。

(五)加强控制及早恢复

对于已传入并造成危害的入侵种,应采取迅速的控制对策。清除入侵种后,需要在发生范围作定期检查,及时处理问题,以防止重新入侵。在清除后的裸地种植速生的本地植物,促进本地群落生态系统尽早恢复到自然状态。

(六)加大科研力度

加强对生物入侵的研究,明确入侵种类、分布、机制,评价入侵种带来的生态危害,研究控制对策和具体技术,是我国目前解决生物入侵的关键。没有科学的研究结果作为指导,就不可能从根本上解决这个问题。在研究外来种的同时,应充分研究、了解本地生物种类,在诸如退耕还林还草工作中,尽可能利用本地种,发挥本地种的作用,减少引进使用外地种。

(七)加强信息流通

国内目前在生物入侵方面的信息很多,但不能有效地沟通。成立国家生物入侵信息中心、建立信息库、有效利用国际互联网和局域网,将会加强信息流通,对预防和控制生物入侵具有重要作用。

(赵永聚 赵伟 王玉琴)

第四章 动物遗传资源保护原理
和一般途径

第一节 动物遗传资源保护的基本原理

一、动物保护中的基本单元——ESU

遗传多样性是物种进化潜力的物质基础,只有保护好动物的遗传多样性,才能达到真正保护动物物种多样性的目的。毫无疑问,遗传背景单一的物种在环境变迁中(如气候变化、新病原物的入侵等)将十分脆弱,易于灭绝。那么怎样更经济、更有效地保护动物遗传多样性呢?事实使人明白:就地保护或迁地保护存在着规模和效果的局限性,因而确定合适的生物保护基本单元对制定经济有效的保护对策是非常必要的。

Ryder(1986)首先提出并论述了 ESU(Evolutionarily significant unit,进化显著单元)的概念,提议以 ESU 作为生物保护的最小单位。ESU 的提出引起了生态学家、进化生物学家和保护生物学家们的广泛关注,现在,ESU 已被国际社会普遍接受为生物保护中的基本单元(Moritz,1994)。但是对 ESU 的定义不同的学者有不同的理解。Ryder 认为 ESU 是表现出显著的适应性变异的种群,而 Waples(1991)认为是与其他种群有生殖隔离的,具有相同或不同适应性的种群。总之 ESU 被定义为在形态和基因型上有显著区别的种群,或在进化史上有显著区别的种群。ESU 已被证明是一个在生物保护中很有用的概念标准。例如,在最近的一项研究中,研究人员发现广西的白头叶猴(*Trachypithecus francoisi leucocephalus*)和黑叶猴(*T.F francoisi*)在 mtDNA 序列上严格地互为单系群。这表明白头叶猴是 ESU,而且由于其群体大小仅 1 000 只左右,因而在保护上应予以特别的重视。又如针对中国黑冠长臂猿的 mtDNA 序列分析表明,仅中国黑冠长臂猿就有 5 个 ESUs,在保护中应对这 5 个 ESUs 给予重视。

另外,需要注意的是,受到财力、物力等限制,不可能对所有 ESUs 都进行保护,因而实践上常常对进化显著性区域(Evolutionarily significant area)进行保护,即对许多物种均显示系统地理学(Phylogeography)结构的区域加以保护。这样我们可将有限的力量投入到一个区域上,而非单个的物种上,从而做到经济有效又切实可行。

二、岛屿生物地理学理论

根据 Mac Àrthur 和 Wilson(1963,1967)提出的岛屿生物地理学平衡理论(M-W 理论),物种存活数目与其生境所占据的面积或空间之间的关系可以用如下幂函数来表示:

$$S = CA^z$$

这里 S 表示物种数目,A 为生境面积或空间大小(公顷),C 表示单位面积(空间)物种数目,Z 为统计常量,其理论值为 0.263,通常在 0.18～0.35 之间变动。从这个公式可以得到一个粗略的经验概率:Z 面积减小 10 倍,物种数目约减少一半。

M-W 理论认为,岛屿上存活的物种数量取决于物种迁入率和灭绝率,迁入和绝灭过程的消长导致物种数量动态变化。由于任何岛屿的空生态位或未占据的生境有限,已定居的物种数量越多,则新迁入的物种成功定居的可能性越小,而任一定居物种的灭绝的概率越大。对某一岛屿而言,迁入率和灭绝率随岛屿的物种丰富度的增加而分别呈下降和上升的趋势。物种灭绝率随岛屿面积的减小而增大——面积效应(Area effect),物种迁入率随隔离距离的增大而减小——距离效应(Distance effect)。当迁入率和灭绝率相等时,物种丰富度处于动态平衡(邬建国,1990,1992)。

M-W 模型表明了物种迁入率随距离,灭绝率随面积变化的规律。在迁入率与灭绝率相等时,岛屿物种丰富度达到动态平衡,此时物种周转率在数值上等于当时的迁入率或灭绝率。每一个岛屿面积与隔离程度的组合都将产生一个特定的物种数量与物种周转率的组合。岛屿生物地理学的越大越好和越近越好的基本原则在今天仍被广为接受。

三、Meta-种群理论

种在空间上的分布很少是连续的,而是组成局部种群并通过扩散改变相互连接的程度。由于这种空间结构,种群统计和种群遗传将不仅是局部环境条件的产物,而且还是在一个区域尺度上运行过程的结果。Levins 提出的异质种群用来表示同一物种在若干离散生境斑块中种群的总和,其明确定义为:由经常局部性灭绝,但又重新定居而再生的种群所组成的种群。一般来说 Meta-种群概念所描述的是在斑块生境中,在空间上具有一定距离,但彼此之间通过个体扩散相互联系在一起的许多小种群或局部种群的集合(Levins,1969,1970;Hanski,1989;Hanski 和 Gilpin,1991;George,1996)。换言之,这种复合种群是由空间上彼此隔离,而在功能上又相互联系的两个或两个以上的亚种群(Subpopulation)或局部种群(Local population)组成的种群缀块系统(Systems of patch populations)(邬建国,2000)。这些亚种群在空间上存在隔离,彼此间通过个体扩散相互联系。

Meta-种群观点为在局部种群之上的一个空间尺度上描述种群的生态学过程提供了一种途径。由 Meta-种群模型可得到三个重要结果:第一,种群是由在某一时刻只占据一部分有效生境斑块,并通过与迁移相联系的局部种群的变化镶嵌体构成的;第二,存在一个可利用生境的阈限,在它之下因灭绝超过定居,种不能持久;第三,在再定居期间起作用的选择力和种群生长之间的对抗性能影响表现型特征的进化。

四、最小存活种群和种群生存力分析理论

人们为了探索物种灭绝的影响因素及其过程,提出了种群生存力分析(Population variability analysis,PVA)理论。种群生存力分析是用分析和模拟的手段来估计物种在一定时间内灭绝的概率论方法,目的在于计算物种以某个概率存活一定时间的最小可存活种群(Minimum viable population,MVP)的大小。在模型的构建和分析过程中,主要考虑种群统计学随机性(Demographic stochasticity)、环境随机性(Environmental stochasticity)、遗传随机性(Genetic stochasticity)和自然灾变(Natural catastrophes)对种群动态和持续生存的影响作用(邬建国,1992;蒋志刚等,1997)。

最小存活种群概念和种群生存力分析具有明确的生物学机理,对于濒危物种的保护具有重要的启发性。然而,将它很好地应用于实践却也十分困难,这是由于其存在以下不足之处:①PVA模型需要确定数目庞大的参数,而收集这些种群参数又需要巨大的人力物力和很长的时间,例如大型长寿脊椎动物需要收集30~40年的种群动态数据。②存在可解性和真实性之间的矛盾。

尽管许多学者对一些物种的生存力进行了初步分析,但由于种群生存能力涉及物种本身的一些内在因素,如种群数量、种群大小、性比、生殖能力、遗传多样性水平、健康状况等,还涉及环境状况、自然选择压力、食物条件、竞争、寄生、捕食、疾病等诸多因素的联合作用。因此,科学地确定某一物种的生存能力和小种群生存概率比较困难。但是在濒危物种确定、保护对象确定中都涉及种群生存力问题,特别是迁地保护物种时,保存的种群大小涉及资金的投入和保护的效果,因此确定物种的最小可生存种群是当务之急。

五、缓冲区和廊道理论

在探索自然保护区的建设方法过程中,保护生物学提出了缓冲区(Buffer zones)、生物廊道(Corridor)以及保护区网状分布理论。这些理论为保护区的建立提供了一般性的原则和方法,取得了一些成效。

建立缓冲区或过渡带(Transition zones)功能在于保护核心区的生态环境和自然演替,减少外界干扰带来的冲击。通常的方法是在保护核心区周围划一辅助性的保护和管理范围,在有的情况下保护区内部也设缓冲区。但是,国际上关于如何划分缓冲区的技术问题一直没有解决,也就是说缓冲区应该划到什么地方,如何划才最有利于保护,同时不给当地居民带来过分的经济损失。显然,以保护核心区为中心同心圆式地划分缓冲区的做法是不科学的。一个新的划分缓冲区的途径是利用阻力面的等阻线来确定其边界和形状。阻力面类似于地形表面,其中有缓坡和陡坡,呈现一些门槛特征。据此来划分缓冲区不但可以有效地利用土地,而且可以判别缓冲区合理的形状和格局,减少缓冲区划分的盲目性。

一般认为在相对孤立的栖息地斑块之间建立联系,最主要的就是建立廊道。生态学家们普遍认为通过廊道将孤立的栖息地斑块与大型的种源栖息地相连接有利于物种的持续和增加生物多样性(Forman和Godron,1986;Harris和Scheck,1991;Saunders和Hobbe,1991;Forman,1995)。理论上讲,相似的栖息地斑块之间通过廊道可以增加基因的交换和物种流动,给缺乏空间扩散能力的物种提供一个连续的栖息地网络,增加物种重新迁入的机会和提

供乡土物种生存的机会。因此,廊道的设计应考虑与生物进化的轨迹相适应,连接重要的物种源以保护不断的物种交流和辐射。

目前,缓冲区和廊道理论还是很不成熟的理论,不仅无法对一些问题做出明确的回答,而且在某些时候还自相矛盾。一个典型的例子是:保护生物学家一直在强调生物廊道对连接孤立斑块的有利一面,却忽略了廊道可能造成的负面影响。Hess(1994)的研究表明通过廊道连接起来的孤立斑块中,种群个体感染传染性疾病导致种群灭绝的速度有可能远远超过彼此孤立的斑块组成的种群的灭绝速度。因此,通过廊道将彼此孤立的种群斑块连接起来,未必总像保护生物学家认为的那样有利于种群多样性的保护。

第二节　动物遗传资源保护的群体遗传学基础

以群体为单位保护动物遗传资源,要求在相当长的时间内,维持群体的基因频率基本不变,群体的遗传结构得以保持。原位保存的传统方法要求尽量保存一个群体基因库的完整。由于自然界中不可避免地存在选择、突变、迁移和遗传漂变等因素,要想使基因库的每一个基因都不丢失是难以达到的。为此,根据群体遗传学理论,就需要有一个大的群体,并且实行随机交配,使之尽量不受突变、选择、迁移、遗传漂变等影响。

根据群体遗传学理论可知,动物保种的效率受到保种群有效含量、公母畜比例、留种方式、交配制度和世代间隔等因素的影响。其中群体有效含量是各种因素的综合指标,因为它决定了保种群每一世代的近交增量,近交加速了基因纯合及群体分化。由于保种群是一个小群体,它不可避免地受到离散因素(遗传漂变等)的作用,近交加上遗传漂变必定会造成基因的丢失。基因丢失的速度通常用每一世代的平均近交增量来表示,而平均近交增量是群体有效含量的函数。在保种群中,估计近交系数就是估计基因丢失的可能性。因此,要提高保种效率就必须降低保种群年近交增量,也就是减少群体中近交个体的数量。

一、近交增量

Crow 将近交系数定义为由父母双方的相同基因复制组成个体一对等位基因的概率,也就是说,由来自双亲的同一种等位基因占据个体一个位点的概率。那么,一代间群体平均近交系数增量,也就是这个概率值在一个世代中上升的幅度。

近交系数 F 的余值,即 $P=1-F$,称为随机交配指数(Panmictic index)。根据前面近交系数的定义,随机交配指数乃是由双亲的不同等位基因复制组成个体一对等位基因的概率。因此,一代间群体平均近交系数增量实际上也就是群体平均随机交配指数在同一期间减少的量,即:

$$\Delta F = F_t - F_{t-1} = P_t - P_{t-1}$$

动物群体平均随机交配指数显然和基因多样度的概念相吻合。所以,近交增量即近交率是标志群体遗传多样性下降速率的一个适宜的指标。

二、影响保种效率的群体遗传学因素

(一)群体规模

动物群体规模 N 是指群体实际规模的大小,而群体有效规模 Ne 是指就决定近交率的效果而言的,是群体实际规模所相当的"理想群体"的规模。所谓"理想群体"乃是规模恒定,雌雄各半(或雌雄同体),没有选择、迁移和突变,也没有世代交错的随机交配(包括自体受精)的群体。可见,群体有效含量 Ne 是与实际群体有相同基因频率方差或相同的杂合度衰减率的理想群体含量。

群体规模是影响群体平均近交系数增量最重要的因素,对理想群体而言,两者的关系如下:

$$\Delta F = 1/2N$$

(对理想群体而言,$N = Ne$)

$$F_t = 1 - (1 - \Delta F)^t$$

由于家畜群体不存在自体受精,所以实际规模和有效规模不等同。如以 Ne 代表群体有效规模,过在其他前提不变的条件下,$Ne = N + \dfrac{1}{2}$,那么在家畜群体中,有:

$$\Delta F = \frac{1}{2Ne} = \frac{1}{2N+1}$$

$$F_t = 1 - (1 - \frac{1}{2N+1})^t$$

通过以上两个公式,可以求得 N 和 t,在此不再赘述。

我们知道漂变决定的基因频率方差为 $\sigma_{\sigma q}^2 = \dfrac{pq}{2N}$,可见遗传漂变的速度也和群体规模有关。漂变的结果是等位基因消失或固定。从位点而不是特定基因的角度来看,其效应也就是减少基因多样度,导致纯合子频率增加,和近交的作用相似。两者在计量关系上也是一致的。

由 $\Delta F = \dfrac{1}{2N}$ 可知,$\Delta F = \dfrac{\sigma_{\sigma q}^2}{pq}$,所以群体越小,漂变形成的群体间方差越大,群体内近交率也越大,基因消失越快。

(二)性别比例

群体内两性个体数不等,不同性别群体间基因频率的方差就应分别看待,因此母畜群方差为 $\sigma_{\sigma q f}^2 = \dfrac{pq}{2N_f}$,公畜群方差为 $\sigma_{\sigma q m}^2 = \dfrac{pq}{2N_m}$,两方对下一代提供的基因是等量的。下一代的基因频率为两方之均数,下一代基因频率的方差则是:

$$\sigma_{\sigma q}^2 = \frac{1}{4}\sigma_\sigma^2(q_f + q_m) = \frac{1}{4}(\sigma_{\sigma q f}^2 + \sigma_{\sigma q m}^2) = \frac{pq}{4}(\frac{1}{2N_f} + \frac{1}{2N_m})$$

$$\Delta F = \frac{\sigma_{\sigma q}^2}{pq} = \frac{1}{8N_f} + \frac{1}{8N_m}$$

又因为 $\Delta F = \dfrac{1}{2Ne}$,所以此时的群体有效规模是:

$$Ne = \frac{4N_f \cdot N_m}{N_f + N_m}$$

这说明两性个体数不等有提高近交率、降低群体有效规模的作用。其比例越悬殊,作用越明显。所以在两位别个体数不等时,较少的一方对有效规模有更大的影响。一般家畜群体中种公畜 N_m 远少于母畜 N_f 数量,种公畜数量对群体有效含量的影响远大于种母畜,因此,为了在保种群中维持较大的群体有效含量,必须保持有一定数量的种公畜。

（三）留种方式

不同的留种方式对理想群体产生不同的效果。以下是三种可能的留种方式的具体情况: ① 随机的合并留种。每个交配组合的留种个数完全由机遇决定时,其分布符合 Poisson 分布,此时 $Ne = N$,即有效规模和实际规模相等;② 有选择地合并留种。当存在有利于一部分交配组合的选择作用时,$Ne < N$;③ 各家系等量留种。每个交配组合在群中留下等数的子女,此时 $Ne = 2N$,有效规模是实际规模的两倍。可见,各家系等量留种最有利于保持基因多样度。

但是在实际群体当中,两性别数目往往不等,只要两个性别的留种个数是各家系等量分布的,各家系留种个数的方差仍可大致保持为零。这样,实践上只须做到每头公畜留下等数的公仔和等数的母仔参加繁殖,每头母畜留下等数的母仔参加繁殖,就可达上述要求。Gowe 等论证过在公畜少于母畜时每家系等数留种的群体有效规模和近交率如下:

$$\Delta F = \frac{3}{32N_m} + \frac{1}{32N_f}$$

$$Ne = \frac{16N_m \cdot N_f}{N_m + 3N_f}$$

可见,其效率仍然高于随机的合并留种。

（四）亲本的贡献

实际群体中基因的传递有四个途径:种公畜 → 公畜(M_m)、种公畜 → 母畜(M_f)、种母畜 → 公畜(F_m)、种母畜 → 母畜(F_f)。四个途径传递的基因数目是不同的,即亲本对下一代有贡献差异,其近交增量为:

$$\Delta F = \frac{1}{32N_m}\left[2 + \sigma_{mm}^2 + \frac{2N_m}{N_f}COv_{mm,mf} + \left(\frac{N_m}{N_f}\right)^2\sigma_{mf}^2\right] + \frac{1}{32N_f}\left[2 + \sigma_{ff}^2 + \frac{2N_f}{N_m}COv_{ff,fm} + \left(\frac{N_f}{N_m}\right)^2\sigma_{fm}^2\right]$$

这里,σ_{mm}^2、σ_{mf}^2 和 $COv_{mm,mf}$、σ_{fm}^2、σ_{ff}^2 和 $COv_{ff,fm}$ 分别表示种公畜、种母畜在提供公畜和母畜后代数目上差异的方差及协方差。

可见,群体平均近交系数增量随各方差、协方差增加而提高,减少种畜在提供后代数目上的变异,是降低近交系数增量的重要手段。

（五）交配体制

在两性别数目不等的群体,交配不随机有降低有效规模的作用。同时,无论群体内两性数目是否相等,如果每个公畜的配偶数不等,就不能保证它们留下等数的子女,除非放弃每个母畜留下等数母仔的前提来加以调整。但这两种情况都有提高家系间留种个数方差的作用。一般来说,每头公畜随机等量地交配母畜是最有利的交配体制。但是在随机交配的基础上,人为地避免亲缘关系较近的个体间交配,可略微降低各世代的近交系数。同时,将群体划分为几个不同的亲缘关系较远的亚群,在亚群间计划交配,亦可控制群体平均近交系数的增长。

(六)世代间群体规模的波动

各代的近交率受当代有效规模的影响,但世代间有效规模的波动对畜群累积的近交系数有特殊的影响。

如果 t 个相邻世代的有效规模是变化的,分别为,Ne_1,Ne_2……Ne_t,那么,因为每个世代基因频率的抽样方差可由公式 $\sigma_{\sigma q}^2 = \dfrac{pq}{2Ne}$ 来度量,所以代的平均抽样方差为:

$$\sigma_{\overline{\sigma q}}^2 = \frac{pq}{2t}(\frac{1}{Ne_1} + \frac{1}{Ne_2} + \cdots\cdots + \frac{1}{Ne_t})$$

t 代间的平均近交率为:

$$\overline{\Delta F} = \frac{\sigma_{\overline{\sigma q}}^2}{pq} = \frac{1}{2t}(\frac{1}{Ne_1} + \frac{1}{Ne_2} + \cdots\cdots + \frac{1}{Ne_t})$$

t 个世代的平均有效规模为:

$$\frac{1}{Ne} = 2\,\overline{\Delta F} = \frac{1}{t}(\frac{1}{Ne_1} + \frac{1}{Ne_2} + \cdots\cdots + \frac{1}{Ne_t})$$

上式说明平均有效规模是各世代有效规模的调和均数。调和均数有提高较小变数影响的作用,所以各世代最小的有效规模对均数有最大的影响。因为每个世代的近交系数由以前各代近交积累起来的近交系数和当代的增量两部分构成,因而每个世代的近交系数与 Ne 一样,也都受到以前各代有效规模的影响。

(七)世代间隔

世代间隔不直接影响群体近交增量,但它与一定时间内的群体遗传结构变化速度密切相关。世代间隔的延长可以有效减缓群体的遗传变化,有利于遗传资源的长期保存。

第三节　遗传资源保护一般途径

动物遗传资源正在不断地流失,生物多样性面临严峻局面,有关的国际组织或机构以及许多国际政府纷纷采取措施,致力于动物遗传资源的保护与可持续利用工作。众多的保护措施可综合为三种途径,即就地保护、迁地保护和离体保护。

一、就地保护

(一)就地保护的概念与定义

就地保护是指在野外保护生态系统和自然生境,同时维持和恢复物种在其自然环境有生存力的种群;对于驯化和培育动物而言,则是建立和保护其形成明显特性的环境,使其种群能在特定的环境中进行有效的繁衍。

就地保护是长期保护动物遗传资源的最佳策略,也是保护动物遗传资源的根本途径。早期的就地保护是以物种为中心开展保护,而现在则是以生态系统为中心开展环境保护,前者强调对濒危动物遗传资源本身的保护,而后者强调对周边环境和动物自然栖息地的整体保护,力图通过环境的多样性实现对动物遗传资源的保护。

(二)自然保护区的建立

就地保护最重要的步骤就是建立自然保护区,很多国家对动物资源至关重要的栖息地制定了保护法规,以法律的形式确保自然保护区的整体生态环境平稳与平衡,确保保护区内生态系统中物种的自然演变和进化以及生物与环境自然生态过程,如保护鱼类天然产卵场和随机交配的繁殖群体,是保护鱼类种质资源最为有效的途径。

建立于 1872 年的美国黄石国家公园,是全世界第一个自然保护区。保护区面积占国土面积最多的国家是丹麦(44.9%),其次是厄瓜多尔(39.2%)(薛达元,1997)。四川王郎国家自然保护区(Wang Lang national nature reserve)建立于 1965 年,是全国建立最早的四个以保护大熊猫等珍稀野生动物及其栖息地为主的自然保护区之一。

在家畜品种资源方面也建立了许多保护区(基地),如陕西扶风的秦川牛保种基地、宁夏回族自治区的中山羊保种场、青岛的崂山奶山羊原种场以及重庆市荣昌县的荣昌猪保种基地。

自然保护区可以由政府建设,通常有国家级、地区级或地方级之分。在划定的保护区内,以法令的形式使当地居民在一定程度上对保护区内的资源利用和开发休闲度假设施活动有所限制,也可以由私人购买土地并对生物实行保护措施,如美国大自然协会(The nature conservancy)和奥杜帮协会(Audu Bon society)就建立了许多自然保护区。

自然保护区的建设与维持经费主要来源于发达国家的国家银行和国际保护组织。世界银行和联合国设立的全球环境项目(GEF)加快了自然保护区的建设步伐,发展中国家建立就地自然保护区可获得国际保护组织的经费、人员培训以及科学管理技术等方面的支持。有些自然保护区是由社会信仰、生活习俗等原因建立的,通过这种方式可保持部落或民族的繁衍和生活方式,同时也为动物物种提供原始的生存空间。

(三)就地保护的基本方法

建立自然保护区只是就地保护的开始,针对保护区内的动物物种和品种,必须根据动物群体遗传学的基本原理,在整体上保持一个动物品种的遗传结构,一般应采取以下措施:

1.划定保护区,建立良种基地。在良种基地中禁止引进其他品种的种畜,严防群体混杂。

2.在良种基地中建立足够数量的保种群。可根据畜种、资金等因素确定保种群的规模。

3.采用各家系等量留种。在每一世代留种时,实行每一公畜后代中选留一头公畜,每一母畜后代中选留相同数量的母畜,并且尽量保持每个世代的群体规模一致,避免保种群体出现"瓶颈效应"。

4.制定合理的交配制度。在保种群体中实行避免全同胞、半同胞交配的不完全随机交配制度,可以降低群体近交系数增量,还可以采用划分亚群,并结合亚群间杂交的方式。

5.适当延长世代间隔,降低群体近交系数增量。

6.保持外界环境条件相对稳定,控制污染源,防止基因突变。

7.在保种群中一般不进行选择。

二、迁地保护

(一)迁地保护的概念

迁地保护就是在人为控制条件下维持物种的生存与繁衍,也称为易地保护(Off-site preservation)。

迁地保护是综合保护计划的非常重要的组成部分,是就地保护的完善和补充。尤其对生境遭受严重的破坏、外来种的竞争而无法生存、病害或人类的过度开发而衰减或趋于灭绝的物种而言,在其生境之外建立其适宜的环境方位对物种的保护是非常必要的,而且是行之有效的。

(二)迁地保护的优点

迁地保护是就地保护的辅助措施。在现代社会里越来越多的物种受到了迁地保护。这种保护方式有其明显的优点:

(1)重新建立了一个物种能生存繁衍的场所,物种生活在人为的控制条件下,生存压力降低。

(2)迁地保护物种自我繁殖可以减少以展览或研究为目的从野外获取的个体的数量。另一方面可定期释放自我繁衍的物种到野外,以维持自然种群的数量和遗传资源的多样性。

(3)可对迁地保护的物种进行定期的分析和检测,开展多方面的科学研究,以充分掌握该物种的生物学特性,为制定新的保护策略提供理论依据。

(4)迁地保护在一定的程度上,具有展览性质。它可以让人们了解自然,认识大自然的生物多样性,同时可以教育人们,使其树立要保存这些濒危物种、建立保护环境、爱护动物的意识。

(三)迁地保护的局限性

迁地保护同就地保护比较,又有明显的局限性:

1.种群规模的局限性

迁地保护由于受到资金、场地、管理等多种因素的控制,保护物种的数量常常较少,只有少数的地方或者是少数的物种(如无脊椎动物)能达到防止物种突变的种群数量最低要求,这给保护物种的遗传结构造成困难。

2.野外适应的局限性

由于是人为控制迁地保护物种的生存环境,被保护的物种会产生适应饲养地的定向演化的可能性,致使原有的物种特征或功能降低甚至丧失,对野外适应力下降,一旦释放到自然界,其生存就感到困难。如动物园饲养的大动物因食物是供给制,其口器和体内的消化酶随之发生变化,也不需要竞争获得食物的能力,若将其释放到原来的栖息地,获取食物就非常困难,甚至找不到水源。

3.遗传变异的局限性

一个物种通常具有丰富的遗传结构,这些遗传资源由不同的遗传个体承载,构成了生物的多样性。在迁地保护时,由于数量上的限制,往往只有该物种基因库中的一部分得以保留,遗传资源产生缺失。

4.集中性毁灭的局限性

迁地保护的空间小,集中在一个相对较小的地方,容易受到突发性的火灾、飓风、病虫害等的影响,这样会对该物种造成毁灭性的打击。避免的方法是扩大迁地保护地的规模,多建几个迁地保护地。

5.持续保护的局限性

迁地保护受资金资助和稳定的政治制度影响。如果动物园、水族馆的资金缺乏,饲养不能连续,只要中断几天或几个星期,就可能导致种群的损失,国家政局的稳定也有利于持续保护。

(四)迁地保护应注意的几个问题

迁地保护是一个繁琐而复杂的工作,包括有引种、驯化、繁育及野化等环节。

1.引种

引种是迁地保护的第一步,包括采集、检疫、运输等一系列工作。捕捉野生动物时,针对不同的动物种类采用不同的方法,避免机体损伤和精神损伤,否则,因动物的应激反应大、精神高度紧张、内分泌失调而影响摄食、消化、呼吸等正常的生理活动,严重时会造成动物的死亡。新捕捉的动物应进行寄生虫、传染病等诸多方面的检疫,设立严格的海关检疫程序是必要的。要根据引种动物的繁殖生物学特性及生物学特征,合理引入雌雄个体及成幼体的比例,同时要考虑食性、栖息地、天敌、人类生活和自然种群的影响。迁地保护要在物种的种群尚未减少到最小可生存种群前进行,否则会加速该物种灭绝速度。

2.繁殖

迁地保护是要在人工的条件下进行繁育,使物种得到繁衍。繁育时要建立物种系谱记录,避免近亲繁殖,若是种群太少,不同的迁地保护地要建立定期的轮换、交换制度,这样可有利于持久地保存物种的遗传多样性,防止物种的退化。

3.野化

在迁地保护地采用人工的饲养方式,有必要对迁地保护地保护动物进行野化。野化即物种的重新引进,指把笼养繁殖的后代再引入到自然栖息地,复壮面临灭绝的物种或重建已消失的种群的过程。野化是引种的逆向行为,工作难度大,必须循序渐进。

(五)迁地保护的设施与技术

动物的迁地保护设施主要有动物园、狩猎农场、水族馆、野生动物驯养场、动物细胞和基因银行等,还有一种是介于就地保护和迁地保护的中间形式,即在小保护区内监测和管理稀有和濒危动物,这样种群有野生性,只是在必要时间才给予特定的保护。

1.动物园

动物园也有很久的历史,当人类文明发展到游牧农耕阶段,人类加重了对大自然的开发利用,而保护则相对削弱了。由于当时人口少,游牧业、种植业不会占据太多的野生动物生存空间,人类和自然仍然保持着和谐的关系。人类从观赏、休闲的观点出发,划定了一些禁猎保护区,建立了一些皇家园林,如晋代的"灵禽苑"、唐代的"华清宫"、元代的"琼花岛"、明代的

"西苑"和清代的"避暑山庄"等,这些虽不是迁地保护,但在客观上还是起到了保护生物资源的作用。

在人们的印象中,动物园里的动物种类很多,数量也不少,但实际上只有哺乳类、鸟类、爬行类和两栖类的 3 000 多个物种,个体数量还不到 100 万头(只),这与人类作为宠物饲养的猫、狗和鱼的数量相比,少得可怜,宠物的数量要比被保护动物的数量多 100 多倍。

动物园饲养的动物具有很强的选择性,保护重点主要是脊椎动物,特别是哺乳动物中具有超凡展览魅力的动物,如大熊猫、长颈鹿、大象等。但是,动物园却无法顾及数量更多、更需要保护的大多数昆虫和其他无脊椎动物。

动物园中生存的珍稀哺乳动物仅有 10% 具有自我维持笼养种群能力以保护它们的遗传变异。动物园的目标是在更大规模与范围内建立稀有和濒危的动物笼养繁育种群,因此,动物园的形式和内容就必须延伸,可以和有关的保护机构一起建立珍稀和濒危动物实验群体,构建科学的繁育基地,如国内建立的四川成都大熊猫繁育研究基地、广西黑叶猴繁殖研究基地、上海扭角羚繁育基地和辽宁沈阳珍稀鹤类繁育研究基地。

2.水族馆

水族馆是以保护、繁育、展览水生动物为主要任务的迁地保护设施。水族馆的建立保护了人们特别关注的物种。现大约有 58 万种鱼类饲养在水族馆中。

水生动物现在也面临严重的局面:世界范围内的热带鱼的贸易因过量捕鱼而锐减,水污染也阻碍了热带珊瑚礁、贝壳、珊瑚礁块的贸易。这些因素使北美已有 24 种鱼类趋于灭绝,63 种已到濒危程度,生活在美国西部唯一的一种斑鱼也处于濒危状态中。菲律宾兰老湖 18种本地特有的鱼类有 15 种已经灭绝。

水族馆的建设和管理者为了维持水族馆的正常运行,会展览一些稀有的和有吸引力的鱼类,再辅以海豚、海豹和其他海洋哺乳动物的表演,使其成为人们参观、学习、休闲的场所,并获得一定的经费支持,引导人们树立热爱自然、保护环境的意识。

为水族馆中生活的水生动物,提供一个生存环境并不十分困难,更主要的是能让其繁殖,以使稀有种类能在水族馆中维持,不必到野外采集,在适当时释放到自然生存环境中。这方面已经取得了突破,如宽吻海豚(Bottle-nosed dolphin)、长江的白暨豚、墨西哥海豚(Vaquita)、地中海条纹海豚和庇护地海豚等濒危的鱼类,均能在人工条件下进行繁殖。人们期望将海豚方面得到的技术应用于濒危的鲸,并延伸到其他鱼类。

3.迁移保护主要技术

世界自然保护联盟(IUCN)是开发研究迁地保护技术的主要机构,其物种生存委员会繁殖专家组为动物园、水族馆提供了很多的技术,有些新技术是源自人类的药物及兽药,也有一些来自于实践。目前在迁地保护方面使用的主要技术有交叉抚养、人工孵卵、人工授精和胚胎移植等(详见第六章第三节)。

三、离体保护

(一)离体保护的概念

采用种子库、精子库、基因库对生物多样性中的物种和遗传物质进行保护的方法称为离体保护。对植物而言是种子银行(Seed bank);对动物而言则是细胞银行(Cell bank)。细胞银行是从事动物细胞的培养、冻存、控制质量和防止污染的机构。随着生物技术的发展，人们正在建立基因银行(Gene bank)，在更深的层面上对动物进行种子的保护。

美国开展细胞银行工作最早，也是规模最大的国家。美国标准培养中心(AFCC)就是专门从事采集、保存和分配各种微生物、动物和人体细胞株的机构，保存着约 10 万种材料和培养物。英国、日本也做了大量的物种保存工作。虽然我国起步较晚，但成绩不错，如中国科学院上海细胞生物研究所、昆明动物研究所均建有颇具规模的细胞库。昆明动物所利用西南地区动物种类繁多和资源丰富的特点，收集保存约百种动物细胞株，我国特有的珍稀动物或濒危动物，如滇金丝猴、黑麂、毛冠鹿和赤斑羚等得到了有效的保存。

在家养动物、实验动物方面，1971 年美国建立了家畜原种精液库，保存了 30 个牛品种和 38 个绵羊品种的冻精，还在 1978～1980 年保存了 33 544 个试验动物(小鼠的胚胎)；前苏联至少冷冻保存了 26 个品种 192 头公牛的 12.3 万份精液，以及 33 个品种 252 只公羊的 45.6 万份精液；我国对鲁西黄牛等 16 品种也建立了精子库、胚胎库。

(二)离体保护的优缺点

离体保护相对于就地保护、迁地保护而言具有以下优缺点：

(1)可以大量回收供体的配子和胚胎，便于迅速挽救那些即将灭绝、数量有限的品种。群体有效含量降低到一定水平后，受近交和遗传漂变的制约，活体保种是很难成功的。

(2)配子和胚胎冷冻保存的年限，目前认为在 200 年以上，相当于极大地延长了世代间隔，因而基本上不需考虑诸如漂变、交配体制、留种、近交系数等活体保种面临的问题。

(3)冷冻保种主要只考虑冷源(液氮)的维持，因而不受地域和生态环境条件的限制。活体保种必须将动物维持在与原栖息地相同或相似的生态条件下，人为提供的饲养管理也不能超出原栖息地的条件太远。

(4)冷冻保种保险系数更大，它克服或减轻了活体保种中疫病、自然灾害(干旱、水涝、火山爆发等)及战争等因素造成的保种困难。

(5)活体保种经济负担的世代积累远远大于冷冻保种。

(6)目前所保存的动物细胞、精子、卵子、胚胎和基因等材料，要将其重新出现于活体动物中，还有很多的技术难题，如冷冻胚胎成活率较低，有可能非常优秀的遗传物质随胚胎的死亡而消失；冷冻储存后卵母细胞虽有很高的成活率，但解冻后的受精率低，胚胎的发育也受到多种因素的影响。

(三)离体保护的主要方法

离体保护方法的建立主要依赖于生物技术的发展。人们发现动物的精子、卵子或胚胎等在超低温条件下可长时间地保存，进行解冻后，被保存的精子、卵子、胚胎仍具有很强的生物活性，可进行动物的繁殖，使动物遗传资源的多样性重现于以后的动物活体中。我们后代可以在动物细胞银行中取出动物细胞进行培养，再建地球上已经灭绝的动物。根据保存的对象不同，可分为以下几种方式：

1.冷冻配子

采集雄性动物的精子和雌性动物的卵子进行冷冻保存称为配子保存。这项技术最为成熟，尤其是冷冻精液的人工授精技术广泛应用于畜牧生产和一些野生动物的繁殖，为畜牧业的生产水平的提高做出了很大的贡献，对动物的离体保护也会产生明显的作用。冷冻配子技术成熟,材料来源较广泛,实施成本低,其缺陷是如果将来要想获得与现有遗传特征基本一致的材料,必须进行同源(同质)选配,或通过一系列的回交。

在配子保存方面,人们主要研究如何保存精原细胞、卵母细胞,并将其培育成配子。

2.冷冻胚胎

被冷冻的胚胎一般处于囊胚期,这个时候的胚胎体积小,细胞团紧密,冷冻时受到的影响较小,解冻后移植容易,胚胎移植成活率比较高,克服了冷冻配子单染色体的缺点。

胚胎的来源可分为体内胚和体外胚。前者是对母体进行超数排卵—配种(人工授精或本交)—胚胎收集而获得的胚胎;后者则是卵母细胞的体外培养—卵子—体外受精(试管)—胚胎收集而获得的胚胎。体外胚是胚胎来源的补充,以后可能成为获得胚胎的主要途径。随着胚胎分割和胚胎克隆技术实用化,一个胚胎就可以获得多个动物个体,同种、同类型的动物数量就会不断增加,人们可以根据其需要进行“工厂化”生产。

冷冻胚胎相对于冷冻配子的优势在于保存了双倍染色体,减少了配子体外受精的过程,保存的信息量大,是动物离体保护的主要形式。目前这方面要攻克的难点是提高胚胎移植的成功率。影响其成功率的因素有胚胎本身的质量、冻冷保存的方法、移植技术和胚胎受体的优劣。

3.细胞核、染色体和DNA的保存

随着分子生物技术的发展,人们不仅希望在细胞层次上获得动物,保护动物遗传资源的多样性,还期望在更深的层面,如细胞核、染色体,甚至DNA上对动物的遗传资源进行保护。目前这些遗传资源材料保存方法已经获得了突破性的进展。在基因转录与表达方面,多种动物的遗传图谱研究推向实用化:通过基因定位将一些性能独特的基因定位于某一染色体特定区段,并测定基因在染色体上线性排列的顺序和相互的距离,构建了基因物理图谱后,可以将这些主效基因克隆出来,为转基因奠定基础,在同一物种个体内和不同物种内都能够进行基因转移。

利用基因克隆技术可以组建动物基因组文库。长期保存的DNA文库可以在将来需要时,通过转基因工程,将保存的独特基因组整合到同种甚至异种动物的基因组中,从而使畜群理想的性能,甚至是新的动物种类展现出来。

(闵令江　徐恢仲)

第五章 自然保护区的建立与管理

第一节 自然保护区概述

一、自然保护区的概念

关于什么是自然保护区,世界上有多种多样的说法,定义不清,含意混乱,很难统一。有的把自然保护区与国家公园、保护地、野生动物庇护地等概念混为一谈,有的干脆把所有形式的保护地都统称为自然保护区。这种定义上的混乱现象主要由于各个国家在自然保护区命名和分类上存在很大差异。在美国一般多用国家公园、州立公园、野生动物庇护地等称谓,而在英国则多用保护区的称谓,此外有的国家还用保护地这一名称作为各种形式保护区的统称。总而言之,名称和称谓都是一个习惯问题,有文化和历史的原因。但无论怎么称呼,实质只有一个,那就是为保护自然资源和自然环境而划出的一定面积的自然地带,这就是自然保护区的广义定义。自然保护区的广义定义反映了自然保护区的保护对象是自然资源和自然环境,同时一定的自然地域(或地段)界定了自然保护区是有边界的,这个边界主要是管理的边界。从自然资源和自然环境保护的内容看,自然保护区的保护对象应该是多种多样的。例如一个大熊猫自然保护区从表面看似乎只保护大熊猫,但实际上它不仅保护了大熊猫,而且还保护了大熊猫的栖息环境以及在同一环境下的其他物种。从目前自然保护区的发展趋势看,综合性的以系统保护为主的自然保护区将是开发主流,因为系统保护被认为是保护效率最高的一种就地保护。

根据我国有关法律文件的定义,自然保护区就是国家为保护自然资源和自然环境,拯救濒于灭绝的生物物种和进行科学研究,长期保护和恢复自然综合体及自然资源整体而划定的特定区域,并在该区域内设置管理机构,采取保护措施,使其成为保护环境及自然资源特别是生物资源,开展科学研究及环境保护意识教育的重要基地。这种特定的自然地域包括那些具有代表性、典型性和稀有性的山地、森林、草原、水域、滩涂、湿地、荒漠、岛屿和海洋等各种生态系统类型,珍稀、濒危野生动植物的天然分布区以及自然历史遗迹等。这个定义明确指出自然保护区是由国家划定的,它反映了国家对自然保护区的所有权,而且强调了自然保护区划建的目的是为了保护自然资源和自然环境。从这个定义看,至少在现阶段我国的自然保护区都必须由国家划定,这有别于有些地方群众利用乡规、民约自发划出的以宗教信仰为主要目的神山、圣山等。

在我国,自然保护区又分为国家级自然保护区和地方级自然保护区。国家级自然保护区是指保护对象上(包括物种、生态系统和自然地貌方面)在国内外有典型意义、在科研上有重大国际影响或有特殊科学研究价值、区域范围较大的自然保护区。国家级自然保护区的建立需经国务院批准。地方级自然保护区是指保护对象能代表该地区自然资源和自然环境情况,并确有保护价值的自然保护区。地方级自然保护区的建立需经地方人民政府批准,一般可根据不同级别人民政府批准分为省级(自治区、直辖市级)、市级(州级)和县级(旗级)三个等级的自然保护区。

世界上第一个自然保护区是建立于1872年的美国黄石公园,至今已有130多年的历史,而我国的第一个自然保护区是中国科学院于1956年在广东省建立的鼎湖山自然保护区,与"世界第一"相比,晚了84年。新中国成立以来,尤其是改革开放以来,我国自然保护区的数量迅速增长,逐步形成了类型比较齐全、布局比较合理、功能比较健全的自然保护区网络。到2005年底,我国已建立各种类型和不同级别的自然保护区2 194个,占国土总面积的14.8%以上,远远超过8%的世界平均水平。我国的自然保护区蕴藏着丰富的资源,它不但体现着自然保护区的价值,也是自然保护区自身发展的物质基础。合理有效地利用自然保护区资源,是实现保护与可持续发展的重要途径。

自然保护区是人类社会文明发展到一定阶段的必然产物。随着科学技术的发展,人类生产活动对自然界的影响越来越深刻地改变了自然的原始面貌,使人类社会在获得巨大发展的同时,也失去了许多发展的空间和潜力。为了合理利用自然资源,保护人类赖以生存的自然生态环境,确保我们的后代拥有同等的发展机会,实现人类社会的可持续发展,我们必须在开发利用自然资源的同时,考虑对自然资源,特别是某些重要的生命支持系统和生态过程进行保护,使其不断地为人类社会的发展提供所需的物质资料。事实证明建立保护区是开展自然保护最有效的途径之一。

保护生物多样性最有效的方法之一是最大限度地保持当地生态系统中的当地物种。通过长期维持自然栖息地的可自我维持的种群,就可能以更少的花费来有效地阻止物种的灭绝。生物多样性得到保护是维持生态系统正常生态功能的根本,这些生态功能包括防止水土流失、改善气候和水资源、防治沙漠化、控制污染、减少温室气体、防范生物灾害等。因此建立自然保护区和加强保护区的管理是保护生物多样性及其生态功能的最好方法。同时每年我国的自然保护区都会吸引数以百万的国内游客,国外游客的数量也在迅速增长,生态旅游的发展能够促进当地社区的发展,缓解落后地区的贫困问题。良好的生态环境和生物多样性也为当地的农业(特别是生态农业)、中医药、水利、园艺等的发展提供机会,从而促进地方经济的可持续发展。在保护好这些保护的基础上,我们才能以这些自然保护区为中心和基地,逐渐实现更大范围的就地保护,以达到整个中国自然资源的可持续利用和发展。

二、自然保护区的分类

自然保护区类型划分的目的是为了保护管理的需要。目前国际上主要存在两种分类方法：一种是根据保护对象进行的分类，另一种是根据保护管理的目标进行的分类。为了规范管理，并便于各国进行信息交流，世界保护联盟（IUCN）曾在1978年提出过按保护区管理目标进行分类的分类系统，后来又于1994年对该分类系统进行了调整，而我国由于历史的原因至今仍然采用按保护对象划分的分类系统。

（一）IUCN的分类系统

1978年，IUCN提出按保护区管理目标分类的方法和标准，并力图将全世界形形色色的保护区统一划分为以下10个类型。

1.绝对保护区

这类保护区具有著名而且典型的生态系统以及反映这些生态系统特征的动植物，因此在生物学、地质学，以及遗传资源的保护方面具有非常重要的科学研究价值。这类保护区一般不向公众开放，不允许进行休养、旅游等活动。但不排除有严格组织管理并有向导指导的徒步野外科学考察。

保护区的大小是按科学经营管理目的和地区整体性的要求来确定的。这类保护区必须排除任何人为的直接干涉，以便让自然过程任其自然地正常进行。这些自然过程不仅包括正常的生态过程，而且还包括特定时间内改变生态系统和自然地理特性的一些自然作用，如自然发生的灾害、自然演替、病虫害、风暴、地震等。为了保持其自然性，无论发生什么，只要是自然的，就一律任其自然发展。这类保护区的土地所有权和土地利用的控制权一般是由国家中央权力机构通过立法予以规定的。

2.自然保护区或受控自然保护区

这类保护区是为了保护具有国家和世界意义的生态系统、生物群落和生物物种，不论是定居种还是迁徙种或迁移种，保护它们持续生存所需要的特定栖息地，所以首要的任务是自然状况的保护管理。这种保护管理不是为了取得可收获的或可更新的自然资源，而是使自然环境如生物群落、水域、水源的水位，更适宜于保护对象生存的需要。

保护范围的大小，要根据保护对象生态生物学特性的需要而定。有时面积可以小一些，但在确定保护范围时，必须考虑各个季节的需要，如根据某些保护种类繁殖期生活的需要，保护区内要有沼泽、湖泊、河口或海湾、森林以及草地等多种生境的组合，或者各种季节性的生境组合。

自然保护区一般不具有公众休养和游览消遣的性质，但不排除有严格组织管理和有向导的徒步野行活动。自然保护区受不同法律的特别保护，所以这种地区都需要有长期性的守卫人员。这类保护区只能由国家政府机构或非营利性的组织和集团或集体来管理。

3.生物圈保护区

这是联合国教科文组织"人与生物圈"的计划定义的一种保护区类型。这类保护区必须得到联合国教科文组织制定"人与生物圈"计划国际协调理事会的审定方可挂牌。生物圈保护区强调教育、监测、研究与生态系统保护相结合，强调人类生产活动与自然生态系统的协调性与和谐性。世界上有不少生物圈保护区原本就是国家公园或自然保护区。与其他类型保护区不同的是，生物圈保护区更加强调保护：①典型的自然生物群落；②有特殊意义及自然特点的地区，或独一无二的生物群落；③民族传统生产方式与自然景观十分谐调的典型地区；④已改造的或衰退的自然生态系统得到恢复后的典型地区。生物圈保护区都必须是受到长期保护的地区。

4.国家公园或省立公园

IUCN 于 1969 年在印度新德里召开了第十届全会,该会对国家公园做出如下定义:国家公园是具有相对大面积的融资源保护与休闲游览为一体的保护地形式。国家公园必须具备 3 个基本条件:①包括当地一种或几种未受人类开发利用的生态系统,含有具有特殊科学和教育意义的动植物代表种以及可观赏的自然景观;②可以由国家行使权力的机构采取措施制止和排除对其进行的开发利用和任何工程的占用,并采取恢复措施;③参观访问者要得到准许方可入内。

由于各国体制不同,所以国家公园和省立公园在定名和定级上也不相同。现在一般理解所谓国家公园是指受全国社会公众监督且公园对国家负责,而省立公园是指只对有限的社会公众负责。确定国家公园或省立公园的标准不是从面积大小、景观质量、科研计划、经济来源的多少或经营管理方式等因素来考虑。

1972 年,IUCN 在美国黄石公园召开了第二次国际国家公园大会,对国家公园的定义做出了一些补充。会议认为,在国际国家公园名录中所列的国家公园至少要有 10^7 m^2 的面积,整个面积范围内的自然资源与自然环境都应予以保护,发展旅游和经营利用区域的面积不能计算在国家公园的面积内,而岛屿则例外。在这个范围内,开发利用自然资源是绝对禁止的,严禁开发利用的项目包括矿藏资源的挖掘、木材及其他植物的利用、野生动物的利用、水坝的建筑、灌溉和水力发电站设施的建设、农牧业活动、狩猎、渔业等。但也有若干例外:①要保护的对象本身就是文化遗产,如经营管理的农牧业景观带和具有历史意义的城镇及城市化地区,因为只有维持某些传统的生产活动才能保护好其原有的状况;②并不影响当地动植物保护,且与国家公园相连接的有传统狩猎和渔业的地方,除此之外的一般性的任何经营利用必须严格禁止。为了维持原有的景观结构,必要时可以采取适当措施来控制保护范围内的动植物组成。对动物而言,需要注意维持其适宜的种群数量水平;对特定的植被结构而言,则需要利用撂荒或放牧等措施来消除一些不需要的种类。

国家公园内可以再区划为绝对自然区、受控自然区和荒野区,如有需要还可划出其他分区,如人类学保护区,供游览参观。

国家公园一般必须由国家行政机构管理,对各种建设活动,如道路网、公共设施及服务项目的建设与维护,进行监督管理。在国家公园内即使是行政机构的用房、工作人员的宿舍、公共设施和服务网点也不能随意散布,必须限制在规定的路线上和最小范围内,或可设在保护范围的边界外。总之,所有建筑不能破坏或改变区内的景观,而且必须与之谐调。

5.自然纪念物保护区

这类保护区主要用于保护那些具有特殊意义而又未受人为活动影响的自然地带,如地质断层、地貌结构、珍稀动植物种及其原生生境等。其面积大小虽无特殊意义,但是要足以保持该地域的完整性。由于这种保护区都要供人们参观访问,因此在确定保护面积大小时,要考虑到开放后应有足够的空间,以避免人为活动过多的干扰。

6.保护性景观

这类保护性景观涉及的范围较广。它既包括自然的、半自然的景观,也包括人文性的景观或各种景观兼备;它既有自然风景,又有历代人为加工改变而形成的人工景观,如我国的西湖、庐山;它既有风俗习惯、宗教信仰、社会结构影响反映出的土地利用和自然景观,又有引人入胜的风景以及当地居民特定的优美生活方式形成的特定景观。这类保护区面积的大小取决于保证不同季节景观类型的完整性的需要。这类保护区一般必须加以人为控制,特别在有居民生活和生产的地方,要采取措施保持当地传统的土地利用方式、资源利用方式以及人民的生活方式,以便能展现出环境的良好质量和蕴藏的内在潜力,不仅要让公众感受到人与自然环境的和谐,而且要让公众在认识人与自然和谐方面得到很大的启示。

7.世界自然历史遗产保护地

这是各国根据1972年世界文化和自然遗产保护公约规定建立的。这类保护地大都是世界闻名的自然历史遗产地,已受到所在国的法律保护。按公约规定,符合条件的文化和自然历史遗迹将被列入公约名录。有很多国家公园同时也被列入世界自然历史遗产保护地名录,而有的国家可能没有这一类保护区。

根据联合国教科文组织下属世界自然历史遗产委员会的规定,世界自然历史遗产保护地的保护对象为:①地球进化各主要阶段的著名代表;②在地质年代过程中,各阶段生物进化与自然环境相互关系的著名代表;③某些独特稀有或绝无仅有的自然环境,以及具有异常自然美的地区;④濒危物种的栖息地,但必须是该物种生活在整个保护范围内,并且该范围能保证提供它所需的生活条件和关键因子。个别地方虽然并不具备上述四个条件,但是从大范围看,具有特别重要的世界性意义,因此也应予以考虑。

8.自然资源保护区

这类保护区可以是各种单项自然资源的保护地或储备地,也可以是综合性的自然资源保护区。建立这类保护区的主要目的是保护那些处于相对隔离、目前难于接近、已有被开发利用趋势,但又缺乏研究、难于进行评价的自然资源。由于缺乏认识,这些地方很可能将被简单地转变成农田、伐区或矿区。将这类地区划出一定范围,建立自然资源保护区,限制进入,加以保护,既有利于自然资源的保护,又可将其作为现时开发利用的对照区。

保护自然资源的目的就是为了可持续利用。只有合理利用自然资源,才能保证资源的持续存在,所以,世界各地对于本国自然资源的开发利用十分谨慎。在开发利用任何一项自然资源或任一地区的自然资源之前,都必须首先确定该资源的潜在价值和开发途径,而不是简单地调查储量(或蕴藏量),然后提出获得最适效益的方案,这样才能着手开发。当然,有的经济发达国家对其他国家资源的利用,只出于对经济利润的需要,见物就取,轻率从事,这是十分危险的。

9.人类学保护区

这类保护区主要保护偏僻隔离地区的部落民族以及他们传统的生产生活方法和文化习俗。建立人类学保护区的目的就是要研究人类进化过程,保存人类遗传特性和基因多样性。由于这些部落的居民在衣食住行方面保持了一定的独特性,所以他们与自然的关系不同于现代社会。他们有着维持生活和依赖自然的独特方式,是自然环境的组成部分。对这类保护区的管理方式,主要是维持当地居民传统的生活环境以及自身的文化,但不排除帮助改善和提高他们的文化生活水平。

10.多种经营管理区或资源经营管理区

这类保护区主要是利用性的,其面积可以相对较大,主要的利用活动包括木材生产、水资源利用、草地放牧、农业生产、野生动物驯养、旅游休闲等。这类保护区可以有居民,自然面貌也可能受人为影响有一定的改变。但是,为了保持物种种源和自然资源的可持续利用,必须对其进行规划经营和保护管理。为此,可以将其进一步区划成小区,根据每一小区的特点,制定合理的经营方案。虽然这类保护区也有保护自然的功能,但与其他类型的保护区相比具有截然不同的目标。

以上 10 类保护区从保护的严格程度看是依次递减的,而在资源的利用方面则依次递增。事实上这个分类系统也有不足之处,它无法解决一区多目标的问题。另外,在分类标准、名称和概念上也有含混不清的情况。但长期以来,它在国际上还是得到了广泛的应用。随着实践中新问题的不断出现,世界保护联盟开始考虑对分类系统进行调整。1984 年,IUCN 组织了一个专家组,在广泛搜集意见的基础上,提出了一个新的分类系统。新分类系统于 1992 年在委内瑞拉召开的第四届世界国家公园和保护区大会上获得通过,经 IUCN 理事会批准在 1994 年正式公布。这个新系统是根据管理目的的原则来划分的,它基本上沿用了 1978 年的系统,在名称上稍作改动。总的看来,其条理性比旧系统清晰。

(二)IUCN 近期的分类系统

首先,新分类系统为保护区下了一个明确的定义:保护区主要是致力于生物多样性、自然和有关文化资源的管理和保护,并通过法律或其他有效的手段来管理的陆地或海域(CNPPA/IUCN,1994)。凡是已经划为保护区的区域就应按照保护区管理系统统一制定的法律和指南开展工作。它所列出的管理目的包括:①科学研究;②自然过程的保护;③物种及其遗传多样性的保存;④环境效益的保持;⑤自然和文化景色的保护;⑥旅游和娱乐;⑦教育;⑧自然生态系统资源的持续利用;⑨文化和传统特征的保持。保护区的类型就是根据这些管理目标来进行划分的。新分类系统将保护区划分成 6 大类,并为每类保护区给出了明确的定义、管理目标、选地指南以及组织管理的形式。

1.严格的自然保护区

这类保护区被进一步分为两个亚类,即严格的自然保护区和荒野地。

(1)严格的自然保护区

定义:拥有一些突出的或有代表性的生态系统、地质或自然景观和物种的陆地或海域,主要用来进行科学研究和环境监测。

管理目标:维护所在地构造景观和地貌;保持已建立的生态过程;尽可能在没有人为干扰的情况下,保存栖息地、生态系统和物种;在一种动态和进化情况下保持遗传多样性;为科学研究、环境监测和教育提供场所;保护典型的自然生境;通过精心规划,降低人为活动的干扰;禁止公众进入。

选地指南:面积应足以保证生态系统的完整性和实现保护管理的目标;所在地要长期保持不受人类直接干扰;所在地生物多样性的保护应通过自然进程来达到,不需要任何积极的管理或生境调控。

组织管理:所有权或控制权应属国家或省级政府,并通过专业部门、私人基金会、具有研究和保护能力的大学或研究单位负责管理,不受国家主权控制的区域除外,如南极等。

这个类型与早期分类系统的绝对保护区相当。

(2)未受破坏的区域

定义:拥有大面积未经破坏或破坏较轻的陆地和海域,没有永久的或大片的聚居地,保护和管理它就是为了保存其自然特色。

管理目标:长期保持重要的自然景观和环境质量;保证后代有机会体验与欣赏在很大程度上未受人类活动所干扰的区域;允许公众不携带任何摩托化工具进入,让访问者在大自然的美景下度过美好的时光,并永远保持所在地自然发展的性质;使人口密度小的社区与可利用的资源相平衡,并保持他们的生活方式。

选地指南：所在地应主要由自然力所控制，拥有高度的自然性质，人类的干扰不突出，拥有丰富的、原始的自然景观；所在地包含生态、地质、自然地理和其他科学、教育、风景和历史价值的特征，而且应该展示其自然性；所在地应提供良好的机会，使访问者利用简朴和不污染的旅行工具来欣赏令人向往的安静的大自然景色；所在地的面积应足够进行上述保护和利用活动。

组织管理：可与上一类型一致。

2.国家公园

定义：为现代和长远的利益而划定的自然陆地和海域，以达到下列目的：①保护各种生态系统的完整性；②排除不利于它的开发和占用；③提供科学研究、教育、精神修养、娱乐和旅游的场所，并保证所有这些活动与环境和文化相协调。

管理目标：为提供科学研究、教育、精神修养、娱乐和旅游的场所，保护具有国家和国际意义的风景区域；尽可能使各自然区域有代表性的地段永远存在；使生态系统、物种和遗传资源得到良好的保护，保持其生态稳定性和多样性；在有控制的基础上，鼓励人们认识和洞悉自然和文化遗产；通过管理旅游者的活动，以保持所在地处于自然或近乎自然的状态；排除和防止有损自然的开发和占用；保持已划区域的生态、地貌、宗教和美学景观；在不影响其他管理目标的前提下，考虑当地人民的需要，包括有限的狩猎活动。

选地指南：所在地应包括主要自然区域、具有美丽景观和风光的代表性地段、物种、生境和具有特殊科学、教育、娱乐和观光意义的地貌；规划面积应足以包括各类生态系统的完整性，并且未被人类占有或开发所改变。

组织管理：一般情况下，所有权和管理权应由具有决定权的最高国家机构负责，但也可由省级政府或明确对它进行长期保护的当地社区、基金会或其他法人来管理。

这个类型与1978年系统的国家公园一致。

3.自然纪念地

定义：包括若干特殊的自然或具有文化特征的自然景观区。由于它的稀有性、代表性、美学性或文化意义，使其具有突出的或独特的价值。这类保护区的主要目的是为保护特殊的自然景观。

管理目标：由于其精神内涵、自然意义和独特的性质，要永远保护其特有的突出的自然景观；在上述目的广泛一致的情况下，为研究、教育、展示和公众欣赏提供机会；排除和防止区域内有害的开发或占用；为当地居民提供与管理目标相一致的利益。

选地指南：所在地应该包括一些具有突出意义的景色，例如壮观的瀑布、洞穴、火山口、陨石坑、化石产地、沙丘和海洋景色，以及与之密切相关的独特的或有代表性的物种等；有关的文化景观可包括诸如洞穴居所、山顶悬崖上的堡垒、考古地点或对当地居民具有遗产意义的自然地段；面积大小不是关键因素，但应足以保护该景色的整体性，并保证在其周围有一缓冲区域，以确保其安全和发挥多功能的作用。

组织管理：所有权和管理应由国家或其他政府部门、非盈利组织或法人负责。

这个类型与1978年系统中的世界自然历史遗产保护地一致。

4.栖息地/物种管理区

定义：按照管理目标的要求进行积极干预，以确保栖息地满足特殊物种的需要的陆地或海域。这类保护区主要通过管理途径进行维护。

管理目标：维护和保持重要保护物种、种族、生物群落和自然环境特征所需的栖息地条件,这需要人类适当的管理及特殊的调控;开展资源持续管理活动,促进科学研究和环境监测;划定适当区域,作为公众教育、栖息地特征欣赏及野生生物管理之用地;排除和防止对划定区域的有害开发和占用;为区域内的居民提供与管理目标相一致的利益,也就是说,在不影响保护的前提下,兼顾当地群众的利益。

选地指南:所在地应该在自然保护和维护物种生存上起重要作用,例如繁殖区、湿地、珊瑚礁、河口、草地、森林或海洋繁殖场等产卵区;所在地对国家或地方重要物种的生存是至关重要;保护这些栖息地和物种应该依靠管理部门积极的干预,如果需要,可通过栖息地调控来实现;面积大小应依据物种保护的需要进行确定,可大可小。

组织管理:所有权可由各级政府、非盈利组织、法人、私人集团或个人负责。

这个类型与IUCN 1978年分类系统的自然资源保护区大致相当。这类保护区的建设是十分迫切的。许多以保护物种为主要任务的保护区都属于这一类。由于越来越多的物种遭受人为的影响而陷入濒危状态,因此必须要加强保护并通过适当管理干预,促进它们的恢复。

5.保护性陆地或海洋景观

定义:人和自然长期相互影响形成的具有重要美学、文化和生态价值,生物多样性极其丰富的陆地、海崖和海域。维护这种传统相互关系的整体性具有重要的意义。

管理目标:通过保护陆地或海洋景观以及传统土地利用方式的连续性,保持自然和文化原有的相互协调关系;支持符合自然及社会文化结构的生活方式和经济活动;保持景观、栖息地、有关物种和生态系统的多样性;排除和防止在规模和风格上不协调的土地利用活动;通过组织在类型与规模上适于所在地基本性质的娱乐和旅游,为公众提供享受的机会;鼓励有利于当地居民长期幸福的科学研究和教育活动;通过提供自然产品(例如森林和渔业产品)和效益(例如洁净水源和持续的旅游收入),让当地社区得益,使人民生活幸福。

选地指南:所在地应该拥有风景优美的陆地、海崖或岛屿海洋景观、各种生境、独特的与传统土地利用方式相伴随的物种,以及表现在村落、生活习惯及信仰上的社会组织;所在地应该为公众提供娱乐、旅游的机会。

组织管理:可由群众团体所拥有,但应更多地包括从事各种管理活动的集体或个人,以保证陆地或海洋景观的质量、当地习惯和信仰得到长期的保持。

这个类型与1978年系统的保护性景观相当。

6.资源管理保护区

定义:包括大面积未经改变的自然生态系统。通过管理,使生物多样性得到长期的维护和保持,同时确保自然产品和效益的持续流动,以满足社区的需求。这类保护区主要是为确保自然生态系统的持续利用而建立的。

管理目标:长期保护该区域的生物多样性和其他自然价值;有利于区域和国家的发展;促进以持续生产为目的的管理实践;排除有害该区生物多样性的土地利用形式,使其真正成为保护自然资源的基地。

选地指南:整个区域至少要有2/3的地段处于自然状态下,大面积人工种植场不应包括进来;面积大小应足以满足资源持续利用的要求,不损害其长期完整的自然面貌和价值。

组织管理:应由具有明确保护任务的群众团体来管理,并由当地有关单位或政府部门或非政府组织支持或推荐的机构负责管理。

新系统与旧系统相比虽有简化,但仍有模糊之处。关键的问题是世界各国的情况是复杂多样的,所以很难用统一的分类系统一一对应。

（三）我国的分类系统

中国的自然保护区类型是在自然保护区逐步发展中建立的,最早建立的自然保护区(1956年的广东鼎湖山,1957年的福建万木林,1958年的云南勐腊,黑龙江丰林等自然保护区)都是森林类型自然保护区。随着自然保护区数量的增加,保护区的保护对象也由原来仅是森林类型慢慢扩大到森林、野生动物和野生植物类型。截至1980年底,全国共建72处自然保护区,这些保护区可分为森林生态系统、湿地生态系统、野生动物类型、野生植物类型以及地质遗迹类型。进入20世纪80年代,中国自然保护区进入快速发展的第一个阶段,自然保护区的类型也在逐步扩大,除上述提到的五种以外,又出现了荒漠生态系统、草原生态系统、海洋生态系统和古生物化石类型的自然保护区。归纳起来有四大类型:

1.生态系统类型自然保护区

生态系统类型自然保护区是对各类较为完整的自然生态系统及其生物、非生物资源进行全面的保护。就生态系统而言,有陆地生态系统和海洋生态系统两部分。陆地生态系统中,有森林、草原、湿地、荒漠、岛屿等类型,其中森林是陆地生态系统的主体。在划定自然保护区时,首先考虑它应含有属于不同自然地带的典型而有代表性的自然生态系统,同时又具有一些珍稀、濒危动植物种或自然历史遗迹等其他成分。另外,它还包括一些生态系统已遭到破坏,亟待恢复或更新演替的有价值的典型地区。生态系统自然保护区的面积一般都比较大,保护、研究的对象比较多,如吉林的长白山、福建的武夷山、云南的西双版纳、陕西的太白山和新疆的哈纳斯保护区等。

2.野生动物类型自然保护区

野生动物类型自然保护区是以各种珍稀动物及其主要栖息、繁殖地或其他有科研、经济、医学等特殊价值的野生动物为主要保护对象而建立的特别保护区,如四川卧龙大熊猫保护区、江西桃红岭梅花鹿自然保护区、海南南湾猕猴自然保护区和安徽扬子鳄自然保护区等。

3.野生植物类型自然保护区

野生植物类型自然保护区是以我国珍贵稀有的野生植物物种和典型、独有和特殊的植被类型为主要保护对象的特别保护区,如重庆金佛山银杉保护区、新疆巩留野核桃保护区、四川攀枝花自然保护区等。

4.自然历史遗迹保护区

地球形成经历了漫长而复杂的变化,其内部一直处于不断的运动之中,形成了冰川、火山、岩溶、温泉、洞穴等多种多样的自然历史遗迹,这对于人类了解自然界有着极其重要的作用。自然历史遗迹保护区就是对一些因自然原因形成的,有特殊价值而需要采取保护措施的非生物资源地区,如黑龙江五大连池温泉保护区、吉林伊通火山群保护区和天津蓟县地质剖面保护区等。

1993年国家环保总局批准了《自然保护区类型与级别划分原则》,并设为中国的国家标准。该分类根据自然保护区的保护对象,将自然保护区分为三个类别九个类型:

(1)生态系统类自然保护区

指以具有一定代表性、典型性和完整性的生物群落和非生物环境共同组成的生态系统为主要保护对象的自然保护区,下分5个类型:

①森林生态系统类型自然保护区:指以森林植被及其环境所形成的自然生态系统为主要保护对象的自然保护区,如热带雨林、亚热带常绿阔叶林等植被类型的自然保护区。

②草原与草甸生态系统类型自然保护区:指以草原植被及其生态环境所形成的自然生态系统为主要保护区对象的自然保护区,如典型草原、草甸草原和干旱草原等植被类型的自然保护区。

③荒漠生态系统类型自然保护区:指以荒漠生物和非生物环境共同形成的自然生态系统为主要保护对象的自然保护区,如高寒荒漠、戈壁荒漠等生态系统自然保护区。

④内陆湿地和水域生态系统类型自然保护区:指以水栖和陆栖生物及其生态环境共同形成的湿地和水域生态系统为主要保护对象的自然保护区,如沼泽、湖泊、河流生态系统自然保护区。

⑤海洋和海岸生态系统类型自然保护区:指以海洋、海岸生物与其生态环境共同形成的海洋和海岸生态系统为主要保护对象的自然保护区,如海域、海岛、海岸、河口、珊瑚礁、港湾、红树林等生态系统自然保护区。

(2)野生生物类自然保护区

指以野生生物种,尤其是珍稀、濒危物种及其自然生境为主要保护对象的自然保护区,下分2个类型:

①野生动物类型自然保护区:指以野生动物特别是珍稀、濒危和具重要经济价值的野生动物及其生境为主要保护对象的自然保护区,如大熊猫、丹顶鹤自然保护区。

②野生植物类型自然保护区:指以野生植物物种,特别是珍稀、濒危植物和具重要经济价值的植物及其自然生境为主要保护对象的自然保护区,如蕨类植物、裸子植物、被子植物、栽培作物的野生亲缘种等植物类型的自然保护区。

(3)自然遗迹类自然保护区

指以特殊意义的地质地貌、地质剖面、化石产地等为主要保护对象的自然保护区,下分2个类型:

①地质遗迹类型自然保护区:指以特殊地质构造、地质剖面、奇特地质景观、珍稀矿物、地质灾害遗迹等为主要保护对象的自然保护区。

②古生物遗迹类型自然保护区:指以古生物化石产地和古人类活动遗迹为主要保护对象的自然保护区。

因为保护对象比管理目标相对稳定,因此与根据管理目标的分类相比,以主要保护对象为依据进行自然保护区的分类有很多优点。但很多自然保护区有不止一个主要保护对象,在这种情况下,上述的分类方法就有一定的局限性。另外,自然保护区的保护管理目标很难得以充分体现。

(四)我国分类系统的发展趋势

随着我国自然保护区数量和面积的增加,国家在自然保护区上的投入也不断增加,社会对保护区管理水平的要求也越来越高。同时我国的自然保护区建设也受到国际社会极大地关注。为了适应形势发展的需要,近年来我国政府相继出台了一系列的自然保护区管理方面的法律法规,国家林业局开始探讨调整我国自然保护区分类系统的问题,提出了自然保护区分类经营的设想。所谓分类经营就是要根据自然保护区的管理目标进行分类,国家在一系列的政策制定上都将按类型的不同区别对待。按管理目标进行分类可以突出管理,淡化保护对象,这在某种意义上强化了管理,有利于国家资金投入的正确导向,有利于与国际分类系统接轨。但目前这项工作还存在很大困难,因为它涉及政府各部门职责分工、有关法律法规的调整问题。

从我国林业改革的经验看,自然保护区分类经营已是大势所趋,但问题是如何在现有基础上完成这项工作。目前我国的自然保护区无论是保护对象、管理目标还是管理部门都具有多重性,这为按管理目标分类的新系统的实施增加了难度。

第二节　自然保护区的设计

一、建立自然保护区原则

自然保护区区划是每个自然保护区建立前期需要做的主要工作。各级政府的自然保护区行政主管部门应对本辖区内的自然保护区发展做出区划方案并制定其区划的原则。一般来讲,明确划定自然保护区的条件是正确进行自然保护区区划的重要前提。划定自然保护区是一项复杂而又细致的工作,必须事先做好有关工作,如要掌握自然地带的基本情况,明确拟建自然保护区需要保护的对象、任务和近期、中期和远期的目标,确定自然保护区的性质,组织多学科的考察专业组进行考察和选点工作。

根据中国的实际情况,凡具备以下条件之一的都可以向政府申请批准建立自然保护区:

1. 代表各种不同自然地带的典型自然生态系统类型,如森林、草地、山地、水域、湿地、滩涂、荒漠、岛屿等地域;

2. 自然生态系统或物种已遭到破坏而又有重要价值,亟待恢复的地区;

3. 自然生态系统比较完整,自然演替明显,野生生物种源丰富的地区;

4. 国家规定保护的野生动物、候鸟或具有重要科研、经济价值的野生动物主要的栖息地区;

5. 国家规定保护的野生植物或典型而又有特殊保护意义的植被、有特殊价值的植物原生地或集中成片的地区;

6. 有特殊保护意义的地质剖面、冰川遗迹、岩溶、温泉、瀑布、化石产地等自然历史遗迹地。

二、自然保护区设计原则

在建立一个自然保护区前,主管部门应当从以下几个方面来衡量其是否满足建立自然保护区的条件和达到可以建立自然保护区的原则:

1. 反映出自然地带或地区自然环境与生态系统的特点;

2. 生态系统的结构和功能比较稳定,受人为的影响相对较小;

3. 具有濒危的生物物种种源和数量,同时当地生态条件又适合这些种源的扩大和再生;

4. 面积必须足以保证被保护自然群体生存、繁衍和发展;

5. 自然保护区的建立,将会得到周围群众、单位和当地政府的理解、接受和支持;

6. 自然保护区的建立,将不会对当地的经济建设和群众生产生活的总发展构成不良影响；

7. 能预见自然保护区周围地区短期或长期的经济发展，不会对自然保护区的永久存在构成威胁，不会使自然保护区所保护的对象消失、绝灭；

8. 自然保护区的建立，能为科学研究、宣传教育和欣赏自然提供场地和机会。

三、保护区的形状与大小

自然保护区的内部结构取决于保护的自然资源和自然环境的特点。我国自然保护区的类型多样，面积大小也各不相同，因此在确定内部结构时也不能完全一致。要根据各自的具体情况，经过科学的调查和论证，最后确定出每个自然保护区内部的合理结构。

一般来说，自然环境保存比较完好，被保护物种个体和种群较为丰富又相对稳定，面积中等（1 000～200 000 hm²）的自然保护区，其内部结构可分为三个部分，即核心区、缓冲区和实验区。有多种自然综合体或多种生态系统的自然保护区，面积较大（20 万 hm² 以上），可根据不同的功能划出更多特定的内部结构。

自然保护区的结构由核心区、缓冲区和实验区组成，这些不同的区域具有不同的功能。按照不同的功能来划分自然保护区内部的结构，叫做自然保护区的功能区划。

1.核心区

它是自然保护区的精华所在，是被保护物种和环境的核心，需要加以严格保护。核心区具有以下特点：

（1）自然环境保存完好，自然景观十分优美。

（2）生态系统内部结构稳定，演替过程能够自然进行。

（3）集中了本自然保护区特殊的、稀有的野生生物物种。

核心区的面积一般不得小于自然保护区总面积的三分之一。在核心区内可允许进行科学观测，在科学研究中起对照作用。不得在核心区采取人为的干预措施，更不允许修建人工设施和进入机动车辆。应禁止参观和游览的人员进入。

2.缓冲区

缓冲区是指在核心区外围为防止和减缓外界对核心区造成影响和干扰所划出的区域，它有两方面的作用：

（1）可进一步保护和减缓核心区不受侵害。

（2）可允许进行经过管理机构批准的非破坏性的科学研究活动。

3.实验区

它是指自然保护区内可进行多种科学实验的地区。实验区内在保护好物种资源和自然景观的原则下，可进行以下活动和实验：

（1）有计划地发展本地所特有的植物和动物资源，建立栽培和驯化试验的苗圃、种子繁育基地、树木园、植物园和野生动物饲养场。

（2）建立科学研究的生态系统观测站、标准地、实验室、气象站、水文观察点、物候观测站，用收集的数据和资料对生态系统进行对比和研究。

（3）进行大专院校的教学实习，设立科学普及教育的标本室、展览馆、陈列室和野外标本采集地。

（4）进行生物资源的可持续利用和再循环方面的实验研究。

（5）具有旅游资源和景点的自然保护区，在经过调查和论证后，在实验区内可划出一定的点、线或范围，构成自然保护区的生态旅游区。它除了包括风景观赏和景点游览外，还有其独特的生态旅游方式，如组织观鸟、丛林探秘等项目，不仅使游人领略到了大自然美丽的风光，而且还受到了自然保护和野生生物学知识的教育。

四、建立自然保护区的步骤

（一）自然保护区申请建立

1.可由科学家、群众团体、政府主管部门、人大或政协代表提出建立自然保护区的建议或请求。

2.指定负责筹建自然保护区的主管部门和人员。

3.由主管部门组织科技人员对将要划入自然保护区的区域进行多种学科的科学考察和实地调查。

4.根据考察和调查的结果，提出建立自然保护区的初步意见和划定区域范围。

5.对初步划定的范围由有规划资质资格的单位进行总体规划。

6.由主管部门组织科学家、有关单位、拟建自然保护区周边的政府、当地群众等进行科学论证和听证会，评定和听取各方面的意见和建议。

7.由主管部门起草文件，报请人民政府批准公布。

（二）自然保护区的批准

人民政府（包括县、市、省人民政府和国务院）批准自然保护区的基本程序是：

1.接到要求建立自然保护区的申请。

2.将申请批转给自然保护区评审部门进行评审。

3.审查评审部门报请的评审结果。

4.审查是否与有关规划或部门的规划相交叉或冲突；是否与周边地区存在边界争议；拟建立的自然保护区的权属是否清楚和明确。

5.批转有关部门征求意见。

6.起草文件予以批复。

五、自然保护区的命名

中国自然保护区的命名方法有两种：

1.双名制

国家级自然保护区为"省名＋地名＋国家级自然保护区"，如黑龙江扎龙国家级自然保护区、海南东寨港国家级自然保护区等。地方级自然保护区为"省名＋地名＋自然保护区"，如云南省碧塔海自然保护区、湖南省索溪峪自然保护区等。

2.三名制

有些特殊物种或自然历史遗迹的自然保护区，其名称不好用地名来表示其名称，所以只能用被保护的对象来命名自然保护区的名称，即"省名＋（县名）＋保护对象名称＋自然保护区"，如安徽扬子鳄自然保护区、新疆塔什库尔干雪豹自然保护区等。

第三节　自然保护区的管理与评价

一、自然保护区的管理体系

（一）自然保护区主管部门

《自然保护区条例》第八条规定了国家对自然保护区实行综合管理与分部门管理相结合的管理体制。国务院环境保护行政主管部门负责全国自然保护区的综合管理。国务院林业、农业、地质矿产、水利、海洋等有关行政主管部门在各自的职责范围内，主管有关的自然保护区。县级以上地方人民政府负责自然保护区管理部门的设置和职责，由省、自治区、直辖市人民政府根据当地具体情况确定。

目前林业和环保部门建立和负责的保护区占了所有保护区数量的87％。国家林业局因为主管我国生物多样性最丰富的森林、湿地和陆生野生动物，而建立和负责了我国绝大部分的森林、湿地和森林野生动物保护区。另外有农业、国土资源、海洋、水利、建设、中医药、科研、教育和旅游等十几个部门分别建立了一定数量的保护区。这些主管部门对其主管的保护区有管理和执法权利。

（二）物种保护主管部门

其他的法律法规对相应的资源管理和保护也作了类似的有关主管单位的规定。例如《野生动物保护法》第七条规定："国务院林业、渔业行政主管部门分别主管全国陆生、水生野生动物管理工作。省、自治区、直辖市人民政府林业行政主管部门主管本行政区域内的陆生野生动物管理工作。自治州、县和市政府陆生野生动物管理工作的行政主管部门，由省、自治区、直辖市人民政府确定。县以上地方人民政府渔业行政主管部门主管本行政区域内水生野生动物管理工作。"因此国家林业局、农业部下属渔业局分别主管全国陆生、水生野生动物管理工作。《野生植物保护条例》第八条规定："国务院林业行政主管部门主管全国林区内野生植物和林区外珍贵野生树木的监督管理工作。国务院农业行政主管部门主管全国其他野生植物的监督管理工作。国务院建设行政部门负责城市园林、风景名胜区内野生植物的监督管理工作。国务院环境保护部门负责全国野生植物环境保护工作的协调和监督。国务院其他有关部门依照职务分工负责有关的野生植物保护工作。"对于这些被保护的生物，分别也有相应的主管部门来负责执法，例如林业部门有林业公安来处理违反《野生动物保护法》的案件。

（三）生态保护综合协调机制

保护区管理部门和机构繁多，部门之间冲突和隔离严重。按照《自然保护区条例》、《野生植物保护条例》规定,国务院环境保护行政主管部门负责全国自然保护区和野生植物的综合管理工作。但是国家环保部门各级都面临管理能力不足的问题,导致其协调功能不能正常发挥。各个省,特别是行政级别更低的县,其环保部门下专门负责生态保护工作的处建立时间都很短,管理人员很少,有的省级的环保局负责生态保护的专职人员只有 2~3 人。同时这些人员还面临严重经验缺乏和专业知识不够的问题,导致环保部门的总体机构和管理人员能力不足。另外,由于环保部门的有关生态保护的管理机制还正在成长中,经费严重不足。由于种种管理能力的不足,导致其在监督执法过程中,威信受到挑战,出现其他部门不与合作或配合的现象。因此,国家环保部门在自然保护区的综合管理和协调方面的功能远未得到正常发挥,从而导致保护区管理缺乏足够的监督和协调机制。

同时,对于一个特定的保护区而言,它有相应的主管部门,而保护区内不同的资源,又有相应的主管部门,这些主管部门可能会与保护区的主管部门不同。例如林业部门主管的保护区内的河流中的鱼类,按照《野生动物保护法》的规定,应由农业部门的渔业局主管。有的时候一个保护区出现十多个部门进保护区执法的现象。目前我国还没有明确的法律和机制保证有效地协调这些矛盾,因此,一旦部门之间存在冲突,必将导致保护区管理出现问题。

(四)自然保护区管理机构和人员

目前自然保护区的管理机构主要有以下几种:独立的管理机构;两个或两个以上的保护区共建一个管理机构;与其他管理机构两块牌子、一套人马;管理机构隶属于政府职能部门,为该部门的一个科(或股);管理机构隶属于主管部门下属的企事业单位等。据 2001 年底的统计,我国约有 62% 的保护区建立了管理机构,但有 1/3 以上的保护区尚未建立相应的管理机构。约有 73% 的保护区配备有专门的管理人员,管理人员人数近 3 万人,平均每个保护区 6 人(国家环保总局自然生态保护司,2002)。但有的条件好的保护区,有管理人员近 100 人,而有的条件差的保护区只有 1~2 人,而且这些管理人员中有许多同时肩负所属主管部门的其他工作,有相当一部分人虽然被算入保护区管理人员编制,但实际投入保护区管理工作的时间很少。

人员不足主要是受经费不足的限制,同时管理人员的任命没有统一的职业标准要求、考核制度和选拔程序,导致鱼龙混杂,这不利于激励优秀的保护管理人才的积极性。对于行政决策失误,甚至是错误,没有建立有效的制约机制。许多决策失误常常因为决策和后果产生存在的时间差,使做出错误决策的领导没有得到应有的处罚。最严重的情况常常是人事调动,因失误而给予撤职处分的都十分少见,因而导致一些领导决策不慎重,为获取一时利益而不顾后果。同时出现有一些缺乏保护意识的工作人员从事非法的狩猎和利用保护区内资源的现象。再加上目前保护区管理人员缺乏专业培训,缺乏经验,缺乏生物学和生态学的知识,造成许多管理方式违背生态学原则,例如用外来植物恢复保护区植被,为防止火灾而破坏当地植被的正常火循环(或者长期阻止天然火发生,或者过于频繁地使用人工烧荒),过度投资于人工饲养,就地保护没有得到重视,甚至由于人工饲养造成的外来入侵、设施建设、高密度人工饲养种群等问题,给就地保护带来严重的负面影响。这些管理方式不仅不利于生物多样性的保护,反而导致生态进一步退化。

二、自然保护区的评价

评价自然保护区首先应制定评价标准,根据我国自然保护区目前的实际情况,应当建立合理的自然保护区评价体系。在评价时，应从典型性、自然性、稀有性、脆弱性、多样性、面积的大小、科研的价值、感染力、潜在的保护价值、土地有效性等方面加以考虑和评定。

1.典型性

自然保护区应是某一种自然生态系统的典型代表，应能表现出当地自然地貌的特点。

2.自然性

自然保护区应是未受或很少受到人为活动影响的地区，充分表现出自然现状、自然构造和自然特征。

3.稀有性

自然保护区应是某种群落或稀有动植物种群集中分布地和避难所，而其他地区则很难见到。

4.脆弱性

自然保护区的脆弱性表现在生境、群落和物种对环境改变的敏感程度。一般来说，脆弱的生态系统具有很高的保护和研究价值。

5.多样性

自然保护区的多样性体现在单位面积里，自然生态系统中各种动植物群落最多、最全面的地带，包括由于局部地区的小气候、地形、坡向、坡位、母岩、土壤、土地利用和生产实践上的不同而造成的多种多样的生物群落。

6.面积的大小

自然保护区面积的大小，可按以下三点来确定：

(1)在可能的情况下，自然保护区的面积应尽可能大一些，因为在这种情况下，野生动植物种类的密度越大，也就意味着自然生态系统的稳定性越大。

(2)要考虑到该自然保护区的主要保护对象在单位面积上的可容量和今后种群繁衍的能力及发展的数量。

(3)要结合当地的实际情况，因地制宜，合理划定自然保护区的面积。

7.科研的价值

自然保护具有多种学科的科学研究内容，或可进行同自然保护区内的物种资源和遗传资源有关的科学探索，如在自然保护区中发现了治病新药或是适用于农业增产的生物品种，其研究价值就很高。

8.感染力

随着科学的发展和认识的深化，人类对自然界许多物种的价值正在有新的发现和突破。科学地讲，在未全面研究和了解某一群落和物种的特殊价值前，自然界的任何群落和物种的价值是相等的。但是由于人类的感觉和审美的观点不同，对群落和物种的亲近和重视程度不一样，因而对自然界中主观认为是美丽并有价值的群落和物种就更加喜爱和重视，出现了不同群落和物种有不同的感染力。

9.潜在的保护价值

有些地域曾是很好的生态系统，但由于多种原因遭到破坏和损害，如森林的采伐、沼泽的围垦等，在这种情况下，如能进行适当的人工管理或通过自然的改变，生态系统可以得到恢复和改善，成为有价值的可建立自然保护区的地区。

10.有效性

它的有效性显示在以下几个方面：自然保护区保护、管理和建设的好坏；有关自然保护的政策制定是否适应实际；自然保护区是否能长久持续地保持和显示自然生态系统的原貌；保护区土地面积和权属是否稳定；自然保护区与周围社会环境是否协调。

（马友记）

第六章 生物技术在动物遗传资源保护中的应用

第一节 种群遗传变异分析

为了对现有动物遗传资源的种群内和种群间的遗传变异有一个全面的了解。随着分子遗传学技术的发展,对遗传变异的分析已经从表型、蛋白质多态深入到 DNA 分子水平,利用 DNA 多态性可以更全面、准确地分析种群的遗传变异。

自 1966 年 Harris、Johnson 和 Hubby 等采用蛋白电泳技术首次研究了同工酶和蛋白质的多态性以来,各种新的技术不断涌现,并逐渐从蛋白质水平深入到 DNA 水平,如 DNA 指纹图谱、DNA 限制性片段长度多态性分析(DNA RFLP)、随机扩增多态 DNA 分析(RAPD)、DNA 序列分析、微卫星 DNA(Microsatellite DNA)分析、单链构象多态 DNA 分析(SSCP)以及变性剂梯度凝胶电泳分析技术(DGGE)等。尤其是 20 世纪 80 年代 PCR 技术的发明,使遗传多样性的检测更为快速方便。目前,对于珍稀动物已有了所谓的"非损伤性 DNA 分析技术"(Non-invasive DNA genotyping)。

一、染色体多态性的检测

一个物种的核型特征(即染色体数目、形态及行为)的稳定性并非是绝对的。种内染色体的多态性是广泛存在的现象。例如对中华地鳖、斑羚、穿山甲、毛冠鹿和黑麂的核型研究证实,染色体数目存在明显的多态性。除了染色体数目以及染色体分带特征的多态以外,还有最初在昆虫、植物和近年来在脊椎动物中陆续发现的超数染色体,即 B 染色体。在一个种的不同群体、不同个体甚至同一个体的不同组织中,B 染色体的数目都可以不同。染色体水平的多态性对种的适应及其进化具有重要的意义。许多新种的产生是染色体水平变异的结果,在植物中这种现象并不罕见,在动物中有关麂属动物的染色体进化则是一个明显的例子。

染色体多态性的检测方法除了常规的核型、带型外,20 世纪 90 年代发展起来的染色体涂色法(Chromosome painting),又称荧光原位杂交法(Fluorescence in situ hybridization,简称 FISH),是检测方法上一个重要的突破。染色体涂色法的基本原理是利用某一物种特异的染色体探针,经荧光标记后同其他物种进行荧光原位杂交,以显示同源性。

二、同工酶和蛋白电泳技术

蛋白电泳(Protein electrophoresis)技术是较早建立的、从基因的产物——蛋白质水平探讨遗传多样性的分析手段。它根据同工酶(Isozyme)或非酶蛋白质电荷性质的差异,在一定的电泳支持介质中(如淀粉、琼脂糖和聚丙烯酰胺等),将由不同遗传座位(Genetic loci)编码或由同一座位不同等位基因编码的酶或蛋白质分开,从而达到鉴别基因型的目的。

进行蛋白电泳分析对样品的要求较高,因为需要保持酶的活性。各种组织样品,如肝脏、肾脏和血液等都可以作为电泳分析的材料。但是,要取得肝脏、肾脏组织,一般需要杀死动物,作为遗传监测显然是不合适的。因此,血液样品是作蛋白电泳的最好材料,并且每只动物取血 5mL 左右,可以满足 50 个以上遗传座位的分析。随着蛋白电泳技术的广泛应用,人们也逐渐认识到它的局限性,如受分析的遗传座位的数量、每一座位等位基因的数量以及群体水平研究所需的样本个体数量等方面的限制。首先,虽然现在能够分析的遗传座位数已超过 100 个,但就整个基因组来说仍是太少。其次,蛋白电泳的分辨率具有一定的限度,并非所有的氨基酸变异都能从电泳胶上反映出来,并且编码蛋白基因的 DNA 序列的无意突变(即不改变氨基酸序列的变异)也是无法检测的。尽管存在上述的局限性,但蛋白电泳作为一种费用相对较低、所需设备简单和操作简便快速的方法,在遗传多样性动态检测方面仍有相当广泛的应用。

三、DNA 多态性分析技术

遗传多样性的本质在于遗传信息的载体——DNA 的多样性。随着分子生物学技术发展的日新月异,DNA 水平的研究越来越受到重视,相关的技术也受到人们的青睐。DNA 分析具有以下几方面的优点:①研究的是基因型,而不是通过表型去推测基因型;②根据我们的研究目的,可以从浩如烟海的 DNA 序列中提取我们所需的遗传标记(Genetic marker),如进化速率不同的基因及遗传方式不同的基因等;③从分析方法来看,各种类型的 DNA 基本上是通用的;④从技术上来讲,我们已能从非常微量和异常陈旧(保存 100 年以上)甚至很古老(几千万年直至上亿年)的样品中提取 DNA 并进行分析,尤其对于珍稀、濒危动物来说,可以在不伤害动物的情况下达到分析的目的,如从毛发中提取 DNA 进行分析等。

(一)DNA 限制性片段长度多态性

限制片段长度多态性(Restriction fragment length polymorphism,RFLP)是 20 世纪 80 年代发展起来的 DNA 多态分析技术,其基本原理是基于限制性内切酶对特异 DNA 序列的识别、切割的特性。通常限制性内切酶的识别序列为 4～6 个核苷酸。目标 DNA 被特定的限制性内切酶完全消化后,断裂为一定大小和数量的片段。如果限制性内切酶的识别序列发生突变,结果是将失去这一切点。同样,DNA 任何地方的突变也可能产生新的切点,从而使酶切片段的大小和数量产生变化,并在电泳过程中将其分辨出来。RFLP 的优点是分析的 DNA 片段相对较大,操作简便且费用比序列分析低得多。RFLP 可分为单碱基突变型和结构重排型两类。

1.单碱基突变型

由于 DNA 链上发生了单个碱基的替换,而这一碱基又处于限制性内切酶识别位点内,这样使限制性内切酶识别位点发生丢失或获得而产生的多态性,称为单碱基多态性或点多态性。

2.结构重排型

结构重排型是由于 DNA 顺序内部发生了较大的变化。这类多态性也可以分成两种类型:第一种是由于 DNA 序列上发生突变而引起,这些突变包括缺失、重复和插入等。第二种是由于某一区域内所串联的重复顺序拷贝数相差悬殊,DNA 的长度变化很大,从而使得这一区域两侧限制性内切酶识别位点的固定位置随重复顺序数的变化而发生位移,所以这一类型 RFLP 的突出特征是限制性内切酶识别位点本身的碱基没有发生改变,改变的只是相对位置。

RFLP 已被广泛用于基因组遗传图谱构建、基因定位、生物进化和分类的研究,也广泛应用于群体水平的遗传多样性分析,如群体内和群体间的遗传变异度、群体间基因流的评价、有效群体大小的确定、生物地理格局的形成历史以及谱系和亲缘关系的分析等等。线粒体 DNA 和核糖体 DNA 是较适合进行 RFLP 分析的,也是目前 RFLP 分析中采用最多的分子标记。但 RFLP 也有其本身的局限。对于 mtDNA 来说,母系遗传的特性是它的优点,即没有重组的发生,使我们能够很清晰地追踪母系。但作为遗传多样性的标记,由于没有重组,使整个 mtDNA 的信息量少,估算的基因多样性值的标准差大。另外,mtDNA 中非编码区(D 环)在一些动物类群中进化速度很快,由此产生的"饱和效应"(Saturation)将影响 RFLP 分析的准确性。张亚平等(1990)应用 20 种内切酶对来自中国云南、贵州、四川、广西、福建、海南、湖北、湖南、河南、安徽等 20 个地区以及缅甸、越南共 36 只猕猴的 mtDNA 进行了 RFLP 分析,共检出 23 种限制性类型。结果表明海南、华北、川西、滇西北猕猴各为独立的类群,而福建和广西猕猴属同一类群,其余地区猕猴当属另一类群。这些工作不仅对中国猕猴亚种的订正以及各亚种的分化时间、猕猴的起源和扩散提供了重要资料,而且还从保护遗传学角度,指出各亚种都具有各自独特的 mtDNA 类型。也就是说,任何一个亚种的灭绝都会造成猕猴遗传多样性的严重丢失。特别是华北亚种的遗传多样性比较特殊,而且有着独特的 mtDNA RFLP,一旦这类猕猴绝灭,丢失的遗传多样性将无法从其他亚种中得到弥补,因此这个种群应该是重点保护的对象。

随着限制性内切酶的广泛应用,RFLP 逐渐被 PCR-RFLP 代替。这是因为单纯的 RFLP 方法与 PCR-RFLP 相比存在许多不足之处:(1)需要大量相当纯的 DNA 样品;(2)需要准备 DNA 杂交膜和探针,杂交过程相当耗时耗力且复杂;(3)探针的异源性、杂交膜的背景信号等影响杂交的灵敏度;(4)检测过程需要放射性同位素。PCR-RFLP 恰好克服了上述缺点,它是聚合酶链式反应(PCR)技术与 RFLP 方法结合使用的一种快捷检测 DNA 变异程度的技术。由于 PCR 技术的引入,使人们可以按自己的目的随意针对生物体 DNA 的不同区段进行研究,酶切图谱也易于分析,因此生物体多态性的分析不仅变得简捷快速,而且更具有针对性。

这类技术再配合测序和核酸序列分析方法，可成为研究候选基因与畜禽经济性状的关系时首选的方法之一。目前，PCR-RFLP 分析技术已被广泛地用于基因突变分析、基因定位和遗传病基因的早期检测等多个方面。

概括起来，PCR-RFLP 具有以下优点：(1)简捷快速，目的性强；(2)多态性丰富，可重复性好；(3)适用性强；(4)不受年龄、性别、发育阶段、组织和外部环境影响；(5)配合测序和序列分析或比较基因组学方法，易于找到多态位点。

(二)随机引物扩增多态 DNA

随机引物扩增多态 DNA(Randomly amplified polymorphic DNA，RAPD)技术是由 Williams 和 Welsh 在 1990 年首先提出来的，该技术利用 PCR 的原理，采用较短的随机序列引物(通常为 8～10 个碱基的长度)对生物基因组 DNA 进行随机扩增。RAPD 具有以下特点：①无需知道被测有机体基因组的 DNA 序列，因而能应用于所有的生物体；②绝大多数的 RAPD 标记为孟德尔式遗传；③由于所用引物较短且序列随机，因此能够提供大量的遗传标记；④RAPD 的操作很简便，且费用相对较低。鉴于以上的特点，该技术自发明以来，在遗传多样性的检测方面，尤其在寻找和建立遗传标记方面得到了广泛的应用。

RAPD 技术的主要优点是：①所需要的样品少，所用的模版 DNA 量从微克级降到纳克级甚至皮克级；②检测方便快速，不经过花费时间的杂交阶段；③效率高；④引物无种属特异性，一套引物可用于不同物种的研究。

RAPD 技术的主要缺陷为：①实验重复性较差，影响了不同条件下实验结果的可比性；②每个标记能提供的信息量小；③有假阳性和假阴性结果；④为显形标记，不能提供完整的遗传信息；⑤对于随机扩增产生的 RAPD 标记，我们不知道它在基因组中的位置和承担的功能；⑥RAPD 无法分辨纯合子和杂合子，因为就随机引物的某一识别位点来说，无论纯合子还是杂合子均能通过 PCR 扩增出相应的片段。

RAPD 技术常用于动物群体遗传变异、亲缘关系远近及进化分析。陈祥等(1999)对贵州黑山羊进行 RAPD 分析，结果表明，贵州黑山羊个体间的遗传变异较大，具有较丰富的遗传结构。杜美红等(2002)应用 RAPD 技术对山西主要山羊品种进行了遗传多态性分析，发现黎城大青羊与阳城白山羊亲缘关系较近，而吕梁黑山羊与这个品种亲缘关系较远。刘斌等(1999)对 8 只朱鹮亲缘关系进行了聚类分析，为构建全部朱鹮系谱打下了基础。

(三)扩增片段长度多态性

扩增片段长度多态性(Amplification fragment length polymorphism，AFLP)技术是在 PCR 的基础上进行的一种核酸分析方法，又称为专一扩增多态性(Specific amplified polymorphism，SAP)。PCR 发明不久，人们就从已知的 DNA 序列出发，设计一对引物进行扩增，然后用琼脂糖电泳和溴化乙啶染色检查扩增产物在数目和分子量大小上的变化。这种方法与 RFLP 不同的是以扩增代替了酶切，其优点是避免了 RFLP 烦琐的 DNA 酶切、转移和杂交等步骤，而且只需要很少量的模板 DNA，缺点是必须事先了解位点的序列。如 Jefferey 等(1988)根据人小卫星 DNA 的序列，设计引物进行人 DNA 的基因扩增，得到高多态性的小卫星扩增图谱，大大减少了模板 DNA 的需要量。

AFLP 技术可用于动物遗传图谱的构建和 QTL 定位、动物遗传多态性分析。Ovilo 等

(2000)用 12 种不同的引物分析了伊比里亚猪的两个黑色无毛家系。在扩增的条带中,有 26 个可作为家系特异性标记,这些标记仅出现在一个家系的所有个体中。非洲的马拉维湖里有 500 多种丽鱼科的鱼,它们都是近一百多万年来由同一个祖先进化而来,这个类群的快速变异被认为是形态适应和性别选择的结果。Albertson 等(1999)通过 AFLP 分析重建了这些分类单元的系统发生关系,并用以研究类群进化中的各种影响机制,特别是营养形态的适应性分歧。

(四)DNA 指纹图谱

DNA 指纹图谱(DNA finger printing)是以基因组中的较短重复序列(又称小卫星 DNA, Minisatellite)作为标记检测遗传变异的手段。由于重复序列拷贝数的高变异性,采用相应的探针所获得的杂交图谱就像指纹一样因人而异,因此,DNA 指纹图谱分析在动物的遗传多样性检测,尤其是亲子鉴定、谱系确定中有较广泛的应用。DNA 指纹图谱有以下几个特点:① 多位点性。研究发现,基因组中有上千个卫星 DNA 位点,其中有些位点含有相同或相似的核心序列;②高变异性;③简单而稳定的遗传方式。DNA 指纹的主要缺点是:①在做群体水平的分析时,我们无法知道个体间共享的条带是否来自同一个遗传位点,因此将产生误差;②DNA 指纹谱带的分辨率有一定限度;③DNA 指纹如 RAPD 一样无法区分纯合子和杂合子。此外,对于较为复杂的交配系统,如社会性动物的研究,在技术上、理论上和统计方法上仍存在一定的困难。

(五)微卫星 DNA 分析技术

微卫星 DNA 是由 2~6 个核苷酸组成的重复单位串联排列形成的 DNA 序列。微卫星 DNA 在真核生物基因组中发生的频率约为每 10kb 的 DNA 序列中,至少有一个微卫星 DNA。大多数微卫星 DNA 的长度小于 200bp。微量 DNA 提取技术(如从毛发和陈旧皮张中提取 DNA)和 PCR 技术同微卫星分析技术的结合,进一步促进了微卫星 DNA 指纹技术的发展,并极大地扩充了其应用范围,使我们能够对黑猩猩这样的社会性动物的社会结构、遗传结构、基因流以及系统发育关系等一系列的行为生态特征和遗传机制进行较为深入探讨。同时,微卫星 DNA 技术在谱系确立和亲子鉴定中的应用,大大提高了分析的精度。当然,每一种技术都会有其自身的局限,微卫星 DNA 分析技术最大的局限在于其物种的相对特异性,即其在基因组中的分布以及微卫星两端作为 PCR 扩增引物的序列常常因不同的物种而异。因此,在针对某一物种进行分析以前,首先要克隆出该物种的若干微卫星 DNA。

(六)DNA 序列分析

自 Sanger(1977)发明链终止法测定 DNA 序列以来,DNA 序列分析的方法一直在向花费更低、操作更简便、自动化程度更高的方向发展。尤其是 PCR 技术的出现,使过去测序中颇为繁琐的步骤——DNA 模板的制备过程大大简化,也使测序技术在珍稀动物遗传多样性检测的应用方面更具可操作性。无疑,DNA 一级序列是最为直接的遗传信息,也是遗传多样性的根本体现。另一方面,就信息量的大小而言,DNA 一级序列也是最大的,因为人的单倍体 DNA 就有 10^9 个碱基对,有些生物则可达 10^{11} 个。DNA 序列分析的唯一缺点仍是费用高。

第二节 遗传物质的低温保存

一、概述

低温冷冻技术的发展为遗传物质——生物个体及其种质资源的保存,特别是珍稀、濒危种类的迁地保护带来了希望,被称为濒危种类的"诺亚方舟"。人类最早发现低温可使生命物质停止活动的历史可追溯到1776年。当时,意大利著名生理学家、实验生物学的奠基人Spallanguni注意到精子在雪中失去运动能力,当温度升高时又恢复活动。此后人们对精子的冷冻进行了大量研究,而真正重大的突破是Polge及其同事(1949)发现了甘油的冷冻保护作用,并成功地冷冻了人的精子。经过多年的努力,人们储存活细胞的能力日益扩大。生物学家和医生在更广泛的领域尝试冷冻各种各样的细胞器、细胞、组织、有机体乃至活的个体。从病毒、细菌、真菌、蠕虫、藻类,到植物原生质体、植物细胞、根尖和分生组织、种子,直至海洋低等生物、鱼类、鸟类、哺乳动物的精子、卵和胚胎等,都成为人们冷藏和冷冻保存尝试的对象,冷冻技术也已成为保藏微生物的理想方法。尽管如此,到目前为止仍未找到一种普遍的模式或冷冻程序对相似的细胞或有机体进行冻存。由于不同的生物体对不同的防冻剂和冷冻过程反应不同,因此,冷冻程序需要修改,或者使用完全不同的防冻剂进行冻存。也就是说,冷冻生物学中的许多问题有待研究。一般来说,防冻剂应能在冷冻过程中保护细胞,同时对温度的控制应十分严格,以控制被冷冻物中冰晶形成的位置、形状和大小。防冻剂及其浓度以及冷冻速率的选择是现代冷冻生物学(Cryobiology)中最基本的要素。甘油、二甲基亚砜(DMSO)、甲醇、乙二醇(Ethylene glycol)和羟乙基淀粉(Hydroxyl ethyl starch,简称HES)是较常用的、最有效的防冻剂。在许多冷冻程序中常根据冷冻速率的不同来选择防冻剂及其浓度。生物体不同,所采用的防冻剂和冷冻方法也有所不同。

二、动物精子的冷冻保存

(一)精子冷冻原理

精子在冰点下贮藏时,精子中的水分重新形成冰晶。冰晶是造成精子死亡的主要原因:一是由于精子外水分首先形成冰晶,从而把溶质分子排斥到尚未冻结的那部分液体中去,使局部浓度升高形成高渗溶液,这时由于精子内外水分的深度差,以及冰和水表面蒸汽压差的关系,精子内部水分向外渗透,从而造成精子脱水,原生质变干,电解质浓度增高,酸碱度失去平衡,造成不可逆的变化;二是由于精子水分结成冰晶后,体积增大,冰晶块的增大和移动,对精子产生机械压力,使精子原生质表层破坏而失去保护作用。同时冰晶还能渗入精子内部,破坏精子结构,从而引起精子死亡,结晶越大,对精子危害也越大。一般认为,冷冻过程中缓慢降温会形成较大的冰晶,较快的降温会形成较小的冰晶,更快的降温则可防止冰晶的形成。

冰晶只有在一定的温度范围内,即$-60℃\sim0℃$才能形成。精液经过特殊处理后在超低温下形成玻璃化,玻璃化中的水分子能保持原来的无序状态,形成纯粹玻璃样的超微粒结晶,从而避免了原生质脱水和膜结构遭受破坏,使解冻后仍可恢复活力。在稀释液中添加的抗冻物质,如甘油、二甲基亚砜等能增强精子的抗冻能力,对防止冰晶发生起重要作用。甘油亲水性很强,它可在水结晶过程中限制和干扰水分子晶格的排列,降低了水形成结晶的温度。

(二)冷冻精液的冷源

冷冻精液的冷源最初采用干冰即固态CO_2($-79℃$),后改用液氮($-196℃$)。现在也有人使用液氧($-183℃$)和液氦($-269℃$),但液氧安全性不高,易爆炸,而氦在空气中含量很少,制作成本高,故液氮被用作冷冻精液的常用冷源。

(三)家畜精子的冷冻保存技术

1.精液的品质检验

将采集的新鲜精液置于$37℃\sim40℃$下,迅速检验其精液品质。精子活率不低于0.7,精子密度要大,精子畸形率要低,以上三项指标均必须达到畜种的优质精液要求。

2.精液稀释

冷冻前的精液要进行稀释处理,一般多采用一次或两次稀释法。

一次稀释法:按常规稀释精液的要求,将精液冷冻保存稀释液按比例一次加入,此稀释法操作简便,常用于制作颗粒冷冻精液,也适用于细管精液。

两次稀释法:可减少甘油对精子的有害作用,其冷冻效果好,但操作较为烦琐,常用于细管精液。第一次稀释用不含甘油的稀释液稀释至最终稀释倍数的一半,经1h缓慢降温到5℃(猪精液温度降至15℃,维持4h,再从15℃经1h降至5℃),然后再用含甘油的第二液在相同温度下做等量的第二次稀释。猪还有另一种稀释方法,就是将采出的富含精子的精液,直接放到保温瓶中,在室温下保持2h,离心后除去精清做第一次稀释,然后置于水浴中经2h降温到5℃,再做第二次稀释。精液稀释后精子活率不能有明显下降。

3.降温与平衡

为使精子免受低温损伤,稀释时要采用缓慢降温的处理方法,即从30℃经$1\sim2h$缓慢降至5℃(猪精液一般经1h由30℃降至15℃,维持4h,再经1h降至5℃)。一般将降温至5℃的精液放入5℃冰箱内平衡$1\sim2h$。猪的一次稀释法是在8℃下平衡$3.5\sim6h$,如采用二次稀释法是在15℃下平衡4h或5℃下平衡2h。平衡的目的是使精子有一个适应低温的过程,同时能使甘油充分渗透入精子体内,达到抗冻保护作用。鸡的精液一般经2h降温至5℃后,加入4%的二甲基亚砜,再在5℃条件下平衡2h。

4.精液的分装和冻结

冷冻精液现在的分装一般采用颗粒、细管和袋装三种形式。

颗粒法:将平衡后的精液直接滴冻成$0.1\sim0.2mL$颗粒。此法的优点是操作简便、容积小、成本低、便于贮存,但有易受污染、不便标记、不易识别的缺点,已逐步被细管精液代替。

细管法:多用0.25mL或0.5mL的塑料细管,在5℃下用精液分装机分装,用封口粉、塑料球或超声波封口,平衡后冻结。此法制作的冷冻精液不易污染、便于标记、容积小、易贮存、效果好、适于机械化生产,使用时解冻方便,但成本较高。

袋装法:猪、马的精液由于输精量大,可用塑料袋分装,但冷冻效果不理想。

5.解冻

冷冻精液解冻的温度有三种:低温冰水解冻(0℃～5℃)、温水解冻(35℃～40℃)及高温水解冻(50℃～70℃)。畜牧生产中常用效果较好的温水解冻。但剂型不同,解冻方法也应有所区别,细管或袋装精液可直接投入35℃～40℃温水中,注意精液融化一半时就应及时取出备用。颗粒精液有干解冻和湿解冻两种方法:干解冻是将灭菌的试管置于35℃～40℃水中恒温后,投入精液颗粒,摇动至融化,再加入1mL 20℃～30℃的解冻液;湿解冻法是将1mL解冻液装入灭菌试管内,置于35℃～40℃温水中预热,然后投入1粒冻精,摇动至融化,取出备用。猪的颗粒精液一般按一个输精单位(几粒)解冻,温度以50℃～60℃为好。

(四)禽类精子的冷冻保存

在1951年Polge用甘油作防冻剂,并用冻存于－79℃下的家鸡精子人工授精获得成功。此后,许多研究报道了家禽和其他鸟类精子冷冻法,并改进了冷冻、复苏、防冻剂、稀释剂和人工授精方案。现已从冻存于－196℃下的火鸡、鸭、鹅(Graham等,1984;Hammerstedt,1992)、美洲红隼(Brock等,1984)、沙丘鹤(Sexton Gee,1978)、游隼(Parks等,1986)和虎皮鹦鹉(Samour等,1988)的冷冻精子中得到了后代。但多数报道仍为家禽,仅少数推广至其野生近缘种上。甘油是鸟类精子冷冻中广泛使用的防冻剂,但其在鸡的阴道内有明显的避孕作用。因此,授精前必须把冷冻精液中的甘油用透析或离心的方法去除(Hammerstedt,1992),或者授精时避开阴道,把混有甘油的精液直接注入子宫或输卵管壶部。

1.鸟类精子的保存方法

采到的精液置于5℃冰箱或冷屋中,然后将0.15mL的精液与0.45mL的防冻剂在冷冻管中混匀,在5℃条件下平衡10min(注:鸟类精液浓度通常为3×10^9～5×10^9个/mL,冻存浓度一般为10^9个/mL)。环境温度以3℃/min的速度从5℃降到－35℃后,再让精液在－35℃中平衡5min,然后迅速转移到液氮中保存。

解冻时,在5℃条件下,每隔2min分别加入0.08mL、0.22mL、0.40mL、0.73mL、1.50mL、1.90mL稀释液,并混匀。700r/min离心15min后,弃上清液,使精子悬浮于0.1mL的稀释液中。检测精子活力,待用。

2.家禽精子的保存方法

(1)精液稀释:采精后尽快稀释,稀释倍数视精子密度而定,一般按1:3～1:1稀释。稀释液配方Ⅰ:5.7%葡萄糖85mL,甘油5mL,卵黄15mL;配方Ⅱ:乙烯二酸8mL,牛奶8mL。上面两种稀释液均每mL添加青霉素1 000U、链霉素1 000U。

(2)降温和平衡:降温是指由30℃以上温度降至0℃～5℃的过程。为避免低温打击,要缓慢降温;平衡是指在0℃～5℃条件下精子的适应过程。降温平衡时间因家禽种类不同和用不同抗冻剂而异。

(3)冷冻:冷冻精液有三种分装方法:塑料细管、颗粒和安瓿法。颗粒法冷冻可用氟板和铜纱网(18～20目)。目前尚未有公认的理想降温曲线。

(4)解冻:解冻方法和速度影响精液品质,目前多使用35℃～40℃水浴解冻。

三、动物细胞株的冷冻保存

哺乳动物细胞株的培养始于20世纪初对组织培养移植的尝试(Harrison,1907;Carrel,1916)。20世纪50年代又发展了较为复杂的培养基配方(Morgan,1950;Polge,1949),并迅速建立了广泛的细胞株,为生产和疾病研究提供了材料。但实际生产中,以持续培养来保持细胞株实际上是不可行的,不仅因为含血清的培养基价格昂贵,而且持续培养还增加了微生物污染的可能性,包括培养中的交叉污染和基因污染。目前,应用气态(-130℃)和液态氮(-196℃)已能冻存大部分哺乳动物的细胞株。大多数细胞株的冷冻过程较慢(-1℃~3℃/min),而解冻过程要求尽可能快,因此在解冻时,要尽可能去除细胞间的水分,使胞内冰晶减少(Mazur,1977),所使用的防冻剂也要尽可能符合上述要求(Diller,1979)。目前,程序冷冻仪已广泛使用于不同细胞株的冷冻保存(Doyle等,1991;Bolton等,1993)。

四、哺乳动物胚胎的冷冻保存

胚胎或分割胚的冷冻保存(Embryo cryopreservation)技术伴随着人工授精技术的广泛应用而产生,是指在低温条件下利用低温保护剂保存胚胎的技术。Polge和Smith等(1949)偶然发现低温保存精子时加入甘油可增加精子的活力,这一事件揭开了胚胎冷冻保存的序幕。此后,科学家又相继发现二甲基亚砜(DMSO)、聚乙烯吡咯烷酮(PVP)、甲醇、乙二醇、羟乙基淀粉(HES)等低温保存剂。20世纪70年代初,Whittingham连续报道小鼠胚胎在-196℃和-269℃冷冻保存获得成功,引起科学界的广泛重视。随后,许多研究者将此方法用于家畜胚胎的冷冻试验。1972年,Whittingham等发明了胚胎冷冻保存的慢速冷冻法,并将此技术成功地应用于小鼠胚胎的保存,这标志着胚胎冷冻保存技术基本成熟。此后,Rall等(1985)又开发了胚胎的玻璃化冷冻法,这是胚胎冷冻保存技术发展中的又一里程碑。迄今为止,已有小鼠、大鼠、兔、山羊、绵羊、牛、马、狒狒等多种动物的卵子或胚胎被成功地保存。世界上有美国的Jackson实验室、英国医学研究会的哺乳动物遗传学中心和美国国立卫生研究院的动物遗传资源中心等胚胎库。胚胎的冷冻保存为建立优良品种的胚胎库或基因库提供了条件,是保存某些特有家畜品种和野生动物资源的理想方法。通过建立胚胎库,可防止因疾病或其他原因导致各种动物品种、品系和稀有突变体遗传资源的丢失,保存优良家畜与濒危动物资源。这种技术可使胚胎移植不受时间与地点的限制,便于在生产中推广应用,还便于胚胎运输以取代种畜引进,是使胚胎移植技术走向商业化生产的重要环节。胚胎冷冻保存技术已成为现代生命科学研究必备的手段之一。

(一)胚胎冷冻保存的原理

低温能够抑制生物机体的生物化学活动。动物胚胎的冷冻保存原理就是因为低温降低了胚胎内的胞质反应速度,且温度越低,保存时间越长。胚胎细胞是发育中的细胞,所含水分高达80%以上,在冷冻过程中,有90%的水分形成游离水而冻结成冰晶,对细胞造成损伤,从而导致细胞死亡。但只要细胞内的冰晶维持在微晶状态,细胞将不会受到损害。胚胎在冷冻过程中,大约在-10℃以上时,细胞内仍不结冰,但胞质变为过冷状态。冰晶首先在细胞外的保存液中形成,此时冰晶与溶质分离。在盐溶液中,冰晶形成越多,未冻结部分的盐溶液浓度就越高,使细胞脱水而产生所谓的溶液效应。继续降温,胞外冰晶形成加剧,使细胞内过冷胞质与胞外愈益变浓的溶质间的化学势出现很大差异,结果可致胞质水分渗出并在细胞外冻结,或使胞质水分在胞内冻结,从而使胞质浓缩。若降温速度很慢,胞质水分有足够的时间渗出,就能使胞内外达到化学势平衡。如果降温很快,胞内水分来不及渗出,出现过冷现象,在温度降至一10℃以下时,就会形成胞内冰晶而致死细胞。同样,解冻过程中,如果复温速率不当也能引起细胞内结冰而损伤。此外,抗冻保护剂的加入和除去不当,则会引起细胞渗透压的明显变化,细胞内外电解质浓度的改变等会造成细胞或胚胎损伤。

胚胎在冷冻前预先进行冻前处理,向胚胎保存液中加入一定浓度的低温保护剂,如甘油、DMSO、乙二醇等,可渗入细胞,改变细胞膜的通透性,降低冷冻过程中细胞内外的渗透压差,防止由于溶液效应而使细胞脱水及蛋白质变性,从而避免或减少胚胎冷冻过程中所发生的物理或化学损伤。也有报道,从极地鱼血清中分离出的不同类型的抗冻蛋白(AFPs)或热滞蛋白(THPs)能与细胞膜相互作用,改善细胞膜的稳定性,可在低温下保护卵母细胞或胚胎不受损伤。THPs具有无毒副作用,不影响细胞的渗透压及可溶解于缓冲液或玻璃化液等特点,其所用浓度因冷冻程序不同而有所不同。一般玻璃化液中THPs的浓度为40mg/mL,常规冷冻为0.1~0.5mg/mL,而普通低温(4℃)下为1mg/mL。

(二)胚胎的冷冻保存技术环节

1.胚胎的冻前处理

胚胎冷冻前要进行冻前处理,即冷冻前将胚胎移入保护液中,在18℃~26℃下平衡15~25min,温度过高、时间过长对胚胎的毒害作用较大。冻前处理后,即可进行装管。胚胎冷冻一般用0.25mL精液冷冻细管,将细管有棉塞的一端插入装管器,无塞端插入保护液吸取一段保护液,然后吸取一小段气泡,再在实体显微镜下观察,对准欲装管的胚胎后吸取胚胎和保护液,然后再吸一个小气泡和一段保护液。装管后即可在实体显微镜下验证胚胎是否装入管内,确认无误后可进行封管。把无棉塞的一端用浸有保护液或解冻液的聚乙烯醇塑料沫填塞,然后向棉塞中滴入保护液或解冻液,冷冻后液体冻结,细管两端就被密封。注意:密封前液段要与棉塞保持一小段距离,以防管裂。装管示意图见图6-1。

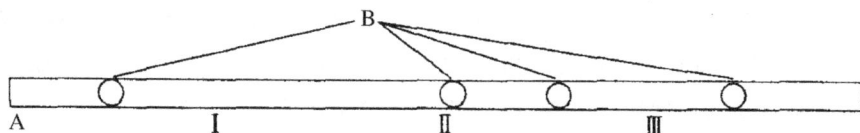

A:棉塞;Ⅰ,Ⅲ:保护液;Ⅱ:含胚段;B:气泡

图6-1 细管冷冻胚胎的装管示意图

2.胚胎冷冻保存方法

目前已研究出多种胚胎冷冻保存方法,即慢速冷冻法、快速冷冻法、一步冷冻法、直接冷冻法和玻璃化冷冻法等。其基本步骤有抗冻保护剂的加入、植冰和降温、胚胎复温解冻和抗冻保护剂的去除。

慢速冷冻法是以缓慢的速度(0.2℃~0.8℃/min)降温至一196℃后投入液氮保存,冷冻过程长达6h之上,主要操作环节有:①将胚胎放入含有抗冻剂的溶液中进行预处理。②用程序冷冻仪将上述预处理的胚胎连同溶液以较慢的速度(<1℃/min)降温。③降到一定温度时(一80℃),再快速降温至液氮温度,投入液氮中保存。④需要时从液氮中取出进行解冻,慢速复温(4℃~25℃/min)。⑤去除抗冻剂。该方法的特点为:①在胚胎的悬浮液中加入1~

2mol/L 的甘油或其他冷冻保护剂。②控制胚胎悬浮液在冷冻至贮存温度时的降温速度。③冷冻过程中胚胎的渗透压发生特征性的顺序变化。

玻璃化法由 Luyet(1937)提出，Rall 于 1987 年成功将其应用于胚胎冷冻，其原理是高浓度的冷冻保护剂在冷却时黏滞性增加，当达到临界值时固化。处理步骤如下：①在室温下将胚胎放入 25％玻璃化溶液（VS 液）中预处理 15min，VS 液的组成以甘油、DMSO、乙二醇、丙二醇和蔗糖为主。②将预处理后的胚胎放入高浓度（75％～90％）的 VS 液中保存 20～40min。③将经以上处理的胚胎直接投入液氮中保存。此法保存的胚胎解冻时要求快速复温。其特点为：①冷冻过程中胚胎悬浮液中无冰晶形成。②胚胎冷冻前在高浓度的防冻保护液中控制平衡，使其出现渗透性脱水。③冷冻过程中胚胎的渗透压发生特征性的顺序变化。

冷冻胚胎的快速解冻优于缓慢解冻。胚胎缓慢升温时，当温度由 $-196℃$ 回升到 $-50℃$～$-15℃$ 时仍可能形成胞内冰晶而致死胚胎。快速解冻时，使胚胎在 30～40s 内由 $-196℃$ 上升到 30℃～35℃，瞬间通过危险温区，从而来不及形成冰晶。快速解冻时，预先准备 30℃～35℃ 的温水，然后把装有胚胎的细管由液氮中取出，投入温水中，轻轻摆动，1min 后取出，即完成解冻过程。牛的胚胎在空气中解冻或在空气中置 6s，然后浸入水中，透明带损伤最小。细管中冷冻的牛胚胎透明带损伤的程度取决于复温条件，在 20℃ 空气中解冻，无损伤发生。但在 20℃ 或 36℃ 的水浴中解冻，分别有 17％ 和 24％ 的胚胎的透明带损伤。胚胎在解冻后，必须尽快脱除保护剂，使胚胎复水，移植后才能继续发育。

3.胚胎冷冻效果的检测

冷冻胚胎解冻后，必须对其活力进行检测，才能确定其是否适于移植，同时可作为胚胎或半胚冷冻和解冻方法优劣的衡量手段。

（1）形态学鉴定

胚胎解冻后在实体显微镜下观察，若它能恢复到冻前的形态，透明带适中，胚内细胞致密，细胞间界线清晰，则可认为是存活的胚胎，适于移植。若透明带有轻度破损，胚胎细胞基本保持完整，或胚内大部分细胞形态正常，可观察出细胞质间界线，仅有少数细胞崩解成小颗粒的胚胎仍可移植，其中一部分仍可发育成正常胎儿。若透明带破裂，内细胞团松散，胚内细胞变暗或变亮呈玻璃状，以及进入解冻液后不能扩张恢复到冻前大小或整个胚胎崩解，均为胚胎在冷冻或解冻过程受到严重损害而失去活力的标志。

（2）染色法

染色法有荧光染色法和台盼蓝染色法。荧光染色法以二乙酰荧光素作荧光原，此物在酶的作用下可出现荧光产物。游离的荧光素是一种基础的荧光染料，在脂化状态下无色，脂化物水解后会产生荧光。未受损害的细胞中酶的活性很强，细胞膜完整。进入细胞的荧光素在酶的作用下，脂化物水解显示荧光。由于细胞膜完整，荧光物质不会很快从细胞中游离出来，所以在荧光显微镜下，活力越强的细胞显示出淡绿色的荧光越强，死亡或活力降低的细胞不发荧光或仅有微弱的荧光。台盼蓝染色法以 0.5％ 的台盼蓝溶液染色 3～5min，清洗后在显微镜下观察，有活力的细胞不着色，死亡的细胞充满着台盼蓝着色颗粒。

（3）培养鉴定

将冷冻胚胎解冻后，置于 37℃ 的培养液（如 PBSS）中培养 6～12h，能继续发育者为存活胚胎。当无体外培养条件时，可将解冻后的胚胎置于结扎的兔输卵管内，在兔体内培养 12～24h，再从输卵管内冲出来，检查发育情况，存活的胚胎能进一步发育，死亡的胚胎则不能发育。

（4）移植检验

根据受体的妊娠率和产仔率计算胚胎的存活率是最直接可靠的检验方法。轻度受损的胚胎用间接检查法检查时，可能表现为存活的胚胎，但发育潜力可能已经受到损害。这种胚胎移植后也可能妊娠，但当胚胎发育到某一阶段时就可能死亡，造成妊娠中断。

五、哺乳动物卵的冷冻保存

（一）慢速冷冻法

1976 年底，Tsunoda 等对小鼠卵母细胞的冷冻保存技术进行研究，在 1977 年 Whittingham 用慢速冷冻法对小鼠卵母细胞冷冻保存后进行受精，移植后获得产仔。此后，人们也开展了牛、羊等家畜卵母细胞冷冻保存技术的研究，这些技术是参照 Whittingham（1972）对小鼠胚胎的冷冻保存方法实施的。由于卵母细胞和早期胚胎的发育阶段不同，在超微结构、细胞数上存在着很大的差异，因此胚胎的冷冻方法不完全适合于卵母细胞的冷冻保存。又因为卵母细胞对低温和抗冻保护剂的化学毒性的耐受性较低，长时间在低温下平衡，使其容易遭到物理性和化学损伤，从而使卵母细胞的冷冻保存一直未得到理想的效果。

（二）玻璃化冷冻法

玻璃化冷冻法是人们对 Rall 等（1985）的方法加以改进，设计出多种玻璃化冷冻程序，以期望这种简捷快速的冷冻方法能够完全取代复杂费时的慢速冷冻法。

玻璃化冷冻法要求抗冻保护剂的浓度达到 6.0mol/L 或更高，远远高于传统冷冻法的浓度（1.0～2.0mol/L）。由于高浓度的玻璃化冷冻液对卵母细胞的化学毒害作用较大，因此，一些玻璃化冷冻法采用低毒性的抗冻保护剂或者多种抗冻保护剂混合使用，以及冷冻前在多种预冷的高浓度溶液中分步平衡等措施来降低玻璃化冷冻液的毒性，以提高冷冻效率。这些方法采用 0.25mL 细管作为承载卵母细胞和冷冻液的工具，统称为细管法。另外，加快冷冻与解冻速度可提高冷冻效率，这有两个方面的好处：一是降低玻璃化冷冻所需抗冻保护剂溶液的浓度；二是降低对低温敏感的细胞结构的冷冻损伤程度。有些方法不使用细管作为承载工具，包括微滴法、电子显微镜铜网法、开放式拉长塑料细管法和冷冻环法。

1.细管法

在卵母细胞冷冻保存方面，小鼠卵母细胞细管法冷冻保存成功的报道较多，如 Wood 等（1993）用 M2 配制 6.0mol/L DMSO 作为冷冻液（VS），小鼠卵母细胞在 20℃ 的 25％VS 和 65％VS 中两步平衡后，移入 0.25mL 塑料细管内的 VS 液中，在液氮蒸汽中熏蒸 3min 后投入液氮冷冻保存。解冻时细管先进行 10s 空气浴（20℃），然后在 20℃ 水浴中升温 10s。解冻后卵母细胞的形态正常率最高为 77％，体外受精后细胞发育率为 91％，移植妊娠率为 79％。Kono 等（1991）用 VS（内含 DMSO、乙酰胺、丙二醇和聚乙烯乙二醇）对小鼠卵母细胞进行冷冻保存，其方法是，在 25％VS 和 50％VS 中分别处理 10min 或 100％VS 中处理 10min，然后移入小离心管或塑料细管中投入液氮冷冻保存。解冻后正常受精率达 80％～87％，有 69％～78％发育至囊胚。Wu 等（1996）用 40％乙二醇和 18％ Ficoll 70，以 3∶2（v/v）混合后，冷冻保存猪的卵母细胞，解冻后的形态正常率达 97％，但有 70％的卵母细胞表现出线粒体聚合现象。在家畜卵母细胞冷冻保存方面，细管法至今仍未取得理想的效果。

2.微滴法

微滴法最早由 Landa 和 Tepla(1990)用于冷冻小鼠胚胎,后来分别被用于冷冻保存牛胚胎、合子和卵母细胞,实验结果表明这种方法的冷冻效率很高。在微滴法冷冻过程中,卵母细胞在冷冻液中平衡一段时间后,将含有卵母细胞的冷冻液小滴(体积约为 $6\mu l$)直接滴入液氮中。然后将冷冻后的颗粒集中到一小管,置液氮罐中保存。

为避免造成污染,Hamawaki 等(1999)对微滴法进行改进,他们将含有牛扩张囊胚的冷冻液(约 $1\mu l$)滴在 0.25mL 细管的内壁,封口后直接投入液氮,解冻后胚胎的存活率高达75.8%。这种方法是微滴法与细管法的结合,其冷冻速度可能略低于微滴法,但是比微滴法安全可靠,且减少污染。同时它减少了冷冻液的体积,冷冻速度要远远高于细管法,而且没有复杂的装管过程,操作程序进一步简化。

3.电子显微镜铜网法

Han 等(1995)证明冷冻速度与溶液的体积密切相关,减少冷冻液的体积能够显著提高冷冻降温速度。因此,电子显微镜铜网法采用小体积冷冻液($<1\mu l$)和液氮直接接触,并以电子显微镜铜网作为承载工具,冷冻速度达到 3 000℃/min。具体操作是将卵母细胞在冷冻液中处理一定时间后,移到电子显微镜铜网上,然后用镊子夹住铜网,直接浸入液氮。解冻时,只需将铜网浸没在一定温度的解冻液中,再进行胚胎/卵母细胞回收和脱毒。

4.开放式拉长塑料细管法和玻璃微细管法

开放式拉长塑料细管法(简称 OPS 法)最早成功用于冷冻保存体外受精后 3~5d 得到的牛胚胎。OPS 由 0.25mL 细管拉制成,直径为 0.8mm,管壁厚度为 0.07mm。移入过程在25℃~27℃室温中,39℃恒温台上操作。冷冻时,将 OPS 的细小端没入含有胚胎/卵母细胞的冷冻液小滴($1~2\mu l$)中,利用虹吸效应将卵母细胞以及冷冻液装入 OPS,然后直接投入液氮保存。解冻时,只要将 OPS 细端浸入一定温度解冻液,1~2s 内就可将冷冻液融化,随后解冻液进入细管中,胚胎/卵母细胞由于沉降作用离开 OPS 管。OPS 法的冷冻和解冻速度大于2 000℃/min,是细管法的 10 倍,而且卵母细胞与高浓度抗冻保护剂接触的时间极短(−180℃以上小于 30s),极大地降低了冷冻损伤。另外,与细管法和电子显微镜铜网法相比,OPS 法冷冻、解冻程序大大简化,提高了工作效率。

5.冷冻环法

冷冻环法首先由 Lane 等(1997)提出,使用该方法玻璃化处理小鼠和牛胚胎已获得成功。用于玻璃化的冷冻环主要由连接到不锈钢管上的尼龙环(线直径 20mm,环直径 0.5~0.7mm)和插在冷冻罐盖子上的钢管组成。盖子上的金属管可以升到里面,不锈钢操作柄和与磁铁连接的尼龙环就可以在低温下操作。玻璃化处理时,把卵子放到冷冻环上由冷冻保护液组成的薄膜之上,然后携带卵的冷冻环直接浸没到装满液氮的冷冻罐,密封保存。使用冷冻环时,承载工具是很薄的抗冻保护剂溶液薄膜,该膜直接和液氮接触,这样冷冻环技术处理卵子时比常规的玻璃化方法有优势。因为冷冻环处在开放的系统中,缺少隔热层,承载囊胚的液体体积小于 $1\mu l$,在冷冻过程中热交换迅速均匀地进行。使用冷冻环以后,减少了胚胎在冷冻保护液中暴露的时间,加快了冷冻速度,因此减少了冷冻保护剂的毒性,防止了对敏感细胞的冷应激损害。

第三节 动物繁殖技术

一、人工授精

人工授精（Artificial insemination，AI）是指利用器械以人工方法采集雄性动物的精液，经特定处理后，再输入到发情的雌性动物生殖道的特定部位使其妊娠的一种动物繁殖技术。主要技术环节包括：

（一）采精

采精是人工授精的首要环节。认真做好采精前的准备，正确掌握采精技术，才能获得足够的优质精液。

动物采精方法有多种，常用的有假阴道法、手握法、按摩法、电刺激法等，使用时应根据动物种类和环境条件的不同，合理地进行选择。假阴道法是较理想的采精方法，适用于各种家畜和部分驯兽；手握法是我国对公猪采精普遍采用的方法；按摩法主要应用于禽类的采精；电刺激法主要应用于失去爬跨能力的驯养动物和野生动物的采精。

利用假台畜采用假阴道法采精，最好是将安装调试好的假阴道安置在假台畜的后躯内，任由公畜爬跨台畜在假阴道内射精，来收集精液。假台畜体内的阴道集精杯端要稍向下倾倒，以防精液倒流。

利用活台畜采用手握假阴道采精时，采精人员应站在台畜的右后侧，当公畜爬跨上台畜时，一手握包皮，一手用盛有蒸馏水的清洗器清洗公畜的阴茎。待公畜第二次爬跨台畜时，将假阴道立即紧靠（牛）或固定（马、驴）于台畜臀部右侧，使其倾斜35°左右（与公畜阴茎伸出的方向一致），迅速将阴茎导入假阴道内，任其自由抽动数次射精。射精时，要将假阴道集精杯一端向下倾斜，以便精液流入集精杯内。公畜跳下时，应随阴茎后移，边移边放掉阴道内的空气，在阴茎自行软缩脱出后，随即取下假阴道。

手握法是公猪采精常用的方法。操作方法是：采精员一手戴灭菌乳胶手套，另一只手持集精杯（杯口盖2～3层灭菌纱布）蹲在假台猪一侧，待种公猪爬跨假台猪后，先用0.1％高锰酸钾溶液清洗、消毒公猪的包皮及其周围，然后用生理盐水冲洗并擦干。当阴茎从包皮内伸出时，让其自行伸入戴手套的空拳中。当龟头尖端露出拳外0.5cm左右时立即紧握龟头，待其抽动、转动一会，手握拳松紧呈节律性给阴茎施加压力，待阴茎充分勃起时，顺势牵引向前，公猪就会射精。射精时，握阴茎的手不应加压，也不能使阴茎滑脱。另一只手持集精杯，收集富集精子的部分。射精暂停时，再恢复节律性握力，直至射精结束为止。此法设备简单，操作方便，可选择性地采集到精液较浓部分，但精液易受污染和冷打击的影响。

电刺激采精器是由电流控制器和电极探棒两部分组成。各种动物应选择适宜的电刺激强度进行采精。采精畜禽可实行站立或侧卧姿势保定，对一些不易保定的野生动物可采用保定宁、静松灵和氯胺酮进行药物麻醉。先行剪去包皮及其周围的毛，以生理盐水擦净，灌肠清除直肠内毒素，将涂抹润滑剂的电极棒插入肛门，抵达到输精管壶腹部，牛、鹿的插入的深度为 20～25cm，羊为 10cm，犬为 10～15cm，熊为 15～20cm，兔为 5cm，禽类为 4cm。采精时，先开电源，调节电流控制器，确定频率和通电时间，再调整电压，由低逐渐增强，加大刺激强度，直到动物阴茎伸出，直接截取排出的精液。此方法操作麻烦，费时费力，故在生产中不易推广。

按摩法是通过采精员的手指对雄性动物的生殖器官及副性腺进行刺激，以引起性欲、出现射精的一种方法，适用于牛、犬和禽类的采精。

（二）精液品质检查和精液稀释

精液品质检查是为了鉴别精液品质的优劣，决定精液样品的取舍，以此作为新鲜精液稀释、保存的依据，同时也能确定种公畜的配种负担能力，反映种公畜的饲养管理水平、生殖器官的机能状态和采精技术的高低，也可衡量精液在稀释、保存、冷冻和运输过程中的品质变化及处理效果。常规检查项目主要包括精液外观、射精量、精子活率、精子密度、精子形态、精子存活时间及其存活指数等。

1.精液外观

正常未经稀释的牛、羊精液因精子密度大而混浊不透明，肉眼观察时，可见精液翻腾呈现漩涡云雾状。马、猪的精子浓度低，云雾状不明显或者不能观察到。精液应不含毛发、杂质和其他污染物，含有块状物的（公猪和公马精液中的凝胶样物质除外）凝固状精液不能使用，这表明生殖系统有炎症。

正常牛、羊精液呈乳白色或乳黄色，水牛为乳白色或灰白色，猪、马、兔的精液为淡乳白色或浅灰白色。精液色泽异常表明公畜生殖器官有疾患，例如呈浅绿色是混有脓液；呈淡红色是混有血液；呈黄色是混有尿液。但有的公牛持续地产生黄色精液，是由于其中含有核黄素，这对精液品质没有影响。此种情况应注意与含尿的精液相区别，后者有明显的尿味。

2.射精量

射精量可以从刻度集精杯上读出。射精量因品种和个体不同而异。评定公畜正常射精量不能仅凭一次采精记录，应以一定时间内多次采精总量的平均数为依据，精液量不包括精液中的胶状物。一般说来，青年公畜和较小的个体产生的精液较少。频繁采精导致平均射精量减少，连续射精 2 次时，第 2 次的精液量通常较少。射精量的异常减少可能是公畜的健康因素所导致，也可能是采精程序有问题。

3.精子活率

精子活率（Sperm motility）指精液中前进运动精子所占有的百分率，也称为活力。它是一个经常评定的指标，一般在采精后、精液稀释后、降温平衡后、冷冻后、解冻后和输精前都要评定。作前进运动（Progressive motion）的精子是指精子近似直线地从一点移动或前进到另一点。精子活率是精液品质评定的一个重要指标，因为它与受精率高度相关。

精子活率评定常采用目测法，借助光学显微镜放大 200～400 倍，对精液样品中前进运动精子所占百分率进行估测，通常采用 0～10 的 10 级制评分标准。

4.精子密度

精子密度（Sperm concentration），又称精子浓度，指单位容积（1mL）的精液所含的精子数，可采用估测法、血细胞计数法、光电比色计测定法、精子密度测定仪法进行测定。

精子密度测定仪已事先把标准曲线储存在控制仪器的微电脑中，使用时自动对测定的精液样品进行稀释，可直接计算出或打印出样品的精子密度、建议的稀释倍数和稀释液的加入量等项目的数据,可快捷、准确、方便地测定精子密度,已被冷冻精液生产单位普遍采用。

5.精子形态

这项指标主要检测精子畸形率和精子顶体异常率。取一小滴被测精液(密度大的需用生理盐水稀释)置于载玻片上,将样品抹片,一般分别采用龙胆紫酒精和姬姆萨染液进行染色,并置于显微镜下观察,可计算出畸形精子百分率和精子顶体异常率。

6.精子存活时间及其存活指数

精子存活时间和存活指数与受精率密切相关。精子存活时间是指精子在一定条件下体外的总生存时间,而精子存活指数是指平均存活时间,表示精子活率下降速度。检查时将稀释后的精液置于一定的温度(0℃或37℃)下,间隔一定时间(4~8h)检查活率,直至无活动精子为止所需的总小时数是存活时间,而相邻两次检查的平均活率与间隔时间的积相加总和为存活指数。精子存活时间越长,存活指数越大,精子生活力就越强,品质就越好。

精液稀释可扩大精液量,增加与配母畜头数;供给精子代谢的营养,防止精子遭受冷打击,缓冲不良环境的危害,抑制细菌的繁衍,延长精子的存活时间;便于精液的保存和运输,提高优良种公畜的利用率。稀释液要求与精液有相同或相近的渗透压,主要包含营养剂、保护剂、缓冲物质、防冷抗冻物质和抗生素等。精液的稀释倍数应根据动物种类及其采精量、精子密度、精子活率等来确定。适当倍数的稀释可延长精子的存活时间,稀释倍数过高会使精子存活时间缩短,从而影响受胎率。

(三)精液的保存

精液保存的方法主要有常温保存、低温保存和冷冻保存。精液的常温保存是将精液保存在室温(15℃~25℃)下,也称变温保存。此方法保存的精液在3d内有正常的受精能力,因设备简单,便于普及推广,特别适宜猪的精液保存。精液的低温保存是将精液放在0℃~5℃下保存,效果比常温保存要好(猪除外),一般可保持7d左右不丧失受精能力。精液的冷冻保存是指精液经稀释处理后,在液氮(-196℃)或干冰(-79℃)条件下保存,可以保存较长的时间。具体冷冻保存的方法见本章第二节。

(四)输精

各种输精用具在使用之前必须彻底洗涤,严格消毒,临用前用灭菌稀释液冲洗。采集的新鲜精液,经稀释后必须进行品质评定,合乎标准的才能使用(活率要高于0.7);保存精液需要升温到35℃左右,活率不得低于0.6;冷冻精液解冻后活率不应低于0.3,方可输精。输精部位也应因动物种类不同而异。牛常采用子宫颈深部输精;马、驴采用子宫内输精;山羊、绵羊采用子宫颈浅部输精;禽类一般采用插入阴道输精。输精量及其所含有效精子数应根据母畜禽的年龄和生理状况及精液类型而定。对体型大、经产、产后配种和子宫松弛的母畜,应适当增加输精量;与正常配种母畜相比,经超数排卵处理后的母畜应增加输精次数和输精量;液态保存精液的输精量一般要大于冷冻精液的输精量;冷冻精液中颗粒冷冻精液的输精量比细管冷冻精液的要大。

二、胚胎移植

胚胎移植(Embryo transfer,ET)又名借腹怀胎、受精卵移植,它是指将良种母畜的早期胚胎取出，移植到同种和生理状态相同的母畜体内，使之继续发育成新个体的技术。其中提供胚胎的母畜为供体(Donor)母畜，接受胚胎的母畜为受体(Recipient)母畜。通过 ET 技术所产生的后代，其遗传信息来自供体和与之相交配的公畜，受体的遗传信息并不会影响后代原有的基因型。胚胎移植可充分利用母畜的孪生潜力，加速引进优良品种的繁殖、家畜改良进程和新品种的培育，降低引种费用，减少疾病传播，生产 SPF 动物，简化国际间品种的交流，克服母畜不孕症，促进生殖生理理论和胚胎生物技术的发展。其主要技术环节包括：

(一)供体母畜的超数排卵处理

超数排卵(Superovulation)指在母畜发情周期的适当时期，注射外源促性腺激素，如 FSH 或孕马血清促性腺激素(PMSG)，诱发其卵巢上比在自然情况下有较多的卵泡发育并排卵的技术，简称超排。动物超数排卵效果的优劣受许多因素的影响，如动物的遗传特性、体况、营养水平、年龄、发情周期的阶段和季节、激素的质量和用量及用药时间等。

(二)供体的配种或人工授精

经过超排处理后的发情母畜应适时配种，超排供体的配种次数应比在自然条件下多一些。若采用人工授精技术，输精次数和输入的精子数也应增多，以期得到更多的胚胎。超排处理的母牛可在观察到发情后 12h 进行第一次授精，输入大剂量的精液，随后可每隔 12h 授精一次，一般授精 2～3 次即可。对于羊来说，超排处理后要严密观察供体发情表现，尤其是发情表现不明显者更应特别注意，如接受交配应立即配种或使用大剂量的精液人工授精，间隔 6～12h 再进行一次配种或人工授精。一般配种两次较适宜，若配种 3 次以上仍有发情表现，多为卵泡囊肿，常可造成胚胎回收失败。

(三)受体母畜的同期发情处理

同期发情(Synchronization estrus)是指使用某些外源激素或药物以及管理措施，人为地控制并调整一群母畜的发情周期，使之在预定的时间内集中发情并排卵，以便于有计划地、合理地组织胚胎移植所进行的同期化处理技术，也称同步发情。将此技术用于单个动物的发情和排卵时，称为诱导发情。将用于动物发情和排卵控制的技术称为发情控制技术，其原理就是延长或缩短黄体期。

同期发情处理的方法有皮下埋植法、阴道海绵栓法、注射法和口服法。常用的激素有 PMSG、GnRH 及合成类似物、LHRHA1-A3、FSH、LH、hCG、$PGF_{2\alpha}$ 及类似物、孕激素等，其中 $PGF_{2\alpha}$ 及其类似物为首选药物，其剂量依 PG 种类和用法不同而异。国外普遍采用氯前列烯醇 500ug 肌肉注射，国内多用 15-甲基 $PGF_{2\alpha}$ 肌肉注射(剂量为 2mg)，近年也有用氯前列烯醇的，其用量同国外的使用剂量一致。对牛常使用两次 $PGF_{2\alpha}$ 注射，一般在注射后 36～48h，有 85％的母牛表现发情。绵羊常用孕激素阴道海绵栓法，放置 14d 后取出，并肌肉注射 PMSG(剂量为 2mL/只)，48h 同期发情率可达 98％(n＝240)，也可用孕酮注射 12d，停药时肌肉注射 1 次 PMSG，48h 同期发情率可达 88％(n＝48)。猪一般口服孕酮 18d，停药后 2～3d 即可发情。

(四)胚胎的采集

在供体配种或人工授精后适当时间，利用冲洗液把胚胎从供体生殖道冲出，收集在一定的器皿中,以便移植给受体的过程即为胚胎的采集,又称胚胎回收,简称采卵。采胚的数量与采集时间、方法和采胚技术有关。

目前胚胎的采集方法主要有三种,即离体生殖道回收法、手术采胚法和非手术采胚法。大家畜(如牛)的胚胎多采用非手术法,但在 20 世纪 70 年代中期前,牛胚胎采集最成功的方法是手术法,它由 Hunter(1955)在绵羊胚胎采集时所使用的方法发展而来。绵羊、山羊、猪和其他中小动物则因受解剖特点的限制,多采用手术采胚法,但近年来在羊胚胎的采集中也有关于使用非手术法采胚的报道。实验动物多采用离体生殖道回收法。胚胎的回收率与采胚方法有关,通常非手术法的采胚率要比手术法的采胚率低 10% 左右,但因其具有简单、节省费用且便于在农场中操作等特点,因而被广泛地应用于实践中。胚胎回收时间应根据所需要的胚胎发育阶段来定。不论用哪种方法,一般采集的胚胎数只相当于黄体数的 40%～80%。

(五)胚胎的检查与鉴定

冲出的胚胎在净化结束后,将盛有胚胎及冲洗液的器皿置于倒置显微镜下,观察所收集胚胎的数目、形态和发育状况,以便及时选出适合于移植或进行冷冻的正常胚胎。

胚胎鉴定的主要内容有:胚胎发育的阶段、形态、大小和色调,卵裂球的大小及均匀度,细胞密度,胚内细胞大小和形态,细胞质的结构与颜色,胚内是否出现空泡、透明带及胚内细胞碎片存在与否。一个理想的胚胎,发育阶段要与回收时应达到的胚龄一致,胚内细胞结构紧凑,胚胎呈球形;胚内细胞间的界线清晰可见,细胞大小均匀,排列规则,颜色一致,亮暗适中;细胞质中含有一些均匀分布的小泡,没有细颗粒或不规则分布的空泡;有较小的卵黄周隙,形态规则,透明带一致,无皱纹和萎缩,胚内没有细胞碎片。检卵时要用检卵针拨动受精卵,以便从不同侧面观察,从而更客观地辨别细胞数和胚内结构。若卵子卵黄未形成卵裂球及细胞团,则为非受精卵。

一般将胚胎分为三个等级,即 A、B、C 三级,它是根据胚胎的发育能力及其中的变性细胞所占的比例为标准进行划分的。将胚胎形态完整,呈球形,轮廓清晰,卵裂球大小均匀,胚内细胞结构紧凑,色调和透明度适中,无附着的细胞和液泡的胚胎划分为 A 级;B 级胚胎轮廓清晰,色调和细胞密度良好,有少量附着的细胞和液泡,变性细胞占 10%～30%;C 级胚胎轮廓不清晰,色调较暗,结构较松散,游离的细胞和液泡较多,变性细胞占 30%～50%。凡所采集胚胎的发育阶段滞后于其正常的发育阶段,且变性细胞达 50% 以上者均属级外胚胎。

(六)胚胎的保存

胚胎保存的目的就是为了延长胚胎在体外的生存时间。按照胚胎的不同用途,可将胚胎的保存分为两种:短期保存和长期保存(也称冷冻保存)。长期保存是采取特殊的抗冻保护措施和降温程序,使胚胎在 -196℃ 的条件下停止代谢,而升温后又能恢复其代谢能力的一种长期保存胚胎的生物技术(详见本章第二节)。短期保存包括异种活体保存、常温保存和低温保存。异种活体保存是指将暂不使用的胚胎放在活体同种或异种动物的输卵管内保存。许多实验表明,牛、羊和猪等动物的早期胚胎在兔输卵管内能存活数日,并可继续发育。常温保存是将经检胚和鉴定认为可用的胚胎,短期保存在新鲜的 PBS 中以备移植。一般在 25℃～26℃ 条件下,胚胎在 PBS 液中可保存 4～5h,而不影响移植效果,若要保存更长时间,则需对胚胎进行降温处理。低温保存是将发育早期的胚胎保存在 0℃～4℃ 条件下,其发育可暂时停止,这种停止是可逆的。适于此种保存方法的胚胎一般均为致密桑椹胚或早期囊胚,因为此期的胚胎要比更早期的胚胎较耐低温且易于保存。利用此特点,在生产和实验过程中可将当天未用完的胚胎在0℃～4℃下短期保存,移植给第2,3天的受体母畜,且生理状态不受影响。

(七)胚胎的移植

胚胎移植的方法同采卵方法类似,有手术移植法和非手术移植法两种,其中手术移植法适用于不能进行直肠操作的中小动物。进行移植操作时,将胚胎移到有黄体一侧的子宫角上端或输卵管,若牛、羊同时移植两个胚胎时,应一侧一个,猪可移植到一侧。非手术法适用于大家畜,要用特殊的移植枪,与直肠把握输精法类似。

(八)供、受体的术后观察

胚胎移植后,应密切观察供、受体术后的健康状况,并留意它们在预定的时间内是否会返情。供体在下次发情时即可照常配种,或经过2～3个月可重复做供体,用于胚胎的收集。受体母畜术后发情则说明移植失败。对确认为妊娠的母畜,注意饲料供给要多样,营养须全面,同时加强饲养管理,以确保其顺利妊娠、产仔。

三、体外受精

体外受精(In Vitro Fertilization,IVF)是动物胚胎生物工程的一项重要技术,它是通过人为操作使精子和卵子在体外环境中完成受精过程的动物繁殖新技术。在生物学领域中,将IVF的胚胎移植后所获得的后代称为试管动物。

体外受精技术从其产生发展到现在,对畜牧业生产、动物生殖机理的研究、相关学科的发展及保护濒危动物等方面具有重要的意义。通过卵母细胞体外培养成熟和体外受精技术,可望得到大量质优、价廉的体外生产胚胎,充分挖掘优良公、母畜的繁殖潜力;可观察配子发育、成熟、受精及胚胎发育等一系列现象,从而为探索配子发育调控机理等受精生物学问题积累一定的资料;可评定家畜精子的质量,了解精子受精的潜力,做到尽早防治不孕症,如公畜的少精、死精或无精(利用睾丸中球形精子细胞作带下或胞质内受精)和母畜的输卵管阻塞等。若将体外受精技术与其他生物技术,如转基因技术、细胞核移植技术、基因敲除和基因修饰技术等生物高新技术相结合,必将使优良种畜的扩繁进程呈现出崭新的发展面貌,促进畜牧业的迅速发展。主要技术环节包括:

(一)卵母细胞的采集与体外成熟

1.卵母细胞的采集

卵母细胞的来源主要有三种途径,即经超排处理后直接从卵泡中取出未成熟的卵母细胞或从输卵管、子宫冲出成熟卵子,后者可直接与获能精子受精;屠宰场的废弃卵巢也是卵母细胞获取的一条主要途径;现在还有活体取卵技术,但须借助超声波扫描技术和一定的吸卵设备。

卵母细胞的成熟与卵泡的生长发育密切相关,目前体外受精的研究主要集中在对卵巢有腔卵泡的利用上。有腔卵泡的卵母细胞已充分生长,细胞质中储备了大量的物质和信息,其大小也已接近成熟卵子的体积。对于废弃卵巢可采用抽吸法、切割法和剥离法,在尽可能短的时间内获得尽可能多的卵母细胞。其中抽吸法多用于牛、绵羊和山羊卵母细胞的获取,其优点是操作时间短,但回收率只有 25%～60%,且能引起卵丘细胞的破坏;使用剥离法,卵母细胞的回收率高达 90%,且不会损害卵丘细胞,但耗时太长;切割法耗时短且获卵多,但回收卵中的无用卵增多。目前较为常用的是抽吸法和切割法。对于卵巢内卵泡卵母细胞则采用机械法和酶消化法,一般将两者结合使用。

2.卵母细胞的选择

从卵泡上采集的卵母细胞绝大多数与卵丘细胞形成卵丘卵母细胞复合体(COC),还未完成最后的成熟过程,需经体外培养成熟后才具有受精能力。卵泡卵培养前,须先筛选卵母细胞,这是体外受精成功的关键,一般要求卵母细胞形态规则,细胞质均匀,外围有多层卵丘细胞紧密包围。在家畜体外受精中,卵母细胞通常分为三个等级,即 A、B 和 C 类。其中 A 类卵为优质卵,卵的周围包被着完整而致密的卵丘细胞,细胞质均匀并充满透明带;B 类卵为良好卵,与 A 类卵相比,B 类卵有一小部分卵丘细胞脱落;C 类卵即不良卵,又称裸卵,该卵的卵丘细胞几乎或全部脱落,卵胞质不均匀。A 和 B 类卵可用于成熟培养,C 类卵为淘汰卵。

3.卵母细胞成熟的判断

卵母细胞的成熟是一个复杂的生物学过程,它涉及核、质、膜、卵丘细胞和透明带(ZP)等的成熟。此过程在形态上表现为纺锤体形成,核仁致密化,染色质高度浓缩形成染色体,第一极体释放,细胞器重组,卵丘/颗粒细胞扩展、膨胀、液化及 ZP 软化等。目前常以生发泡破裂(GVBD)为标准,判断卵母细胞减数分裂的恢复程度。小鼠、大鼠和人的卵子比较透明,一般实体显微镜即可判断卵母细胞是否发生了 GVBD,而牛、猪、羊等动物的卵母细胞质较暗,须经地衣红染色后方可观察到。排出第一极体是卵母细胞成熟的标志,但对于猪、牛、羊等卵细胞质较暗的动物来说,要准确判断卵母细胞的成熟程度,只有经染色观察,在发现一个极体和卵子 M II 期染色团后,才能判定卵母细胞已经成熟。

4.卵母细胞体外成熟的方法

将采集的卵泡卵经过挑选和洗涤后,放入体外成熟培养液中进行培养。目前,用于家畜卵母细胞体外成熟的培养液种类颇多,一般使用 TCM-199,添加血清、激素和抗生素等成分。培养方法通常为微滴法,即将培养液做成 $50\sim200\mu l$ 的微滴,然后按每 $5\mu l$ 微滴中放入一个卵母细胞计算,从而确定每个液滴中所需的卵母细胞总数。卵母细胞移入微滴后放入 CO_2 培养箱中进行培养。培养条件包括温度(因动物不同而异)、湿度(一般为饱和湿度)、气相条件(如 $5\%CO_2$ 的空气或 $5\%CO_2+5\%O_2+90\%N_2$)及培养时间(因动物不同而异)等。

(二)精子的体外获能

精子可采用附睾尾精子或射出精子,一般实验动物取附睾尾部的精子,家畜则多用射出的精子。精子可在子宫或输卵管内获能,也可在体外获能。在获能处理前,不管是鲜精还是冻精,都必须用精子洗涤液洗涤数次离心,以除去精清或冷冻保护液等成分及死精子。

精子的获能可分为体内获能和体外获能。精子的体内获能是指精子在雌性生殖道内获得受精能力,即从交配母畜的子宫内冲出的精子可用于受精。体外获能则指精子在体外特定的培养液中获得受精能力,一般于获能处理前先对精子进行洗涤,经一次或以上离心后去除杂质、精清、死精子、低活力的精子、冻精保护液和稀释液等,然后进行精子的获能处理。目前,牛精子洗涤液常用 BO 液和改良的 Tyrode's 液(TALP),山羊多用 mDM 液和不含 BSA 的 BO 液,猪则用 TCM-199 液。

（三）体外受精的方法

将经获能处理后的精子和成熟培养后的卵子进行共孵育，使精子与卵子形成合子，从而达到受精的目的。共孵育前，体外培养成熟的卵母细胞先用受精液（与获能液相同）洗涤3次，然后在每$50\sim100ul$受精液微滴中放入$10\sim20$枚卵母细胞，再加入一定浓度的获能精子（因动物种类不同而异），置于CO_2培养箱孵育。培养条件同前，培养时间视受精液和动物种类不同而有差异，如BO液中需$6\sim8h$，而TALP中则需$18\sim24h$，时间太短受精率下降，时间太长则多精受精数增多。

对于家畜和鼠、兔等实验动物，判定一个卵子是否受精的标准主要有以下几个内容：在固定染色的整装片上，可见受精卵胞质内有一个膨大的精子头部和相应的一个精子尾部，或有雌、雄两个原核，或已进行卵裂，且每个卵裂球内具有相同的细胞核。如将受精卵移植到同期发情的受体中，能产出正常的试管后代，这是判断体外受精成功最确凿的证据。

（四）早期胚胎培养

早期胚胎培养常用简单化学特定培养体系、共培养体系和含有肽类生长因子的培养体系。简单化学特定培养液由无机物和有机物两类物质组成，主要有mMTF、mTALP-PVA、mSOF、CZB、mWM等；共培养体系是将胚胎与其他体细胞一起培养，体细胞所产生的物质供胚胎发育之需。在此种培养体系中，首先得建立体细胞培养系统，然后将胚胎培养于贴壁的体细胞或其悬浮液中，采取适当的培养条件培养即可；用于培养系统的肽类生长因子主要有胰岛素样生长因子（IGFs）、表皮生长因子（EGF）、集落刺激因子-1（CSF-1）、白血病抑制因子（LIF）和转化生长因子-α（TGF-α）。培养方法主要有两种，即液蜡覆盖液滴法和试管培养法，常采用液蜡覆盖液滴培养法，即将培养液在培养皿底做成$40\sim100\mu l$的培养液微滴，每微滴内放置$10\sim20$枚受精卵，培养液微滴上覆盖有灭菌的液体石蜡，置于$5\%CO_2$、$37℃$、饱和湿度的CO_2培养箱中培养，每$24h$观察1次胚胎的发育情况，记录发育胚胎数。

四、显微受精

显微受精技术（Microfertilization）是20世纪80年代后期发展起来的一种新型的体外受精技术，即借助显微操作仪，将精子直接注射到卵母细胞胞质内（卵胞质内受精，Intracytoplasmic sperm injection，ICSI）或将各级生精细胞注入卵周隙中（带下受精，Subzonal insemination，SUZI）来进行受精的过程，又称显微操作协助受精技术（Micromanipulation-assisted fertilization）。该技术的出现与发展和显微操作技术中的细胞融合技术的发展密不可分。由于显微受精技术可使精子在受精时跨越透明带甚至卵质膜，因而可排除透明带或精卵质膜融合两大障碍，故能最大限度地利用动物各种类型的精子。利用显微受精技术进行同种或异种动物受精，对研究哺乳动物生殖细胞间核、质关系和揭示受精本质等生殖生物学问题具有重大的理论意义。显微受精技术的应用能使弱动的、不动的、形态异常的精子，甚至死精子都能与正常精子一样具有受精能力，因此可用于治疗人类、家畜和珍稀野生动物的某些雄性不育症，对畜牧业生产及人类临床医学有着广阔的应用前景。此外，也可将此技术与性别鉴定技术或其他生物技术相结合，按需生产特定性别的动物，从而提高生产效益，加快优良动物的繁育速度。

ICSI 法是将精子头或整个精子直接注射到卵母细胞胞质内使之受精的一种显微受精技术。适用于 ICSI 方法的精子类型相当多,如不运动的精子、精子头、死精子和有严重缺陷的精子等。此种方法对精子所处的状态要求并不十分严格,精子获能和顶体反应并非必需。但 ICSI 操作技术本身可能对精子和卵子造成损伤,故一般要求注射针的尖端一定要锋利,同时尽量避免外源性液体进入卵母细胞胞质内。这就要求注射针的内径只能稍微大于精子直径或将精子头部卡在注射管口。此外,在 ICSI 技术中,有可能因为没有发生配子的融合而导致卵子不能被激活,但根据有关资料报道,可以通过一定强度的机械刺激或者注射 PVP 试剂来激活卵母细胞。

SUZI 技术是将注射针管穿过透明带,把 1 个或多个精子注入透明带下,即卵周隙内,从而准确地将精子送到卵细胞表面,完成受精过程。带下注射法是应用最广泛的显微受精技术,它是由澳大利亚的 Alan Trounson 实验室和法国的 Jacques Testart 实验室(1987)最早尝试的,他们用此技术获得了人卵子原核形成和分裂发育的胚胎。随后,SUZI 技术在小鼠、兔等动物的显微受精上也取得了一定的进展。适用于此方法的精子运动能力可以很低或者不运动均可,但必须是获能的和发生顶体反应的精子。SUZI 法选择生物学正常的精子在一定程度上是依靠膜融合来完成的。SUZI 法的缺点是当注射多个精子时,会发生多精受精现象。

五、动物转基因

转基因动物技术(Transgenic technique)是指借助分子生物学和胚胎工程技术,将特定的外源基因(包括报告基因和目的基因)在体外扩增加工,再通过直接导入或载体介导的方法,导入受体动物的生殖细胞或早期胚胎内,然后将此转基因生殖细胞或胚胎植入假孕雌性动物生殖器官进行表达,以产生具有新遗传特性或性状的转基因动物,并能将新的遗传信息稳定地整合和遗传给后代,获得转基因系或转基因群的基因工程技术。借助此种技术将外源基因导入生物体的染色体上,使其发生整合并遗传的过程称转基因作用(Transgenesis),所转移的基因称为转基因,含有转基因的动物为转基因动物(Transgenic animal)。

转基因技术诞生于 20 世纪 70 年代,它被公认为遗传学领域中继 20 世纪初的连锁分析、60 年代的体细胞遗传和 70 年代的基因克隆之后的第四代技术。转基因动物生产技术将分子、细胞、组织、器官及个体的发生、发育和衰老相统一,基因表达的时间性和空间性相结合,开辟了一条用四维体系研究特定基因表达特性与功能的新手段,广泛用于新基因的功能鉴定,发育过程中基因时空调控机制的基础研究等。转基因动物技术还能将复杂的生物学问题分解为多个因素,分别进行研究,也能将涉及生物体内各种复杂的影响因素综合在一个生物体内进行研究,从而开辟了研究生命现象的新思路,因而成为近年来生命科学领域中最热门、发展最快的领域之一。这种技术被广泛地应用于分子生物学、发育生物学、免疫学、临床医学、畜牧生产与育种等各研究领域中,具有广阔的发展前景。

转基因动物生产过程中,将外源目的基因向生殖细胞(受精卵)或早期胚胎细胞转移的技术可分为物理方法、化学方法和生物方法三类。具体来说主要有显微注射法、逆转录病毒感染法、胚胎干细胞介导法、精子载体法、基因枪法、电穿孔法、染色体片段显微注射法等。

1.显微注射法

又称为原核显微注射法,是目前应用比较广泛,效果比较稳定的制作转基因动物的方法之一。此种方法须借助显微操作仪,将外源目的基因注射到受体动物的受精卵中,随后外源基因整合到受体细胞染色体组上,发育成转基因动物。影响显微注射效果的因素主要有:DNA的浓度、缓冲液的组成成分、外源DNA的构型及注射位置等,这些操作环节都与目的基因的整合效率有关。该方法缺点主要表现在:整合效率低(自其问世以来,整合率一般低于注射卵的1‰)、所用仪器设备昂贵、费用高等。整合率低也与外源基因在受体染色体组中的随机整合有关。通过显微注射法导入的外源DNA通常以多拷贝串联形式随机地整合于受体基因组内,这造成我们无法确定到底哪一个拷贝是功能性的,因此可能会有表达调节障碍,甚至可导致受体基因组发生新的突变,而且整合位点也不易分析,尤其是当转基因细胞经过几次分裂后,只有小部分的外源DNA得以整合时。

2.反转录病毒感染法

该方法是将外源基因DNA导入动物生殖系统的另一种方法,它将目的基因整合到反转录病毒(RNA病毒)的原病毒上,然后通过一定的感染途径,使此病毒感染宿主细胞。在自身反转录酶的作用下,以RNA为模板,反转录生成相应的DNA,并整合到人宿主细胞的基因组中。大部分的反转录病毒只能感染分裂的细胞,故反转录病毒的整合只能发生在M期,一般产生的是嵌合体,只有部分细胞或组织获得外源基因,且整合往往于多位点发生,因此后代容易出现遗传差异。为了提高外源基因的整合率,在以病毒为载体进行转基因时,首先要对病毒基因组进行改造。目前,主要利用反转录病毒DNA的LTR区域具有转录启动子活性这一特点,将外源基因连接到LTR下部进行重组后,将之包装成高滴度病毒颗粒,然后去直接感染受精卵或微注入囊胚腔中,这样携带外源基因的逆转录病毒DNA就可以整合到宿主染色体上。Chan等(1998)用复制缺陷型反转录病毒携带外源基因感染MⅡ期牛的卵子,外源基因整合率为56%(178/316),而经同样处理后进行透明带注射和原核注射的整合率分别为22%和17%。

总之,反转录病毒感染法以其整合率高、单拷贝、使用方便等特点,广泛地应用于体外培养细胞的转染中。它在体内的基因治疗和培育转基因动物的研究中也得到了很大发展,是早期胚胎外源基因导入的一种行之有效的方法。以病毒作载体,外源基因虽然整合率高,易于表达调节,但它在各组织中分布不均,因而不能整合到生殖细胞,也不易得到纯系的转基因动物。另外,外源基因片段的大小也受到限制(一般小于10kb),病毒还有潜在的致病性等安全隐患,因而在一定程度上限制了它的应用。

3.精子载体法

以哺乳动物的精子为载体,利用精子能结合外源DNA的特性,通过外源基因与精子共孵育法、电穿孔法、脂质体法等方法,将外源基因导入精子,再将此精子与卵子进行体外受精,从而把外源基因导入受精卵,获得转基因动物。

精子载体法因其不需要昂贵的仪器设备,操作简单、易行,又能避免对卵原核造成损伤,符合受精过程要求,效率高等优点,可能成为一种适用于各种动物的转基因动物生产的简单有效的途径。其缺点是效果不稳定,可重复性差。在此方法中,外源目的基因导入精子的方法众多,基因导入方法不同,外源基因的导入效果也有差异。如共孵育法,不影响精子的活力和受精力,虽然基因整合率低(鸡为0.6%),表达率却高达50%。利用高电场暂时破坏精子质膜的电穿孔法,虽然外源基因导入率增高,但整合率与受精率都会降低,表达率也较低(鸡为12.5%),不过精子的活力并未下降。现行的脂质体介导法,外源基因的导入率高(鸡为51.6%),受精能力正常,表达率高(67%),但精子活力有轻微下降现象等。即使如此,以精子作为外源DNA转移的载体的探索,在理论和实践上都是必要的。

4.胚胎干细胞法

胚胎干细胞是从早期胚胎内细胞团中分离出来的,在体外经分化抑制培养而建立的多能性细胞系,在发育上具有类似于早期胚胎内细胞团的细胞,具有发育的全能性或多能性及正常的整倍体核型。它能与早期胚胎聚集,或被注入囊胚腔后,可以参与宿主胚胎的发育,形成包括生殖腺在内的各种组织嵌合体。因此,可将外源 DNA 导入胚胎干细胞,从而实现基因的转移,生产转基因动物。其操作环节主要包括胚胎干细胞的分离、克隆,所构建的外源目的基因的导入,受体囊胚期胚胎的获得,将携带有外源基因的胚胎干细胞注射到受体囊胚腔内形成嵌合体,嵌合体胚胎的移植。在转基因领域中,胚胎干细胞被公认为是研究基因转移和基因定位整合的一类极有前途的实验材料,也是研究哺乳动物个体发育、胚胎分化及性状遗传机制的理想模型。

5.细胞核移植法

1997 年,世界第一只体细胞克隆绵羊"多莉"(Dolly)在英国的 Roslin 研究所诞生,随后该所又诞生了世界上第一批转基因绵羊"波莉"(Polly),这些母羊的细胞中含有一个标记基因和人类凝血因子Ⅸ基因。"波莉"的成功表明,采用克隆技术生产转基因动物,无论是在理论上还是在实践中都具有可行性。同时该技术的成功也说明,动物体细胞的分化是可逆的。这项技术是随着哺乳动物核移植技术的发展而建立起来的,此技术用于转基因动物的生产是研究转基因动物的里程碑之一。

细胞核移植法生产转基因动物的步骤是:将外源 DNA 导入体细胞或胚胎干细胞,再将该细胞进行培养,选择其中带有外源 DNA 的细胞进行扩增,将此种细胞作为核供体,通过核移植,从而获得转基因动物。Cibelli 等(1998)以胎儿成纤维细胞为核供体细胞,通过核移植技术获得了 3 头含有外源标记基因 LacZ 的犊牛。Alexander 等(1999)通过此技术获得了 3 只转人抗胰蛋白酶(hAT)基因的山羊,所使用的供体为非转基因母羊与转基因公羊人工授精后怀孕 40d 的胎儿成纤维细胞系,出生的 3 只羊均为母羊,乳汁中 Hat 的含量为 $1\sim5g/L$。细胞核移植法制备转基因动物的基因转移效率可达 100%。将细胞核移植技术与基因打靶技术相结合,可实现外源基因的定点整合,消除外源基因随机整合所产生的副作用,因而是非常理想的转基因手段。然而,就目前体细胞克隆技术而言,因移植技术难度大,所以成功率较低(曾报道的 Dolly 的成功率为 1/277),且胎儿成活率不高。从而在某种程度上制约了该技术在生产中的广泛应用。

六、动物克隆

动物克隆是指由一个动物不经有性生殖而直接获得与亲本具有相同遗传物质的多个后代的过程。通常,将所有非受精方式繁殖所获得的动物均称为克隆动物,将产生克隆动物的方法称为克隆技术。自然界中普遍存在着克隆现象,不使用种子而把老树的嫩枝经插条变成幼树苗就是克隆。高等哺乳动物的同卵双胞也是一种克隆。然而同卵双胞的自然发生率极低,成员数目太少(一般为两个),且缺乏目的性,所以很少能够被用来为人类造福。因此,人们开始探索用人工的方法来进行高等动物克隆。生产克隆动物的方法主要有两种:胚胎分割和细胞核移植。对于高等哺乳动物,细胞核移植是生产克隆动物的主要方法,所以人们常把细胞核移植称为动物克隆技术。

细胞核移植(Nuclear transplantation or nuclear transfer)是指将不同发育时期胚胎或成

体动物细胞核经显微手术和细胞融合的方法移植到去核卵母细胞中,或将体细胞的核直接注入去核卵母细胞质中,构建成重组胚,通过体内或体外培养、胚胎移植,产生与供体细胞基因型相同的后代的过程。根据核供体的来源不同,可将其分为胚胎细胞核移植和体细胞核移植两类。

1997年,英国体细胞核移植绵羊"多莉"的诞生,是生物学史上乃至整个生命科学领域内划时代的突破,如同在科技界爆炸了一颗"原子弹",在生物学及相关领域引发了一场革命。"多莉"的成功首次证明了成年动物分化的体细胞具有发育的全能性,并能维持核移植胚胎发育直至出生。这一成果使人们重新认识了细胞分化的本质及其理论基础,在科学界和经济界均有重要影响。动物克隆技术不仅对细胞生物学、发育生物学和生殖生物学中细胞核与细胞质的关系、衰老、基因表达与调控等理论问题的解释有促进作用,而且可有效增加优良品种的群体数量,为科学研究提供大量遗传性状一致的试验动物,有望成为保护濒危动物和家畜遗传多样性的最有效的手段,为转基因动物的繁殖开辟了一条新的途径。

目前胚胎克隆的效率仍然很低,牛、羊克隆胚的产犊率或产羔率仅在10％左右。体细胞核移植虽已在牛、绵羊、山羊、小鼠和猫等动物上取得成功,但其总体技术水平还处于实验研究阶段。

第四节　动物基因组和 DNA 文库

一、动物基因组

动物基因组计划得益于人类基因组计划的实施。人类基因组计划开始于1990年,参与国家包括美国、英国、意大利、德国、法国、澳大利亚和中国等,经过各国科学家的共同努力,于2001年完成了人类基因组工作框架图。人类基因组图谱可用四张图来概括,即遗传图谱、物理图谱、转录图谱和序列图谱。遗传图又称连锁图,是以具有遗传多态性的遗传标记为路标,以遗传学距离为图距绘制的基因组图。此处的遗传多态性定义为在某个遗传位点上具有一个以上的等位基因,且其在群体中出现的频率均高于1％。而遗传学距离则是指在减数分裂事件中,两个位点之间进行交换、重组的百分率,并规定1％的重组率为1cM。多态性标记现分为三代,即第一代:限制性酶切片段长度多态性(Restriction fragment length polymorphism,RFLP);第二代:简单序列长度多态性(Simple Sequence length polymorphism,SSLP);第三代:单个核苷酸多态性(Sequence tagged site,SNP)。

物理图谱是以一段已知核苷酸序列的 DNA 片段为标记,以 Mb 或 kb 作为图距绘制的基因组图。该 DNA 片段称为序列标记位置(Sequence tagged site,STS)。物理图的意义在于STS 可把经典遗传学与细胞遗传学的位点信息转化为基因组位点的物理信息。基于 STS 位点信息的相连片段群可提供区域研究的实验材料,以这些片段为材料便可进行该区域的基因组研究或在该区域寻找新基因。

转录图也称表达序列图谱,是把 mRNA 先分离、定位,再转录成 cDNA。由于 cDNA 具有组织、生理与发育阶段的特异性,因此 EST 除提供序列信息外,同时也提供了该基因表达的组织、生理状况与发育阶段的信息。

人类基因组核苷酸序列图是分子水平的、最高层次的、最详尽的物理图,由总长度为1m左右的31亿个核苷酸组成。当前人类基因组全序列图实际上是一个代表性人类个体的序列图,因为所有人类基因个体的基因位点都是相同的,不同族种、不同个体的基因差异,以及正常与致病基因的差异,只是同一位点上的等位基因的差异。

在人类基因组项目的带动下,世界动物基因组项目(包括家畜或经济重要性动物,如猪、牛、羊、家禽、马、猫、狗等)也在西方发达国家相继启动。最早启动的家畜基因组计划为欧共体猪(Pigmap)和牛(Bovmap)基因组图谱计划(1990年),参加国主要有英国、德国、法国等,资助经费达到1 250万美元。美国国家动物基因组研究计划(NAGRP)启动于1991年,投资1 200万美元,其中先期主要是研究牛、猪、羊、禽基因组,到1997年增加了马基因组项目,1998至2003年投资总数超千万美元。德国牛基因组(GENOME-RIND)项目于1994年提出,1995年开始实施,国家资助达上千万马克,第二阶段计划1999~2001年投2 900余万马克。日本国家动物基因组计划(NAGAP)启动于1992年,投资500万美元。此外许多国家还有一些单一家畜的基因组项目,如新西兰的绵羊基因组计划(SHEEP-MAP)启动于1995年;法国的山羊基因组计划启动于1996年;英国Roslin研究所(Edinburgh)继1997年克隆Dolly后于1998年启动国家绵羊基因组项目。

在国际上有一个牛基因组计划研究组(主要由澳大利亚、美国、以色列、肯尼亚和瑞士等国组成),同时美国和欧共体还有各自的研究项目。1994年报道的牛遗传图谱包括202个多态性DNA标记,其中144个是微卫星标记,分布于36个连锁群,标记的平均遗传距离是15cM。连锁群的总遗传长度为2 513cM,大约占牛基因组总长度的90%。另一张牛基因图谱是由美国农业部组织的研究组完成的,也达到了很高的分辨率。2006年8月16日,包括澳大利亚联邦科学与工业研究组织(CSIRO)和新西兰农业研究协会在内的国际研究组织的科学家完成了牛基因组测序的大部分工作,这项成果使科学家改善牛类健康状况、控制疾病、提高牛肉和奶制品营养价值的能力大幅提升。

猪的基因图谱构建的研究主要在欧洲和美国进行,1990年欧共体的猪基因组计划开始实施,共12个国家20多个实验室参加。猪的基因图谱的覆盖范围足以使研究人员进行QTL连锁分析。2006年6月6日各国科学家在中国北京和丹麦哥本哈根发表联合声明,宣告家猪基因组序列对外公开。据悉,此次公布的数据包含384万个来自于中国和欧洲的五个不同家猪品种的基因组序列片段,来源于人类首次对家猪基因组进行大规模测序的研究成果。

1992年英国动物健康研究院Bamsead等率先利用限制性酶切片段长度多态性技术成功构建了鸡基因组的初始连锁图。这张鸡的第一份分子标记连锁图包含了100个标记,分别分布于18个连锁群,覆盖了585cM的区域。1994年Levin等发表的鸡常染色体遗传连锁图包含了98个DNA标记,覆盖了590cM的区域。2004年3月1日,美国国立卫生研究院和华盛顿大学正式宣告完成了红原鸡基因组序列图的测序和组装工作。

羊的基因图谱最初是由新西兰报道的,该图谱仅有52个DNA多态性标记,其中44个微卫星标记分布于19个连锁群中,每个连锁群的标记数目在2~6个之间,但却几乎覆盖了羊的约30cM的整个基因图谱。1995年Crawford等报道了羊基因组的第一代基因连锁图,该图谱包括246个标记,连锁图谱总长为2 770cM。近几年又诞生了第二代图谱,该图谱有519个遗传标记,分布于27个连锁群中,覆盖的总长度已超过3 000cM。

动物基因组计划主要研究动物基因组中有功能的区域,即控制动物重要经济性状的基因家系或基因群,因此它属于功能性基因组研究计划,这类基因组计划均具有巨大的实用前景。

二、基因定位

近年来,一些高效率的 DNA 分子遗传标记将各种动物的遗传图谱研究推向实用化,通过基因定位将一些独特性能的基因定位于某一染色体特定区段,并测定基因在染色体上线性排列的顺序和相互间的距离。基因定位的方法有体细胞杂交法、克隆嵌板法、原位杂交和荧光原位杂交连锁分析。基因定位的应用包括以下几个方面:

1.连锁分析检测基因突变指导遗传病的诊断

通过遗传连锁图可以在缺少任何生化或分子性质信息情况下对遗传病进行诊断,例如应用 RFLP 进行的临床诊断(详见第十三章)。应当指出,由于多种遗传标记的定位,使 RFLP 的应用更加广泛。遗传图对疾病诊断的价值最明显的是当某一基因已被定位于某染色体,但尚未被克隆时,就可依赖于运用一个或多个遗传标记进行连锁分析,利用它和该基因的重组关系进行基因诊断。

2.连锁分析进行致病基因的鉴别与定位

前段说明已知疾病基因与遗传标记进行相关连锁分析以诊断疾病,然而要认识这种关系就需要:①有足够数量家系来确定这种连锁;②有适当可提供信息的 DNA 标记。后者较易,前者则难,尤其是当疾病稀少或者患者在年幼时死亡时。这时采取两种方法,一是研究少数的大家系,并从此家系成员中获得 DNA 信息,其优点是所有患者都是一个遗传病,并由单一基因突变引起;二是收集大量的小家系。前者如慢性进行性舞蹈病,后者如囊性纤维化(CF)。实际上,人们希望能发现大约 20cM 或以下的连锁,再大的距离一般就难于发现连锁关系。分子遗传学的新进展推出的反向遗传学——位置克隆的策略,更加速了疾病基因的鉴定与定位。

3.促进对癌基因和瘤抑制基因的定位与克隆

从慢性粒细胞白血病的 Ph 染色体,了解到 9 号染色体与 22 号染色体的易位,以及 Burkitt 淋巴瘤染色体 T(8:14)。1982 年证实 C-Myc 癌基因定位于 8q24,并对其基因分子的结构有了深入认识。现今已知有 100 多种癌基因和约 10 种肿瘤抑制基因。而且肿瘤细胞遗传学异常的报道日益增多,到 1993 年 10 月,与染色体畸变相关的肿瘤种类达 239 种,其中结构畸变有 188 种,数目畸变为 51 种。这些资料充分说明基因定位和克隆对肿瘤的鉴别与定位及其深入研究有着密切关系。当然,基因定位与基因图的发展也推动了许多常见复杂病的遗传因素的研究。

4.位置克隆与基因定位

基因定位的重要应用之一是据此进行基因克隆(Gene cloning)。致病基因克隆有两种基本策略:一是功能克隆,二是位置克隆。

(1)功能克隆(Functional cloning):是利用疾病已知的遗传损伤引起的生化功能改变,如蛋白质氨基酸缺陷,进行基因定位,进而克隆该致病基因。已进行的基因克隆大都是预先测知疾病基因的编码蛋白质,利用其 mRNA 反转录成 cDNA,再用 cDNA 作探针,从人基因组中"约"出基因本身。然而,由于绝大多数遗传病的基因产物不明,因此无法用功能克隆策略进行基因克隆。

(2)位置克隆(Positional cloning):是先进行基因定位作图,然后找一来自该区的基因进行克隆,在此之后才能明确该基因的功能。早先称之为逆向遗传学(Reverse genetics),但因为其基因鉴定到基因定位制图的全过程并非都是逆向的,而且具有遗传学的传统模式,故现多称其为位置克隆。

三、DNA 文库

从生物组织细胞提取出全部 DNA,用物理方法(超声波、搅拌剪力等)或酶法(限制性核酸内切酶的不完全酶解)将 DNA 降解成预期大小的片段,然后将这些片段与适当的载体(常用噬菌体、粘粒或 YAC 载体)连接,转入受体细菌或细胞,这样每一个细胞接受了含有一个基因组 DNA 片段与载体连接的重组 DNA 分子,而且可以繁殖扩增,许多这样的细胞在一起就可以组成一个含有基因组各 DNA 片段克隆的集合体,我们称之为基因组 DNA 文库(Genomic DNA library)。如果这个文库足够大,能包含该生物基因组 DNA 全部的序列,就是该生物完整的基因组文库,我们就能从此文库中调取该生物的全部基因或 DNA 序列。从基因组含有生物生存、活动和繁殖的全部遗传信息的概念出发,基因组文库是具有生物种属特异性的。

但是,对遗传资源保存而言,DNA 文库不是一种主要的方式,可以作为活体保存的一种辅助形式。

第五节　动物疾病诊断与控制

一、动物疾病的诊断

动物疾病的正确、及时诊断对于疾病的有效控制具有重要意义,它是预防工作的重要环节,直接关系到能否有效地组织防疫措施和及时扑灭疾病。目前,用于诊断动物疾病的主要方法有:

1.临床诊断

临床诊断通常是利用兽医人员的感官或借助一些简单的器械对患病动物进行直接检查,一般分为基本检查法和特殊检查法。前者主要包括视诊、触诊、叩诊、听诊和嗅诊,主要对患病动物外在体格、发育、精神状态、被毛、生理活动等进行初步诊断,或对体表温度、湿度、局部病变等进行初步检测,或对循环系统、呼吸系统、消化系统等活动进行初步探测。后者主要运用特殊装置或实验仪器对疾病做出诊断,主要有导管探诊、穿刺、超声波、心电图、X 线等方法。总体来说,临床诊断只能提出可疑疾病的大致范围,必须结合其他诊断方法才能做出确诊。

2.流行病学诊断

流行病学诊断主要针对患传染病的动物群体,是在流行病学调查基础上进行诊断的一种方法。主要采取询问疫情,对发病现场进行实地考察,取得第一手资料,对资料进行科学分析和判断,然后做出诊断。一般应对本次疾病的流行情况、疫情来源、传播途径和方式、发病地区政治经济状况等进行较为详细的调查研究,从中找出可能的致病因素,为拟订防制措施提供依据。

3.病理学诊断

患病动物在一定程度上都伴随有组织损伤或特定的病理病变,这可为疾病的诊断提供依据,如猪瘟、牛肺疫、禽流感等疾病,都伴随有其特征性的病理变化,具有很大的诊断价值,可在肉眼观察的基础上结合病理组织学检查,进而做出诊断。

4.微生物学诊断

该方法主要运用动物微生物学的知识和方法对动物疾病做出诊断,通常比较准确可靠,但也应注意动物的"健康带菌"现象,所以应结合其他方法综合判断。常用的方法和步骤为:(1)病料的采集;(2)病料涂片镜检;(3)分离培养和鉴定;(4)动物接种试验。

5.免疫学诊断

免疫学诊断是动物疾病诊断的重要方法,主要包括血清学和变态反应两大类。其中前者主要利用抗原抗体特异性结合的特性进行诊断,既可以用已知抗原来检测血清中特异性抗体,也可以用已知抗体检测未知抗原。常见的试验有中和试验、凝集试验、沉淀试验、补体结合试验、免疫荧光试验、放射免疫试验、免疫酶试验等。后者主要根据病原体或其产物再次进入机体时会产生强烈反应的原理而设计,如结核菌素可用于诊断结核病。

6.分子生物学诊断

该技术主要是利用现代分子生物学和分子遗传学的技术和方法,直接检测基因结构及其表达水平是否正常,从而对疾病做出诊断。常用的方法主要有:(1)聚合酶链式反应(PCR)技术,主要用于检测病原体,可对动物传染病做出早期诊断,并可对传染源进行鉴定,具有敏感性高、特异性强、简便快速的特点,已用于多种动物传染病的检测和诊断;(2)核酸探针技术,该技术分为原位杂交、斑点杂交、Southern 杂交、Northern 杂交,可对 DNA 或 RNA 进行检测,具有敏感性高、特异性强,简便快速的特点。它还可对多种病原体进行诊断,对病原微生物进行分类鉴定,并可用于动物产品的卫生检验;(3)DNA 芯片分析,这是一种大规模的集成固相核酸杂交技术,可适应大通量检测的需要;(4)其他技术主要有 DNA 测序、限制性内切酶酶谱分析、单链构象多态性检测等,均可用于动物疾病的快速检测和诊断。

二、动物疾病的控制

1.动物疾病防制的一般原则

(1)建立和健全各级防疫机构,尤其是基层防疫机构,以保证动物防疫工作的顺利实施。动物防疫工作意义重大,涉及面广,需要各部门和社会密切合作、统一部署、全面安排,方能发挥作用,见到成效。

(2)贯彻"预防为主,防重于治"的方针,作好管理、预防接种、检疫、隔离、消毒等综合防疫措施,提高动物免疫力,杜绝传染病的传播蔓延。

(3)贯彻实施《中华人民共和国动物防疫法》,该法规是我国目前执行的主要兽医法规,应严格遵照执行。

(4)实施动物疾病控制计划可持续发展战略的思路。可持续发展的理论是 20 世纪 80 年代后期,国外兴起的一种社会发展观,它的内涵是以控制人口、节约资源、保护环境为重要条件,其目的是使经济发展同人口增长、资源利用和环境保护相适应,实现资源、环境、经济、社会的承载能力与经济社会发展相协调。动物疾病控制计划是以畜牧生产为基础的第二性生产，因而实现动物疾病控制计划是可持续发展的决定因素。这种可持续发展包括两方面：一是动物疾病资源的可持续发展，二是畜牧业的可持续发展。前者是动物疾病控制计划持续发展的基础，后者是保证。

2.动物疾病控制的主要措施

动物疾病的流行主要由动物传染性疾病引起，因此，控制动物传染病是控制动物疾病最重要的环节。动物传染病的流行主要由传染源、传播途径和易感动物三个因素相互联系而造成的复杂过程。只要采取适当的措施来切断这三个因素的相互作用，就可以阻止疾病的蔓延，而且在控制时必须采取综合性防治措施才能取得满意的成效。这项工作主要从两个大的方面进行：

（1）未发病时的预防措施

加强饲养管理，搞好卫生消毒工作，增强动物机体抗病能力。消毒是贯彻"预防为主"方针的一项重要措施，其目的是消灭被传染源散播于外界环境中的病原体，以切断传播途径，阻止疫病的蔓延。主要的方法有：①机械清除：主要用机械的方法，如清扫、洗刷、通风等清除病原体，是最常用的方法；②物理消毒法：主要利用阳光、紫外线、干燥、高温、煮沸、蒸汽等将病原体杀灭，成本低，实用；③化学消毒法：此方法的消毒效果取决于诸多因素，因此在选择消毒剂时应考虑对病原体的消毒力强、对人畜毒性小、不损害被消毒物体、易溶、稳定、价廉、方便等因素。

拟订和执行定期预防接种和补种计划。免疫接种是激发动物机体产生特异性抵抗力，使易感动物转化为不易感动物的一种有效手段。有组织有计划地进行免疫接种是预防和控制动物传染病的重要措施，可分为预防接种和紧急接种。进行预防接种前应对当地各种传染病进行调查研究，做到有的放矢，并要对被接种的动物进行详细的检查，分清情况后方可接种。同时应随时准备应对可能出现的接种反应，对出现严重反应和合并症的动物要进行必要的处理。最重要的是要针对当地疾病的情况制定合理的免疫程序，做到因地、因时、因动物、因疾病制宜。当动物发生传染病时，为迅速控制和扑灭疫病的流行，应对疫区和受威胁区尚未发病的动物进行紧急免疫接种，以建立"免疫带"，扑灭疫情。

定期杀虫、灭鼠，对粪便进行无害化处理。许多节肢动物是疫病的重要传播媒介，杀灭媒介昆虫是预防和扑灭疫病的重要措施，主要应采取物理、化学和生物杀虫法相结合的方法。灭鼠和对粪便无害化处理对消灭病原体和人类健康具有重要意义。

认真贯彻执行国境检疫、交通检疫、市场检疫等各项工作，以及时发现并消灭传染源。

各地兽医机构应调查研究当地动物疫情，组织相邻地区进行联防，有计划地消灭和控制病源传播，并防止外来疫病的侵入。

（2）发生疫病时的扑灭措施

对于疫情应及时发现、诊断和上报，并通知邻近区域做好预防工作。在诊断为传染病或疑似传染病时，应立即向当地兽医、检疫机构报告，特别是恶性传染病时，一定要迅速向上一级机关报告，并做好预防工作。上级接到报告后应及时派人到现场紧急处理，并逐级上报，若为紧急疫情，应以最迅速的方式上报有关部门和领导。迅速隔离病畜，消毒被污染的地方。发生重大疫情时，应采取封锁等综合性措施。对患病动物，应选择不易散播病原体、消毒处理方便的场所隔离。对可疑感染动物，应在消毒后另选地方隔离，并观察其症状，如在潜伏期后仍不发病的者可取消限制。对假定健康动物，则应与上述两种动物严格隔离，并要及时进行紧急接种。当爆发严重传染病时，应采取划区封锁的措施，防止疫病向安全区散播和健康动物误入疫区而被感染。实行紧急预防接种，对患病动物进行及时和合理的治疗。合理处理死畜和淘汰病畜，对死畜和被淘汰的病畜最好实行焚烧后深埋的办法，防止病原体的扩散传播。灵活有机地采取各种预防和扑灭措施，做到因地制宜、因时制宜和因病制宜。

三、疾病诊断和控制在动物遗传资源保护上的应用

家畜健康状况是国际间遗传资源交流和利用的重要限制因素之一。伴随优良种畜的引入，一些传染性疾病也有可能引进，它所造成的副作用有可能抵消引种获得的潜在效益，甚至产生长久的影响，而且种质进口的检疫程序非常繁琐和昂贵。精液过滤和胚胎冲洗等新技术对改善种质健康状况具有相当大的应用前景。精液免疫扩散技术是用特定的抗体处理精液，以防止疾病的扩散。胚胎冲洗技术已能成功地防止大多数病原的扩散。

（赵中权　王玉琴　李拥军　罗洪林）

第七章 动物遗传资源保护的有关法规和国际组织

第一节 动物遗传资源保护的国际协定

动物遗传资源是人类的共同财产,动物遗传资源保护和持续利用关系到全人类的切身利益。动物遗传资源保护的国际协定是各国公认的,于长期的国际交往中产生,旨在保护和合理利用地球上的动物遗传资源,建立和发展国际关系与合作,具有国际法律约束力的原则、规则、制度与习惯的总和。制定国际协定的目的是确立一定的国际权利、义务和关系,一般都有书面协议,缔约国家和组织要受到条约的约束。这些协定是动物遗传资源保护的强有力的保证,越来越受到世界各国的重视。

目前,国际上已经产生了近百个与动物保护有关的国际条约和公约,涉及动物遗传资源保护比较重要的国际条约和公约包括:《生物多样性公约》(Convention on Biological Diversity,CBD)、《濒危野生动植物国际贸易公约》(the Convention on International Trade in Endangered Species of Wild Fauna and Flora,CITES)、《南极海洋生物资源保护公约》(the Convention on the Conservation of Antarctic Marine Living Resource,CCAMLR)、《保护野生动物迁徙物种公约》(The Convention on the Conservation of Migratory Species of Wild Animals,CMS)、《国际重要湿地特别是水禽栖息地公约》(the Convention on Wetlands of International Importance Especially as Waterfowl Habitat)、《国际捕鲸规则公约》(International Convention for the Regulation of Whaling)等等。

一、《生物多样性公约》

《生物多样性公约》是在联合国环境规划署主持下制订的,并于 1992 年 6 月在巴西里约热内卢召开的联合国环境与发展大会期间签字,目前已有 160 多个国家签署参加这一公约。该公约于 1993 年 12 月 29 日生效,中国于 1992 年 6 月 11 日签署并于 11 月 7 日批准。

《生物多样性公约》是旨在保护可持续利用生物资源和遗传资源的惠益分享的法律文件，也是第一份保护生物遗传资源与可持续利用的全球性国际协议，从非常广泛和深刻的意义上就保护生物资源做出了总的原则性规定。生物多样性公约提出了保持生物多样性、持久利用其组成部分以及公平合理分享由利用遗传资源所产生的利益三大目标。该公约由序言、41 项条款以及 2 个附件组成，主要规定实现生物多样性保护和持续利用的一般性措施，要求缔约国视其特殊情况和能力，为保护和持续利用生物多样性制订国家战略、计划或方案，并落实到有关部门或跨部门的计划、方案和政策中；查明和监测生物多样性各组成部分的情况，尤其是具有公约附件中所列特征的生态系统和生境、物种和种群、基因组和基因；对生物多样性丰富的自然环境要尽可能地采取就地保护措施，对濒危或受到严重威胁的生物多样性成分除采取可能的就地保护手段外，还要采取迁地保护方式，以尽可能保存多样性；一国在拟议可能对生物多样性产生不利影响的项目时，应进行环境影响评估，做出适当安排，以尽量避免或减轻这种影响，而当其不利影响或损害可能超出该国管辖范围时，则需对其活动进行通报、交流和磋商，以便采取预防或应急措施，尽量降低影响和减少损失；对遗传资源的取得则规定了由主权政府决定并依照该国法律进行。

二、《濒危野生动植物国际贸易公约》

《濒危野生动植物国际贸易公约》简称《CITES 公约》，于 1973 年 3 月 3 日在美国首都华盛顿制定并签署，1975 年 7 月 1 日生效。目前已有 128 个国家批准签署或加入。1981 年 1 月 8 日，中国政府向该公约保存国瑞士政府交存加入书。同年 4 月 8 日，该公约对我国生效。

该公约由序言、25 条正文和 3 个附录组成，宗旨是"为了保护若干野生动植物物种不致因国际贸易而遭到过度开发利用"。该公约采用对不同种类的野生动植物物种的国际贸易按该物种的濒危程度分别予以控制的办法，即对 3 个附录中所列物种的国际贸易分别规定了管制措施。在所有国际野生生物保护条约中，该公约可能是最成功的一个，这主要归功于它制定的基本原则为绝大多数国家所接受，以及它具有比其他许多条约更有效的履约机制。

三、《南极海洋生物资源保护公约》

《南极海洋生物资源公约》于 1980 年在澳大利亚的堪培拉产生，1982 年 4 月 7 日开始生效。最初签署时只有 15 个国家，到 1984 年底增加到 18 个。适用范围为南极圈以南的地区，生物资源包括海洋兽类（如鲸、海豹等）、鸟类、鱼类、无脊椎动物和植物等，尤其是磷虾。

该公约的目标是保护和合理利用南极海洋生物资源，要求在南极地区的任何捕捞及有关活动都必须按公约条款进行。公约提出，南极地区的捕捞应不能使生物资源下降到无法稳定恢复的水平，要尽量维持南极地区生物之间的生态关系，防止生态系统出现变化，或使变化降低到最低水平。

四、《波恩公约》

《保护野生动物迁徙物种公约》简称《波恩公约》，《波恩公约》于 1979 年 6 月 23 日在德国波恩签署，并于 1983 年 11 月 1 日开始生效。目前，公约的成员不断增长，已经有 80 多个成员,分别来自非洲、中美洲、南美洲、亚洲、欧洲和大洋洲。

《波恩公约》的特色体现在 2 个附录上。附录Ⅰ中列入的是在全部或部分分布范围内有灭绝危险的濒危迁徙种,分布迁徙区域的国家有义务对其进行严格保护;附录Ⅱ列入的是需要国际间开展合作以进行保护和管理的迁徙物种,不一定是受危种。收入到附录Ⅰ的物种有40 多种,包括 15 种兽类、20 种鸟类、4 种爬行类和 1 种淡水鱼类。列入的种类不是一成不变的。受危的因素除了生境丧失,还包括妨碍物种迁徙的各种人类活动和障碍物,也包括外来物种等潜在危险。按公约的规定,成员国不得捕捉附录Ⅰ的迁徙物种,包括狩猎、捕捞、捕获、干扰、蓄意杀害或类似的活动。附录Ⅱ由于和附录Ⅰ的意义不同,因此一个物种可能同时被列入 2 个附录中。公约对附录Ⅱ物种并不要求成员国承担保护义务,但敦促成员国对其进行合作和进一步签订有关协议,并提出了指导性原则。

五、《国际重要湿地特别是水禽栖息地公约》

《国际重要湿地特别是水禽栖息地公约》又称《拉姆萨尔公约》,于 1971 年 2 月 2 日在伊朗的拉姆萨尔(Ramsar)诞生,并于 1975 年 12 月 21 日开始生效。其宗旨是承认人类与环境的相互依存关系,通过协调一致的国际行动确保作为众多水禽繁衍栖息地的湿地得到良好的保护。公约中所指的湿地包括沼泽、湿原、泥炭地和各种天然或人工的水域,其中海洋水域规定为低潮水深不超过 6m 的海域。公约提出,地球湿地及生物资源的保护,需要世界各国的共同行动才能够得到保证。因此要求各成员国都要制定和实施本国的具体计划,设立保护区,培训人员,增加物种特别是水禽的数量。该公约的秘书处设在国际自然与自然资源保护联盟(IUCN),并在世界各大洲设有分支机构,很多国家还成立了相应的专门常设机构来履行公约,并定期举行成员国国际会议。

六、《国际捕鲸规则公约》

《国际捕鲸规则公约》是国际上比较重要的动物保护公约之一,于 1948 年 11 月 10 日开始生效。签约国由最初的 15 个发展到 1984 年的 39 个。我国于 1980 年 9 月 24 日成为本公约当事国。这一公约使世界对鲸鱼的保护进入了一个新的阶段。

《捕鲸公约》的宗旨有两个:一是保护地球的鲸鱼,防止人类的过捕;二是合理利用现有的鲸鱼资源。国际捕鲸委员会 1975 年把鲸分为三类:(1)全面禁捕的保全品种;(2)严格控制商业性捕杀的持续管理品种;(3)允许特定地区对特定品种进行商业性开发的初步管理品种。

七、其他野生生物保护条约

涉及野生生物保护的国际条约还有很多。保护南极环境与生物资源的有《保护南极海豹公约》、《保护南极动植物议定措施》、《关于环境保护的南极条约议定书》等;其他地区性条约有《西半球自然保护和野生生物保护公约》、《非洲自然和自然资源保护公约》等;保护特定生物或生物类群的条约有《国际捕鲸管制公约》、《狩猎和保护鸟类的比荷卢公约》、《保护北太平洋海狗临时公约》、《捕猎海豹管理措施和保护大西洋东北、西北海域海豹的协定》、《保护北极熊协定》、《欧洲经济共同体委员会关于保护野生鸟的指令》、《保护骆马公约》等。

第二节　动物遗传资源保护的国内法规

新中国成立以来，为了加强对动物遗传资源的管理，保护和合理利用动物遗传资源，我国政府相继颁布了一系列关于动物遗传资源保护的法律法规。

动物遗传资源保护的国内法规主要包括法律、行政法规、规章、地方性法规和地方政府规章等形式。全国人民代表大会和全国人民代表大会常务委员会行使国家立法权，制定法律。国务院根据宪法和法律制定行政法规。行政法规的名称通常为条例（包括实施条例、单行条例）、办法和规定。行政法规是动物遗传资源保护的重要组成部分。国务院各部、委、办可依据法律和国务院的行政法规、决定、命令，在本部门权限范围内，制定规章。为区别于地方政府制定的规章，此规章常称为部门规章或行政规章。部门规章的名称通常为细则、规定和办法。省级和较大的市的人民代表大会及其常务委员会根据本行政区的具体情况和实际需要，在不同上位法相抵触的前提下可以制定地方性法规。省级和较大的市的人民政府可依据法律、行政法规和地方性法规制定地方政府规章。地方性法规和地方政府规章是根据本地区的实际情况和实际需要制定的，具有较强的针对性和适用性。

早在1950年，中国就通过行政手段发布了有关动物遗传资源保护的行政法规，比较重要的如《关于稀有动物保护办法》（1950年）、《关于积极保护和合理利用野生动物资源的指示》（国务院，1962年）、《野生动物资源保护条例（草案）》（农林部，1973年）、《自然保护区暂行条例（草案）》（农林部，1973年）、《水产资源繁殖保护条例》（国务院，1979年）、《中国进出口动植物检疫条例》（国务院，1982年）、《关于严格保护珍贵稀有野生动物的通令》（国务院，1983年）、《森林和野生动物类型自然保护区管理办法》（林业部，1985年）、《关于坚决制止乱捕滥猎和倒卖、走私珍稀野生动物的紧急通知》（国务院，1987年）等。

1979年，中国首次颁布了《中华人民共和国环境保护法（试行）》。此后，国家颁布了《海洋环境保护法》（1983年）、《野生药材资源保护条例》（1987年）、《中华人民共和国野生动物保护法》（1988年）、《中华人民共和国陆生野生动物保护实施条例》（1992年）、《中华人民共和国水生野生动物保护实施条例》（1993年）、《中华人民共和国种畜禽管理条例》（1994年）、《中华人民共和国环境保护法》（1989年）、《自然保护区条例》（1994年）、《中华人民共和国森林法》（1998年修改）、《中华人民共和国渔业法》（2000年修改）、《中华人民共和国草原法》（2002年修订）、《中华人民共和国畜牧法》（2005年）。

我国其他涉及动物资源利用和保护的法律法规还包括：《水产资源繁殖保护条例》（1979年）、《中华人民共和国国境卫生检疫法》（1986年）、《中华人民共和国国境卫生检疫法实施细则》（1989年）、《中华人民共和国动物防疫法》（1997年），以及《中华人民共和国环境影响评价法》（2002年）。为了减少外来入侵物种对我国生物的影响，我国于1991年还颁布了《中华人民共和国进出境动植物检疫法》。其他相关法律正在不断制定和完善之中。此外，我国批准参加的各种国际法如果涉及动物遗传资源的保护条款，如《保护候鸟国际公约》、《濒危野生动植物贸易公约》、《生物多样性公约》、《湿地公约》等，也具备一定的动物保护法律效力。

《自然保护区条例》由国家林业、农业、地质矿产、水利、海洋等有关行政主管部门分工负责,国家环保部门负责综合管理,立法目的是为了加强自然保护区的建设和管理,保护自然环境和自然资源。该条例发布于 1994 年 10 月 9 日,同年 12 月 1 日起施行。它规定一切单位和个人都有保护自然保护区的义务。自然保护区内保存完好的天然状态的生态系统以及珍稀、濒危动植物的集中分布地,应当划为核心区,禁止任何单位和个人进入。因科学研究的需要,必须进入核心区从事科学研究、观测、调查活动的,应当事先向自然保护区管理机构提交申请和活动计划,并经省级以上人民政府有关自然保护区行政主管部门批准。其中,进入国家级自然保护区核心的,必须经国务院有关自然保护区行政主管部门批准。禁止在自然保护区内进行砍伐、放牧、狩猎、捕捞、采药、开垦、烧荒、开矿、采石、捞沙等活动。禁止任何人进入自然保护区的核心区。条例最后规定了违法者应承担的法律责任。

《野生动物保护法》于 1988 年 11 月在第七届全国人大常委会第四次会议上通过。其立法目的是为保护和拯救珍稀、濒危野生动物,保护、发展和合理利用野生动物资源,维护生态平衡。该法规定:野生动物资源属于国家所有;国务院林业行政主管部门主管全国陆生野生动物工作,国务院渔业行政主管部门负责全国水生野生动物管理;国家对野生动物实行"加强资源保护、积极驯养繁殖、合理开发利用"的管理方针;国家保护野生动物及其生存环境,国家和地方应在重点或濒危、珍稀野生动物栖息地划定自然保护区或禁猎(渔)区;国家保护依法开发利用野生动物资源的单位和个人的合法权益,鼓励开展野生动物科学研究;禁止任何单位和个人非法猎捕或者破坏野生动物的生存环境;建设项目对国家或者地方重点保护野生动物的生存环境产生不利影响的,建设单位应当提交环境影响报告书,而环境保护部门在审批时应当征求同级野生动物行政主管部门的意见。在《野生动物保护法》中,国家公布了《重点保护动物名录》,涉及的动物共计 257 种,其中一级保护动物 97 种,二级保护动物 238 种。围绕国家保护法,从中央到地方,10 年间相继制定了 30 余个配套的行政法规和规章,比较重要的如《国家重点保护野生动物驯养繁殖许可证管理办法》(1991 年)、《陆生野生动物保护实施条例》(1992 年)、《水生野生动物保护实施条例》(1993 年)、《猎枪弹具管理办法》(1993 年)、《陆生野生动物资源保护管理收费办法》(1993 年)、《关于禁止犀牛角和虎骨贸易的通知》(1993 年)等。各省、自治区、直辖市也陆续制定了地方的《野生动物保护法实施办法》及《保护野生动物名录》。

另外《宪法》、《环境保护法》、《海洋环境保护法》、《森林法》、《草原法》、《渔业法》、《刑法》等法律中也有一些与生物多样性保护相关的法律规范。主要包括:(1)《宪法》第九条第二款规定:"国家保障自然资源的合理利用,保护珍贵的动物和植物。"(2)《环境保护法》第十七条规定:"各级人民政府对有代表性的各种类型的自然生态系统区域,珍稀、濒危的野生动植物自然分布区域,重要的水源涵养区域,具有重大科学文化价值的地质构造、著名溶洞和化石分布区,冰川、火山、温泉等自然遗迹以及人文遗迹,古树名木等,应当采取措施加以保护,严禁破坏";第二十三条规定:"城乡建设应当结合当地自然环境的特点,保护植被、水域和自然景观,加强城市园林、绿地和风景名胜区的建设。"(3)《海洋环境保护法》第四条规定:"国务院有关部门和沿海省、自治区、直辖市人民政府,可以根据海洋环境保护的需要,划出海洋特别保护、海上自然区和海滨风景游览区,并采取相应保护措施。"(4)《森林法》第二十条规定:"国务院林业主管部门和省、自治区、直辖市人民政府,应当在不同自然地带的典型森林生态地区、珍贵动物和植物生长繁殖的林区、天然热带雨林等具有特殊保护价值的林区划定自然保护区,加强保护管理。"(5)《草原法》第十条规定:"严格保护草原植被,禁止开垦和破坏。"(6)

《渔业法》第二十七条规定:"国家规定禁止捕捞的珍贵水生动物应当予以保护。"(7)《刑法》第三百四十一条规定:"非法猎捕、杀害国家重点保护的珍贵、濒危野生动物的,处五年以下有期徒刑或者拘役,并处罚金;情节特别严重的,处十年以上有期徒刑,并处罚金或者没收财产。"

第三节　动物遗传资源保护的国际组织

随着动物保护事业的发展,一些动物遗传资源保护的国际组织应运而生。现介绍几个在我国具有一定影响的国际组织。

一、国际自然和自然资源保护联盟

国际自然和自然资源保护联盟(International Union for Conservation of Nature and Nature Resources,IUCN)于1948年由联合国教科文组织在法国巴黎建立,当时名为国际自然保护协会,1956年6月在爱丁堡改为现名,总部设在瑞士的格朗。该联盟是由各国政府、非官方机构、科学工作者及其他自然资源保护专家组成的国际组织,下设有物种保护、国家公园和保护区、生态学、环境规划、环境教育、环境政策法律和管理六个工作委员会。

该组织的宗旨任务是通过各种途径,保证陆地和海洋的动植物资源免遭损害,维护生态平衡,以适应人类目前和未来的需要;研究监测自然和自然资源保护工作中存在的问题,根据监测所取得的情报资料对自然及其资源采取保护措施;鼓励政府机构和民间组织关心自然及其资源的保护工作;帮助自然保护计划项目实施以及世界野生动植物基金组织的工作项目的开展;在瑞士、德国和英国分别建立自然保护开发中心、环境法中心和自然保护控制中心;注重同有关国际组织的联系和合作。

IUCN自成立以来,主持过很多地区的自然保护项目计划,促进了多项国际条约的签署,主办过多次国际会议,出版了兽类、鸟类、两栖爬行类和植物等的《红皮书》分册,明确了自然保护区的分类和基本概念,提出了建立自然保护区的原则、标准和世界保护区网的规划,推进了自然保护学科的建立和发展,扩大了自然保护的宣传和教育面。1979年,我国以国务院环保办公室的名义加入了IUCN。

二、世界野生生物基金会

世界野生生物基金会(World Wildlife Fund,WWF)成立于1961年,总部设在瑞士,成员国和成员组织遍布五大洲。设在香港的分支称"WWF-Hong Kong",建于1981年3月。

WWF的目标是制止并最终扭转地球自然环境的加速恶化,并帮助创立一个人与自然和谐共处的美好未来。WWF的早期课题只是单纯保护濒危物种,如1972年发动"世界老虎保护行动计划";1979年又发动"世界犀牛保护行动计划";1981年开始实施"大熊猫保护研究计划"。但目前则多开展以濒危种为轴心的整个生态系统的保护。WWF现已成长为影响地球各种野生生物保护的、最大的全球性保护组织,其工作得到了世界各国的赞誉。

三、国际爱护动物基金会

国际爱护动物基金会(International Fund For Animal Welfare,IFAW)于1969年由布赖恩·戴维斯(Brian Davies)创立,目前已在五大洲设有办事处。IFAW以"促进公平仁慈地对待一切动物"为宗旨,以改善动物的生存环境、保护动物免遭灭绝、防止和杜绝对动物的残暴虐待、倡导尊重和爱护动物为使命。

IFAW长期向中国小动物保护协会提供资金和食品援助,以救助被遗弃的犬和猫,并协助中国在北京大兴建立了动物收养中心,赞助中外兽医的交流和培训。

四、世界野生生物保护学会

世界野生生物保护学会(the Wildlife Conservation Society,WCS)成立于1895年,前身是纽约动物学会(the New York Zoological Society),总部设立在美国纽约市,是一个致力于保护野生生物及其所栖息生境的非盈利性的国际性组织。WCS在全球范围同许多政府机构和当地自然保护组织建立了许多的关系。他们的活动无论在地方还是全球范围内都改变了个人对自然世界的态度。今天WCS的工作已经涉及非洲、亚洲、拉丁美洲和北美的53个国家,保护从蝴蝶到老虎等各种野生物种回归大自然。

五、联合国粮食与农业组织

在对畜禽遗传资源保护的行动中,联合国粮食与农业组织(Food and Agriculture Organization of United Nations,FAO)承担了重要的角色。该组织成立于1945年10月16日,1946年12月成为联合国专门机构,到1997年,有174个成员。目前,国际上畜禽遗传资源的保护活动主要由FAO下属的专业委员会负责,规划统一的发展战略,制定相关的法规和法律,协调全球畜禽遗传资源的保护和利用工作。FAO于1992年实施了发展中国家动物遗传资源保护与开发计划,它由五个部分组成:建立全球畜禽品种目录、品种保存、地方品种的保护与开发、生物技术应用、建立畜禽品种保护的国际法规。为了对全球现有的家畜遗传资源进行监测和管理,FAO还启动了一个全球家畜多样性行动计划(Initiative for Domestic Animal Diversity,iDAD),并在国际互联网上建立了一个相应的信息系统网站(iDAD-is),在全球范围内致力于保护区域性和国家级不可替换资源免受破坏,推动对这些资源持续、有效、合理的利用。它是一个综合性的全球家畜遗传资源管理信息系统,其网址为Http://www.FAO.org/dad-is/,可以通过它直接了解在全球范围的家畜遗传资源信息、动态、开发和利用,以及相关的研究活动等。

(翁朝红　赵永聚)

第八章　动物遗传资源的管理与利用

第一节　动物遗传资源的监测

动物遗传资源的监测是动物遗传资源管理的重要内容,是随着对动物遗传资源多样性的深入研究和相应技术的发展而迫切需求的一种管理方法。生物多样性监测是指为确定与预期标准相一致或相背离的程度而对生物多样性进行的定期监视(Hellawell,1991)。动物遗传资源的监测是生物多样性监测的重要组成部分。

一、动物遗传资源监测简史

野生动物监测在国外已经进行了许多年。动物监测源于环境监测和生物监测。几个世纪前,人类就开始进行环境监测。1972年斯德哥尔摩大会通过了全球环境监测构想并建立了全球环境监测系统,从而大大促进了全球环境监测的进程,这被认为是世界环境监测的起始标志。野生动物监测作为环境监测的一部分,也随之日益发展。许多国际野生动物保护和监测组织相继成立,有关的重要国际公约相继签署。如1948年成立的世界自然保护联盟(IU-CN)的主要任务之一就是对野生动物进行监测。为此,IUCN于1980年建立了世界保护监测中心(WCMC);斯德哥尔摩大会成立了联合国环境规划署(UNEP),对全球范围的兽类状况、鸟类状况、濒危物种贸易、国家公园与保护区进行了监测。

在美国,生物监测也实施了很多年,尤其在1987年第二次卡迪大会(the Second Cary Conference)之后,长期的生物和生态研究受到了特别的重视。美国的野生动物监测由政府和非政府组织共同承担。英国的野生动物监测同样由政府和非政府组织共同承担,乡村委员会、皇家鸟类保护协会、英国兽类协会等都是主办或资助野生动物及其栖息地监测和调查的非政府组织。陆地生态研究所进行的捕食鸟类监测是世界上同类项目中持续时间最长的项目。英国生物记录中心对各种动物数量和分布的调查与监测方法进行了多年研究。随着数据记录的不断增加,各物种分布记录越来越精确。

我国动物遗传资源监测起步较晚,但发展很快。《中华人民共和国野生动物保护法》规定,野生动物行政主管部门应当定期组织对野生动物资源进行调查,建立野生动物资源档案;各级野生动物行政主管部门应当监视、监测环境对野生动物的影响。这些规定奠定了野生动物监测的法律基础。很多自然保护区在建立之初,就重视对保护区内的野生动物进行监测或长期的科学研究。《中国21世纪议程林业行动计划》中提出,建立中国森林生物多样性和野生动植物调查与监测体系,完善全国编目,实现监测手段现代化;建立与完善野生动植物监测中心站;建立全国统一的监测标准和方法。1995年起,林业部(现国家林业局)组织对全国陆生野生动物资源进行调查,以摸清我国野生动物资源储量,并在此基础上建立全国野生动物监测体系。2000年5月国家林业局陆生野生动物与野生植物监测中心正式成立,这将大大推动我国野生动物监测体系的建立。随着我国野生动物监测网络的形成,我国野生动物监测将逐步步入正轨。

二、动物遗传资源监测的目的、分类与原则

(一)监测的目的

动物遗传资源监测的目的包括:1.客观反应动物遗传资源现状,如动物遗传资源面临何种压力;这些压力处于何种程度;哪些影响动物遗传资源多样性的因素正在改变或已经改变。2.准确提供管理信息。动物遗传资源监测提供了最基本而又最重要的生物学信息,为近期和长期的规划、政策制定及决策者服务,为对动物遗传资源的持续管理提供科学依据。同时,动物遗传资源的监测也能为相关学科提供大量的资料。

(二)监测的分类

目前被广泛接受的分类方法是按监测目的和性质所做的分类,这种方法将监测分为监视性监测、研究性监测和特定目的监测三类。

监视性监测是按照预先布置好的网点,用较长的时间来收集动物遗传资源相关数据进行监测。研究性监测是通过监测了解动物遗传资源的变化规律,研究动物遗传资源濒危程度。特定目的监测是对一些影响物种健康和生存的重大疫病的监测,如鼠疫、禽流感等。

(三)监测的原则

在对动物遗传资源监测中,由于人力、监测手段、经济条件和仪器设备的限制,监测不能面面俱到。监测的主要原则有:

1.优先监测的原则

动物遗传资源需要监测的项目往往很多,但是不可能同时进行,必须坚持优先监测的原则。这条原则在我国经济基础比较薄弱的情况下特别重要。

2.准确、客观的原则

动物遗传资源监测设计要遵从客观指导性要求,数据准确、可靠。

3.发展性原则

制订监测程序的过程中,着眼于结合我国国情,同时也要了解国际方法、标准,考虑发展空间,使动物遗传资源监测具有发展余地与前瞻性。遗传资源是处于动态的过程,但在一定

时期内也是相对稳定的,因此对遗传资源的监测需要确定较合理的信息收集时间间隔,达到既能及时对动物遗传资源进行监测的目的,又是经济可行的。鉴于监测工作的重要性,最好是建立国家或区域性的监测机构以及相应的监测网络。

4.适用性原则

动物遗传资源监测方法应适应新形势下的发展要求,提高可操作性,突出监测指标的全面、科学、合理与严谨。监测时间因监测的对象、所需的结果以及所采用的手段不同而不同,长期的监测可能需要很多年,要保证这些监测内容和结果的兼容性。

5.方法和监测目标统一的原则

现在动物遗传资源监测有很多技术和取样方法,它们从不同的目的、不同的方面和不同的生态系统类型进行监测。当研究具体问题时,这些方法可能根据实际情况进行一些修正,但是一定要考虑到和其他类似的研究进行对比和交流的可能性。相反,如果方法不标准,也就失去了监测的真正意义。另外,数据处理、储存和分析方法要与符合实际情况。

三、动物遗传资源监测的方法与技术

(一)监测内容

监测内容因监测对象的不同层次可以分为下列两种。

1.物种多样性的监测

监测项目包括种群大小与密度、种群结构、种群平衡(Population equilibrium)、种群分析、影响种群数量的压力变化,主要对关键种(Key stone species)、外来种(Exotic species)、指示种(Indicator species)、重点保护种(Conservation-focus species)、受威胁种、对人类有特殊价值的物种、典型的或有代表性的物种进行监测,而且还要鉴定生态系统的关键种,研究它们在生态系统中的作用。随着人类活动对生态系统的影响,这要求我们也必须监测它们作用的动态变化。同时,还必须鉴定各种生态系统(自然生态系统和受人类活动影响的生态系统)的外来种,监测它们的扩散及对当地生态系统的影响。指示种(Indicator species)指的是可以敏感地反映环境的质量和变化,也可以指示群落的物种组成的一些物种。对这些物种的分布、丰富度、种群的结构和动态进行编目和监测是非常重要的,因为它们本身就可以指示生物多样性的状况。对濒危种、对人类有特殊价值的物种、典型生态系统的建群种或代表性物种的编目和监测,一直是人们感兴趣的研究课题。

2.动物遗传多样性监测

此方面的内容包括遗传变异、与濒危野生动物与家养动物个体的繁育、生长和经济性状有关的遗传标记。

(二)动物遗传资源监测的方法

监测内容不同,动物遗传资源监测的方法也不同。

1.物种多样性的监测方法

动物物种监测的关键在于连续获得监测范围内某种动物的数量及有关资料。物种多样性的监测既包括一定区域内所有物种的监测,即全物种生物多样性的监测,也包括对一些关键种、外来种、指示种、重点保护种等的监测。动物遗传资源监测的方法大致包括目的的确立、资料收集(野外调查)、鉴定、数据库的建立及数据分析。目前常用的方法主要有截线法、定点计数法、遇见率法及问卷调查法等。

截线法:即在动物栖息地上选取若干条样线,每年的特定季节和时间在样线上进行调查,统计动物数量。这是动物监测最常用的方法之一。其中影响统计结果的主要因素有计数时段、行走速度、一天或一年中计数时间、天气状况、计数者的经验等。

定点计数法:定点计数法即在动物栖息地内选取一系列记录点,在记录点上记录出现的动物及其距离。该方法是北美鸟类监测最常用的方法,也是鸟类数量估计的标准技术。对每一个物种来说,确定有效观测距离非常重要,超出该距离,就观察不到动物。通过记录有效观察距离内见到的动物,估计动物的数量和密度。应用定点计数法监测动物并绘制动物分布图,对于监测动物的分布和相对数量变化非常有用,但必须有许多地方的许多人参加监测。如美国圣诞鸟计数在 1985～1986 年的一次计数中就有 38 346 人参加,每个具体地点覆盖半径为 24km 的范围,在每一点上进行标准 8h 计数。在繁殖季节,沿固定路线在固定时间内记录每 km 距离内听到的鸟叫声或野兽吼叫声的次数。

遇见率法:定期对动物栖息地进行调查,统计动物的遇见率也是一种好的监测方法。在调查地区内设立永久性的工作路线和样方,每年在固定时间内检查样线附近或样方内动物遗留的粪便、足迹链、卧迹、巢穴等数量。以痕迹的数量变化来获得资源数量变化的信息。英国鸟类信托基金会主持的常见鸟监测项目就采用了这一方法,该项目主要对各种鸟的种群变化进行监测,这些监测信息主要来自 350 个林地和农场中的样地,每年三月到七月对这些样地进行几次调查。农场可以是任何类型的,但面积至少是 40hm^2,最好是 60hm^2;林地包括各种半自然的植被,面积至少为 10hm^2。

问卷调查法:问卷调查法是监测动物的一种常用方法。每年向在某一地区从事森林调查、护林、防火、营林及采伐活动的人和当地居民发出问卷,请他们回答在上一年度他们遇见野生动物的频率和数量是增加还是减少,以此判断资源数量变动趋势。如英国的全国猎物调查就采用这一方法,该项目开始于 1961 年,其目标是监测几种猎物的种群状况。猎物保护协会每年就 10～20 个问题进行问卷调查,询问 12 个月中所获取的动物总数及放还的各种猎物数量。有 500 个农场和房地产主返回记录,其中一半返回了灰山鹑的记录,80% 返回了鹬的记录。尽管猎物数量与实际密度并不成直线关系,但它对监测动物年度变化和变动趋势提供了有效依据。

2.动物遗传多样性监测方法

目前监测遗传多样性的方法主要有以形态学性状为主的表型分析和分子水平的监测。分子水平上监测遗传多样性的方法很多,包括等位酶(Allozyme)分析、限制性片断长度多态性(RFLP)分析、随机扩增多态 DNA(RAPD)分析和 DNA 序列分析等。根据研究对象的不同,方法大致分为:

居群内个体间:①居群内遗传变异的大小;②居群内个体间的血统关系;③居群内的交配制度;④居群内是否存在近亲交配以及怀疑近交衰退的理由;⑤个体性别不均扩散的遗传效应;⑥具有迁移特性的个体的地理起源。

居群和物种:①一个物种内是否存在在遗传方面具有明显特征的进化谱系;②居群间遗传分化的程度如何;③生物地理与遗传分化的关系;④居群间基因流程度如何。

物种间的比较:①物种间系统发育的关系;②物种间遗传分化的程度;③关系密切的物种之间个体或居群是否可以明显区分;④物种间分化的相对年代。

第二节　动物遗传资源信息系统建设

　　信息系统(Information system,IS)是指计算机及其相关的配套的设备、设施(含网络)构成的,按照一定的应用目标和规则对信息进行采集、加工、存储、传输、检索等处理的人机系统。

　　随着信息化技术和建设的深入,对众多动物遗传资源采取有效方式进行系统管理、跟踪监测势在必行,信息系统的建设为实现这一目标提供了良好的平台,而动物遗传资源信息的逐步数字化又为系统的建设提供了内容、数据和信息。

一、资源信息系统的发展

　　动物资源信息系统的建设源于世界瞩目的生物多样性保护与利用。近些年,生物多样性信息系统的建设越来越呈现出百花齐放的景象。1995年,由国际自然保护联盟(IUCN)发起建成了生物多样性保护信息系统(Biodiversity conservation information system,BCIS)(http://www.biodiversity.org),目的是通过"数据监管"的措施,收集、挖掘、整理和汇集保护的信息,与各个层次的数据所有者合作,并保护他们的权利和利益。世界保护监测中心(WCMC)建立并维护了物种数据库、自然保护区数据库、森林数据库、世界珊瑚礁和红树林数据库。其中物种数据库工作起始于1995年,包括植物和动物部分,动物部分的内容包括学名、俗名、同物异名、分布国家和地区等数据。

　　20世纪90年代,在一些发达国家涌现出了大量的与动物资源相关的信息系统和网络。其中,美国建立了一个包括动物、植物和微生物在内的覆盖全国的种质资源信息网络(GRIN),它也是世界上最大的种质资源信息网络之一。这一网络的建立促进了美国种质资源科学研究的发展,对美国乃至世界农业科学发展具有很高的实用价值。德国也建成了一个包括动物、植物和微生物在内的遗传资源信息系统。

　　在近50年积累的大量生物多样性及其相关领域信息资料的基础上,我国于20世纪末建成了自己的生物多样性信息系统。该系统是一个覆盖全国范围的收集、整理、保存、传播中国多样性数据和信息的分布式系统(http://cbis.brim.ac.cn/)。此外,中科院所属的有关专业研究所相继成立了微生物、植物和动物等生物资源数据库,并在中国科学院生物多样性委员会组织下建立了中国生物多样性信息系统,这促进了我国生物多样性保护和持续利用。其中,动物资源信息系统近些年发展较为快速。如1999年,段辛斌等采用人工智能和多媒体技术,在Microsoft Visual Foxpro(简称VFP)平台上开发建成了淡水鱼类种质资源信息系统,该系统完整、准确地保存了鲢、鳙、草鱼、青鱼、团头鲂、方正银鲫、兴国红鲤、散鳞镜鲤、尼罗罗非鱼、奥利亚罗非鱼等十种淡水鱼类种质标准参数及其性状图形、图像集,对鱼类的种质鉴别和保存起到了很好的辅助作用;2003年,杨宁生等建立了我国水产种质资源信息系统(http://zzzy.Cafs.ac.cn);同年,胡肆农等建立了全国动物卫生体系管理信息系统,这个系统的实现有助于国家兽医管理部门和有关机构加强动物卫生事业宏观管理与科学决策,增强对重大事件或灾害的应急应变能力;2004 年,金宁一构建了一套囊括国内外新发现的和罕见的动物传染病的有关诊断及防治资料的收集、汇总、整理及发布的信息系统。

二、资源信息系统构成

资源信息系统(Resource information system,RIS)是一个收集自然资源数据(或资料),通过信息技术对数据进行加工处理、分析、解释,最后输出可供人们对自然资源进行管理与决策的信息系统。理想的资源信息系统应该包括三个方面的结构层次:资源决策支持系统、功能信息系统和业务信息系统。

决策支持系统是为高层领导决策服务的。它依赖于功能信息系统和业务信息系统的数据和功能,主要为决策者提供一个模拟决策过程,并提供选择资源管理方案的决策支持环境。

功能信息系统为中层的职能部门收集、处理与综合信息,提供决策所需的信息与方案,以信息处理的高效率为其追求的主要目标,并对管理者提供空间资源信息的查询和统计以及相关专业模型的分析功能。

系统大量的信息来自业务信息系统。业务信息系统面向基层单位,经常重复收集、处理一切基层的信息,将信息贮存于相应的存贮设备中,通过对信息的处理,提供基层部门业务工作所需求的信息。该系统的目标是迅速、及时、准确地处理大量空间信息,能够有效地进行日常事务的自动化处理。其处理任务的信息类型和时间过程可以事先描述。它取代了日常工作中繁忙的具有重复性的事务处理工作。这个自动处理的信息系统,替代了过去大量繁重的手工事务工作,同时为上两层信息系统提供了最基层、最详细的信息。

在以上三个层次中,业务信息系统的应用层次最低,资源决策支持系统的应用层次最高,功能信息系统介于二者之间。在一个大型的信息系统项目中,三者经常联合使用。目前,下两层的开发较多,应用也比较成熟,而资源决策支持系统的应用基本上还处于实验阶段。

三、动物遗传资源信息系统建设的方法

(一)信息的收集、整理与归纳

信息的数量和质量决定信息系统可信度。因此,有效的信息收集、整理与归纳是信息系统的建立核心。

信息的收集、重组与提取,即知识获取,并不是我们一般概念上的知识进行叠放,而是将与系统目标密切相关的各个领域的知识进行筛选、组合与关联起来,重点要挖掘那些先前不知道的、潜在的、隐含的规律或有用信息。这其中的有些信息,在表面看起来没有密切联系,而实际上从整个资源学的角度却是具有本质联系的。必要的时候,要根据资源管理的需要从中找出规律或演化出新的知识。但随着计算机信息技术的飞速进步,数据信息量急剧膨胀,很难再用传统的方法来充分挖掘和利用数据库。解决这一问题的关键是充分应用数据挖掘(Data mining,DM),或数据库知识发现(Knowledge discovery from database,KDD)等技术。

从整体看,全国各地动物资源的信息应该包括各种动物数量、地理分布、生态条件、繁殖特性、栖居特征、历年变动情况等。对有遗传价值的动物种,应组织专家进行鉴定和对比试

验,运用血液生化和细胞遗传等现代手段查明该动物资源特殊价值之处以及种群的遗传结构特征和不同变种之间遗传距离等。

目前,在我国与动物遗传资源相关的信息主要来源于以下四个方面:

1.全国范围内的动物资源普查所获得的数据与信息

在 1995 年至 2000 年期间,根据《中华人民共和国野生动物保护法》和《中华人民共和国陆生野生动物保护实施条例》的规定,在全国范围内对陆生野生动物资源展开了全面系统的普查,调查内容包括我国野生动物资源的储量、分布及生境状况,野生动物驯养、利用、贸易及栖息的现状,影响野生动物数量和生存的因素等内容。

2.科学研究结果

科学研究结果包括著作、文章等,比如《中国动物志》、《中国动植物遗传多样性》等。

3.网络资料

中科院动物研究所动物物种编目数据库有 14 000 条种（亚种）记录;动物标本数据库有 35 000 条记录;动物物种代码数据库有 20 000 条记录。中国生物多样性信息系统网址是 http://cbis.brim.ac.cn/,其中的动物学部分网址是 http://www.cs.brim.ac.cn/。中国家养动物资源信息网,包括畜禽两大数据库,其中家畜 124 种,家禽 152 种。中国农科院特产研究所建立了我国北方 230 余种特产动物资源网络数据库,公开并且对用户免费开放,实现了各个层面上资源信息共享。

4.其他资源信息

这些信息包括一些偶然发现的资源信息等。随着科学技术的发展,信息的收集方法和手段的提高,还会有更多的可知和不可知的信息资源被挖掘出来,合理利用。

(二)信息系统的构建

如何将所获取的知识和收集的信息组织起来建成信息系统,即信息系统的构建方法,是信息系统的技术核心。

1. 确立系统的目标和内容

这是构建信息系统的首要任务。在资源管理信息系统的建设中,系统的最终目标和内容常常难以确定。在动物遗传资源信息系统中,动物的种类成千上万,生活习性、遗传特点等千差万别。建立各动物种质数据库很容易实现,但信息系统要管理的内容、达到的效果及运行后的状态等涉及的内容很多,很难通过调研完全确定所有的内容,即不可能期望有一个详尽的设计去简单地、方便地组织和控制系统的建设。这需要计算机技术人员与决策者和专业技术人员的长期合作,有效地安排和部署开发工作,并且在开发过程中逐步确立新的工作方式,而不断完善系统的功能。因此,系统建设应从实际需要和可能出发,确立适度的开发目标和内容,其他内容再根据发展的需要不断补充。

2.系统集成开发

在明确开发目标和内容后,组织好系统建设的队伍,就可以进行全面信息系统集成开发工作了。首先进行的应是系统规划,然后根据规划的要求组织一个个项目的开发,每个项目开发均可由四个阶段完成,即系统分析、系统设计、系统实现和系统评价。这四个阶段组成一个生命周期。系统规划的主要内容包括系统目标的确定、解决目标的方式的确定、信息系统目标的确定、信息系统主要结构的确定及可行性研究等;系统分析的内容包括数据的收集、数据的分析、系统数据流程图的确定以及系统方案的确定等;系统设计包括计算机系统流程图和程序流程图的确定、编码、输入输出设计、文件设计、程序设计等；系统实现包括程序调试、系统的切换以及系统的运行和维护等；系统的评价包括建成时的评价和运行后的评价,发现问题并提出系统更新的请求等。

动物遗传资源信息系统的集成可以先把动物资源进行分类,可以按照栖息地分为水生和陆生,也可以按照动物生存方式分为家养和野生两类。无论按照那种方法,最重要的将收集到的信息建成库,包括知识库、数据库和模型库。

动物遗传资源数据库,如果按照野生和家养分别建立,其内容应该分别如下:野生动物资源的储量、分布及生境状况,野生动物驯养、利用、贸易及栖息的现状,影响野生动物数量和生存的因素等。家养动物应该包括基本情况、群体现状、外貌特征、繁殖性能、生产性能、饲养管理等。其中,基本情况包括品种登记号、品种名称、公母畜禽照片、中心产区、气候类型、年均温度、作物种类、生态类型、饲养地饲料来源、散养情况、集约化情况等;群体现状包括采集日期、群体总数、公畜数量、母畜数量、育种保种措施、保护等级、濒危状态等;外貌特征包括体貌概述、体型、毛色、头型、体高、胸围、体重等;繁殖性能包括成熟日龄、发情月份、怀孕期、初产仔数、初生重、繁殖成活率等;生产性能包括主要用途、产奶量、屠宰活重、屠宰率、眼肌面积、大理石纹评分、肉风味、净毛绒率等;饲养管理及其他包括补饲状况、遗传检测、基因组文库、品种评价及开发利用等。

（三）信息系统的组织与管理

由于开发过程的主要工作和最终表现形式是大量的程序开发,人们常常仅仅关注程序的集成开发,这很不够,信息系统的组织与管理决定着系统建设的成败。

四、动物遗传资源信息系统发展趋势

1.信息系统将更加注意安全问题

信息系统的安全问题涉及国家和信息系统用户的根本利益,尤其是在网络攻击规模逐渐扩大的今天,信息系统所面临的安全风险日趋严重,这关系到国计民生,关系到社会的稳定和发展。因此,信息系统的安全分析、评价及保障体系建设将是今后信息系统领域被关注的重点。

2.资源信息系统数据还需要深层次挖掘

目前的信息系统建设过程中,数据的失真和缺乏是普遍存在的现象。今后,如何将一种资源有价值的信息充分发掘出来是今后信息收集的一个瓶颈,因为资源信息涉及多个学科,如生物学、气象学、数量遗传学、经济学等,需要各个学科的专家来共同完成。

3.信息系统需要更加完善的地理信息

一个资源的形成、发展和保护都是跟所分布地域的地理条件分不开的,这些地理条件主要包括气候、海拔、区域文化等。

4.网络平台将会充分发挥更为重要的作用。

动物遗传资源信息系统正向大容量、高可靠性、可管理性、安全性、灵活性方面发展,信息系统的建设也推进了动物遗传资源管理与利用工作的开展。

第三节 动物遗传资源的获取与惠益分享

随着人类对遗传资源开发利用程度的加强、物种资源不断减少以及国际交流合作的日益频繁,遗传资源获取和利益分享问题日益受到国际社会的关注,也关系到动物遗传资源的进一步保护和管理。如何通过适当的机制获得和利用遗传资源,并分享其产生的利益,已成为当前世界各国普遍关心的重要问题之一。由于这一问题涉及知识产权、国际贸易和经济利益问题,因而引起了国际社会和各国政府的高度重视。

一、动物遗传资源的主权、所有权、使用权与知识产权

(一)动物遗传资源的主权

主权(Sovereignty)在国际法上的概念是指一个国家独立于其他国家之外,且于法律上不受其他国家的渗透影响,以及国家对其领土和人民的政府权力的至高和排他的管辖权。各国对它自己的动物遗传资源拥有主权权利,是指各国基于国家主权在其领土(领土、领海、领空以及沿海国家的大陆架与专属经济区)内,享有动物遗传资源的开发、利用、管理、养护等权利,在不违反国际法情况下不受其他国家的干涉(薛达元,2004)。

面对遗传资源的掠夺,发展中国家已经意识到保护遗传资源的重要性。在联合国《生物多样性公约》(以下简称《公约》)的谈判中,发展中国家坚持遗传资源的国家主权,并将遗传资源主权概念写入《公约》。《公约》第十五条第一款规定:“确认各国对其自然资源拥有的主权权利,因而可否取得遗传资源的决定权属于国家政府,并依国家法律行使。”所以按照《公约》及国际公法的规定可以认为动物遗传资源的主权属于国家,各国享有对动物遗传资源的主权权利。

(二)动物遗传资源的所有权

动物遗传资源属于民法上所指的物,因此有关动物遗传资源的获取、处理、使用、收益的权利安排应当适用民法上有关物权的规定。同时所有权是最基本的物权,有关对动物遗传资源的占有、使用、收益和处理等一切权利都是基于所有权派生的,因此动物遗传资源的所有权归属是最为核心的问题。

鉴于动物遗传资源对于各国发展的重要战略意义,一般而言各国都会立法对动物遗传资源的所有权、开发、保护做出特别的规定。我国对动物遗传资源的所有权见一些单行的法律法规中。如在《中华人民共和国野生动物保护法》(1988年)第三条明确规定:“野生动物资源属于国家所有。国家保护依法保护、开发、利用野生动物资源的单位和个人的合法权益。”自然保护区是国家为了保护自然资源和自然环境,对于有代表性的珍稀、濒危动物物种的天然集中分布区依法划出一定面积予以特殊保护和管理的区域。自然保护区内的动物遗传资源

属于国家所有。除由法律规定属于国家所有的以外,其余动物遗传资源属于集体所有,特别的地方品种属于集体所有。

(三)动物遗传资源的使用权和知识产权

动物遗传资源的使用权指的是对资源的获取、开发、利用与收益的权利。动物遗传资源的使用权可以与所有权分离,并且依法(依照一定的法律规定的机制)可以转让。

知识产权也是一种财产权,是指民事主体依法对其从事智力劳动所创造的智力成果所享有的权利。知识产权所保护的对象是智力成果,也称知识产品,是指人们通过创造性劳动所创造的,具有一定表现形式的产物或结果。根据我国法律的规定,公民、法人享有的知识产权包括有著作权、专利权、商标专用权、新品种权。

目前与动物遗传资源有关的知识产权主要是专利权。专利权是指专利权人在法定期限内对其发明创造成果享有的专有专用权利,专有性(又称排他性、独占性)是专利权最为重要的权能。我国现行的《专利法》把动物品种排除在可授予专利的范围外,而动物产品的生产方法,可以依照专利法的规定授予专利权。

二、动物遗传资源市场化与惠益分享

促进动物遗传资源市场化的主要动因是因为这些遗传资源可带来不可估量的经济效益,这种效益可以惠益于个人、公司、机构、社区,甚至整个国家。家养动物是长期进化形成的宝贵资源。养殖业生产创新来源于动物遗传资源多样性。日益频繁的国际交流合作也大大促进了动物遗传资源市场化。

动物遗传资源惠益分享是指遗传资源的供给方、需求方及遗传资源供给方、需求方所在的国家在这些遗传资源市场化中的经济利益的分配。目前,遗传资源市场化经济效益的分配机制主要体现为以下两种形式:

第一,发达国家的公司从遗传资源利用中获得商业利益,资源供给方所在国从生物勘测中得到利益补偿,以达到鼓励动物遗传资源丰富国家开展遗传资源调查和保护工作的目的。

第二,资源提供国分享发达国家遗传资源商业性开发的部分利益。因为遗传资源的取得与利用只需要采集少量的样品即可,一次获取费用很低,资源提供国所得利益有限。因此,资源提供国可以通过分享其领土上的遗传资源的商业性开发利用带来的商业利益,来得到更多的利益补偿。

三、动物遗传资源获取的国际体系

(一)《公约》

《公约》在确认各国对其动物遗传资源拥有主权的同时,强调交换和分享遗传资源和技术。《公约》第十五条在国际水平上对遗传资源的取得做出了相关规定,共有七款,主要内容包括:确认各国对其动物遗传资源拥有主权的权利;要求各缔约国应创造条件,便利其他缔约国取得遗传资源;遗传资源的取得一旦获准,应按共同商定的条件进行;遗传资源的取得必须得到该资源缔约国的事先知情同意;提供遗传资源的缔约国应充分参与该资源的研发活动。

《公约》第十六条第三款规定："每一缔约国应酌情采取立法、行政或政策措施，以期根据共同商定的条件向提供遗传资源的缔约国，特别是发展中国家，提供利用这些遗传资源的技术和转让此种技术，其中包括受到专利和其他知识产权保护的技术"。

这就要求提供遗传资源的国家（多为发展中国家）根据《公约》规定和具体国情，尽快制定符合本国利益的法律，作为处理国家之间遗传资源获取事务的准则，以保护本国的遗传资源和获取发达国家开发利用此遗传资源的技术。

（二）《关于获取遗传资源并公平和公正分享其利用所产生惠益的波恩准则》（以下简称《波恩准则》）

该准则包括适用范围、遗传资源提供国和使用国的责任与义务、遗传资源获取和事先知情程序以及惠益分享、知识产权相关事项的双方协议等原则。准则将指导和协助各国制定遗传资源和惠益分享的国家政策和法律，以及国家之间关于遗传资源获取和惠益分享协议的签署和实施，但其并不具有法律效力。主要目标是促进遗传资源的获取和公平分享惠益，向发展中国家和不发达国家提供相关的能力建设，加强信息交换，建立保护土著社区知识创新和做法的机制及其获取与惠益分享制度，落实事先知情同意程序，保证遗传资源的获取是在共同商定的条件下进行，促进惠益分享。

（三）国家及双边系统的动物遗传资源的获取

《公约》的一条重要的原则是确认各国对其动物遗传资源拥有主权，但具体到某个国家，对动物遗传资源的获取体系和惠益有所不同。如美国对动物遗传资源的获取，基本沿用财产权原则，根据遗传资源的不同权属有不同规定。欧盟同意在《波恩准则》的框架下进行动物遗传资源的获取，制定明确的同意规则，并设立一个国家主管机关和一个联络点，便利遗传资源的获取，并监督违法获取遗传资源的行为。

第四节　动物遗传资源的开发与利用

一、动物遗传资源的开发与利用意义

动物遗传资源的开发与持续利用是实施资源保护的主要目的，也是保护的合理方式。这要求我们必须根据市场需求，推进动物遗传资源的开发与利用。在动物界，家畜、家禽之所以在数量、品种、遗传品质及生理性能等方面占有绝对优势，完全是人类干预和积极开发利用的结果。一些目前尚未得到充分利用的畜禽品种资源需要不断地发掘其潜在的利用价值，特别是一些独特性能的利用，并且要不断地开拓新的家畜种质资源，例如我国一些独特的地方品种，如药用的乌鸡、肥肝鸭、裘皮用的湖羊、阿尔泰肥臀羊、烤鸭用的北京鸭和适于腌制火腿的金华猪等。以鸡为例，所有的品种都来源于原鸡（*Gallus gallus*），它繁殖力不强，分布地域有限。后来，原鸡被人类驯养成了蛋用、肉用、肉蛋兼用鸡以及斗鸡等，品种与数量繁多，遍布全球，成为动物世界中最兴旺的物种之一。

国外少数人主张偏激的动物保护观点,反对动物利用和使用实验动物,认为这样才能达到保护动物的目的。事实上这种观点是片面的,从本质上讲,这并不能有效地保护动物。人类的生存繁衍破坏了某些野生动物的栖息地,造成这些动物的数量减少乃至濒临灭绝。但是也应该看到,并不能把所有的动物消失都归咎于人类,比如恐龙,它在人类出现以前曾经统治地球,但是后来却灭绝了,人类没有施加任何影响。动物的进化和消亡是大自然的规律,并不完全是人类的意愿和行动。人类的活动确实有破坏自然、干扰动物消极的一面,但是动物保护是不可能以牺牲人类自身的发展和前途为代价的。企图停止社会进步来实现动物保护,是不现实的。

二、动物遗传资源利用理论

持续利用的理论问题是当今世界日益关注和深入研究的领域,并已提出了一些基本理论。虽然这些理论还不够完善,但这些理论在指导动物资源的持续利用方面具有重要的意义。

(一)最大持续产量的理论(Maximum sustainable yield,简称 MSY 理论)

该理论的基础是逻辑斯蒂模型(Ricker,1954;Gross,1969;Wagner,1969;Holt 等,1978),它是指可更新资源提供最多的产量,但又不影响和危害其种群的增长,从而实现长期持续利用目的的理论。其要点为:种群增长的速度受密度制约,在群数量较低时种群增长的速度较慢;当种群数量接近 1/2 容纳量时,种群增长的速度开始加速;当种群数量达到 1/2 容纳量时,种群增长的速度开始减缓。此点是增长速度由逐渐增加变为逐渐降低的拐点;当种群数量达到容纳量时,种群增长速度为零。种群的出生率与死亡率大致相等,种群数量不再增加。因此采用狩猎或其他方法利用野生动物,使它们的种群数量始终保持在 1/2 容纳量的水平上,不仅可以使种群增长速率始终保持在最高点上,同时我们也可以实现最大限度地持续利用动物遗传资源的目的。

简明直观是这一理论的特点,但在实际中应用这个理论却是较为复杂的。首先确定环境容纳量就是很困难的。因为环境容纳量受许多因素的影响,是一个变动的数值。另外,野生动物种群数量增长模型受诸多因素影响,也不完全符合逻辑斯蒂的模型。因此 MSY 理论的适用性受到一定的限制,但它探索了对资源进行持续利用的途径,为进一步的理论研究开辟了道路。

(二)资源经济学原理

MSY 理论只考虑了资源收获量的问题,而没有考虑获得资源付出的成本和得到的收益。为此出现了将经济成本和收益一起加以考虑的资源经济学原理。这一理论最早应用于渔业生产,但这一原理也同样适用于其他野生动物。

该原理的要点是在收获野生动物产品时,监测成本的支出。当种群数量大于 1/2 容纳量值时,此时收入和成本比达到最高值;当种群数量低于 1/2 容纳量时,收入和成本比降低。考虑到资源储备,当收入与成本比值开始下降时,即应停止收获野生动物的活动,才能获得持续性的最大收益。否则,将会出现对资源利用过度而损害持续利用的长远利益的现象。

（三）最适产量理论（Optimum sustainable yield，简称 OSY 理论）

OSY 理论是既考虑最大持续收获量，又考虑经济收益和眼前与未来比重的资源产量理论。其主要内容是根据环境容纳量、种群内自然增长率、经济成本、经济收入和未来的经济利益来确定资源利用的最适量。由于这个理论吸收了最大持续产量和资源经济学原理的长处，是一种较好的理论模型。但是这个理论没有考虑种群数量波动和容纳量变化等问题，不是动态模型，在应用时需进行修正。

三、动物遗传资源的利用方式

一般而言，动物遗传资源可以通过直接和间接两种方式利用。

1.直接利用

动物遗传资源可以直接用作食物、药物、能源、工业原料。一些地方良种以及新育成的品种，一般都具有较高的生产性能，或者在某一性能方面有突出的生产用途，它们对当地的自然生态条件及饲养管理方式有良好的适应性，因此可以直接用于生产畜产品。一些引入的外来良种，生产性能一般较高，有些品种的适应性也较好，可以直接利用。

2.间接利用

对于家养动物的大多数的地方品种而言，由于生产性能较低，作为商品生产的经济效益较差，可以在保存的同时，创造条件来间接利用这些资源，主要有两种形式：

一是作为杂种优势利用的原始材料。在杂种优势利用中，对母本的要求主要是繁殖性能好、母性强、泌乳力高、对当地条件的适应性强，许多地方良种都具备这些优点。对父本的要求，主要是有较高的增重速度和饲料利用率，外来品种一般可用作父本。由于不同品种的杂交效果是不一样的，所以应推广使用杂交试验以确定最好的杂交组合和配套系统。这种利用方式应该注意保持原种的连续性，在地方品种杂交利用中尤其要注意不能无计划地杂交。

二是作为培育新品种的原始材料。在培育新品种时，为了使育成的新品种对当地的气候条件和饲养管理条件具有良好的适应性，通常都需要利用当地优良品种或类型与外来品种杂交，进行系统选育。

四、家养动物原始品种的选育提高

品种的好坏能直接影响畜牧业生产水平。人们为了提高经济效益，不断培育适应性强、生产性能好、遗传性状稳定、种用价值良好的品种。品种培育（Breeding）是指为了获得优良种畜禽，通过育种手段改变畜禽产品类型、改进禽畜产品质量、提高种畜禽品质和增加良种数量的工作。家畜品种的改良主要是针对具有经济价值的生产性能进行的，选择的目的是要打破群体遗传结构的平衡，选择有利的基因，通过近交等手段，不断提高它在群体中的频率。据有关统计分析表明，我国多数畜禽品种的个体生产能力和群体生产水平，不仅大大低于发达国家的平均水平，而且低于世界平均水平。目前猪胴体重的世界平均水平为 84kg/头，我国为75kg/头；牛胴体重世界平均水平为 204kg/头，我国为 136kg/头；成年奶牛平均年产奶量发达国家为 6 000～7 000kg，我国仅为 3 200kg。虽然我国畜禽品种资源丰富，但由于长期以来缺乏系统的选育工作，再加上品种遗传进程缓慢、经费不足、育种手段落后以及其他有关原因，致使我国的育种工作滞后于生产发展需要。我国目前除肉鸡基本实现良种化外，猪、牛、羊、蛋鸡的良种覆盖率分别为 87％，25％，43％，36％，良种覆盖率还有待大幅度提高，因此在对动物遗传资源保护的同时，必须加强品种培育工作。

（赵永聚　杨国锋）

第九章　畜禽遗传资源保护

第一节　国内外畜禽遗传资源概况

畜禽遗传资源作为生物多样性的重要组成部分,是同人类关系最为密切、最为直接的部分,也是在某种社会经济、技术背景下能满足社会物质、文化需求的动物资源,它包含着畜禽遗传资源的数量和质量两方面的内容,具有极为显著的经济、科学和文化价值。由于中国多样化的地理、生态、气候条件,以及众多的民族及不同的生活习惯,加之长期以来广大劳动者的驯养和精心选育,形成了丰富多样的畜禽品种资源,它们是人类社会现在和未来不可缺少的重要资源。

一、畜禽遗传资源与保护

(一)畜禽遗传资源

依据《畜牧法》,畜禽遗传资源(Domestic genetic resources)是指畜禽及其卵子(蛋)、胚胎、精液、基因物质等遗传材料。畜禽遗传资源是国家的战略性资源,是生物多样性的重要组成部分,是畜牧业发展的基础。

从上面的定义可以看出,畜禽(Farm animal,livestock)是畜禽遗传资源的主要组成部分。畜禽包括传统的家畜和家禽。经人工驯化和养育,能正常繁殖后代,对人类有一定经济价值的野生动物称为家畜。家畜既是生活资料,又是生产资料。从广义来说,家畜包括猪、黄牛、水牛、牦牛、瘤牛、绵羊、山羊、马、驴、骆驼、兔、狗、猫、鹿、象、驯鹿、羊驼、鸡、鸭、鹅、鸽、火鸡、珠鸡、番鸭、鹌鹑、鱼鹰、金鱼、草鱼、鲤鱼、青鱼、蜜蜂、蚕等被驯化的动物。狭义的家畜仅指被驯化的哺乳动物。一般把猪、羊、兔等称为小家畜,马、驴、黄牛、水牛和骆驼等称为大家畜。经人工驯化和养育,能繁殖后代,具有一定经济价值的野生鸟纲动物称为家禽,包括鸡、鸭、鹅、鹌鹑、鱼鹰、鸽、火鸡、珠鸡、番鸭等。到 20 世纪末,人类已将 60 多种野生动物驯化为家畜,随着人类社会的发展,家畜的种类还将增多。

畜禽遗传资源还包括畜禽卵子(蛋)、胚胎、精液、基因物质等遗传材料。这些遗传材料更微观地揭示了畜禽遗传资源的实质,大大拓展了遗传资源的内涵。

家畜遗传资源是生物多样性中一个重要而又独特的组成部分。它在物种多样性中所占的比例很小,但是在遗传多样性中却非常重要,它是人类生活重要的生产资料,与人类社会生活关系非常密切,家畜遗传多样性的丢失甚至比野生物种多样性的丢失对人类直接利益的损害更大,因此它的保护对人类社会可持续发展具有更为重要的意义。

(二)畜禽品种

同种畜禽品种(Breed)是构成畜禽遗传资源的重要形式,一个品种汇集了各种各样的基因,可以在一定的环境中发挥作用,从而使品种表现出为人类所需要的各种特性。要了解品种的概念,首先了解什么是种。种(Species),也叫物种,是具有一定形态、生理特性和自然分布区域的生物类群,是生物分类系统的基本单位。种与种之间一般不发生个体交配,即使交配也不能产生有生殖能力的后代,即存在不同形式的生殖隔离现象。种是生物进化过程中由量变到质变的结果,是自然选择的产物。

同种畜禽常有多个品种。品种是人类在一定的社会条件下,为了生产和生活上的需要,通过长期选育而成的一群具有共同经济特点,并能将其特点稳定遗传给后代的畜禽。品种是畜牧生产的工具。一个品种就是一个相对独立的特殊基因库,是培育优良品种和利用杂种优势的良好原材料。从进化观点来看,人类从开始对野生动物进行驯化以来,通过使用不同手段对畜禽进行累计的干预和选择,使其许多性能朝着人们需要的方向转变,因此各种畜禽品种的形成都是人们有意识选择和培育的结果。

一个品种常包括多个品系(Strain,Line)。品系是畜牧业生产发展和育种技术提高的产物,广义的品系指能将一些突出优点相对稳定地遗传给后代的种畜群,除具有某品种的一些共同特点外,还应具有某些独特的特点。狭义的品系专指起源于同一卓越的系祖,并有与系祖相似的外形特征和高生产力的畜群。

在家畜品种或类型内也同样存在丰富的遗传多样性,主要体现在群体内个体间的遗传变异。随着现代分子生物技术的进展,对群体内遗传变异的了解更加全面,研究证实了在 DNA 水平上个体间的遗传差异是非常大的,特别是在一些选育程度较低的地方品种类群中,个体间的遗传多态性是很丰富的。这些遗传变异为种群内的选育提供了基础,保持畜种内丰富的遗传多样性可以维持对未知需求的足够应变能力。

随着社会经济的发展和人民生活的需要,品种特点可发生变化。根据培育程度,品种可分为原始品种、过渡品种和育成品种。

1.原始品种(Original breed)亦称地方品种,是在长期的农牧业生产水平较低、选种选配水平不高、饲养管理粗放的情况下形成的品种,是培育适应当地条件的高产新品种的原始材料。其特点有:(1)个体较小;(2)体格协调,生产力低,不具有专门化性能;(3)体质粗壮,耐粗耐劳,对当地条件的适应性强,抗病力强。

2.过渡品种(Transitional breed)多用育成品种与原始品种杂交培育而成。生产性能比原始品种高,对当地自然条件比较适应,但生产性能比育成品种低。

3.育成品种(Improved breed) 又称培育品种,是有明确的培育目标,经过长期培育,生产力和育种价值较高,专门化性能高的品种,对提高畜牧业生产起着重要作用。其特点主要包括:(1)生产力高,生产性能专门化;(2)体形较大,早熟;(3)对饲养管理条件要求高;(4)要求较高的育种技术;(5)品种结构复杂,除地方类型和育种场类型外,还有一定数量的品系和品族;(6)育种价值高,在杂交时起改良作用;(7)分布广,多数已被引进到世界各国作种用。

(三)畜禽遗传资源保护

畜禽品种是全人类共同的财富,是畜牧业发展的基础,具有较高的经济价值。同时畜禽品种又是生物多样性的组成部分,它为人类提供的肉、蛋、奶等产品数量最多、质量最好,是很多生物所不能替代的。在食品和农业生产中,家畜以肉、奶、蛋、毛、畜力和有机肥等形式提供了人类30%～40%的需求,而且畜禽品种是培育优质、高效、低耗畜禽新品种和利用杂交优势的原始材料。20世纪以来,世界人口剧增,对肉、蛋、奶等动物产品的需求量相应增加。这些需求促进了动物生产和畜牧科学的纵深发展,选育了高产优质的专用品种(如奶用、肉用、毛用等)及专门化品系(如增重快品系、毛长品系、乳脂率高品系等),以追求动物的高生产力和产品的标准化为目标,从而使原有的地方品种(品系)逐渐被这些通用的高产的少数品种所代替,造成品种单一化的态势。另外,高产品种与地方品种杂交已经是畜牧业中很普遍的生产方式。利用杂交优势固然提高了畜牧业效益,但却有可能引起品种混杂,甚至某些品种的灭绝。畜禽品种目前正以前所未有的速度递减。例如,曾经很受欢迎的脂肪型猪,随着消费者的需求向瘦肉多、脂肪少的食品转变,已被更适应市场需求的现代瘦肉型品种和杂交配套系所取代。联合国粮农组织1995年全球家畜品种目录(The world watch list for domestic animal diversity,WWL-DAD)的资料表明,许多家畜品种正面临灭绝的威胁,在1 433个调查品种中大约有27%处于灭绝的边沿。由此可以推测,目前全球的5 000余个品种中,大约有1 200～1 600个品种处于危险境地,并且每年大约有50多个品种消失。此外,还有相当大一部分品种的数量正日益减少,人类将来的食品供给正面临威胁。可见,人类数千年积累起来的丰富多样的动物变异类型,正在被品种单一化和杂交改良的后代所取代。一些地方品种具有的丰富的遗传基因,随着品种改良正在逐渐消失。人类目前面临畜禽遗传资源枯竭的危险,因此,必须加强畜禽品种资源的保护。

二、我国的畜禽遗传资源

(一)我国畜禽遗传资源概况

我国是世界上畜禽遗传资源最为丰富的国家之一,现有的畜禽品种是广大劳动者长期驯养和精心选育的产物。这些畜禽品种在当前及今后畜牧业可持续发展中仍然发挥作用,也是培育新品种不可缺少的原始素材。

据报道,我国目前有38种家养动物。通过在20世纪70年代末和80年代初开展全国性畜禽遗传资源普查、"七五"期间"同种异名"归并及2001年中国畜禽品种审定委员会审核,中国畜禽遗传资源主要有猪、鸡、鸭、鹅、特禽、黄牛、水牛、牦牛、独龙牛、绵羊、山羊、马、驴、骆驼、兔、梅花鹿、马鹿、水貂、貉、蜂20个物种,共计576个品种,其中地方品种为426个(占

74.0%),培育品种有 73 个(占 12.7%),引进品种有 77 个(占 13.3%)。这些品种、类群各有特点,特别是对产区的地理和生态条件有良好的适应性。

但是近三十年来相当一部分品种资源遭到严重的破坏。经过畜禽资源普查发现,我国有相当一部分畜禽品种处于稀少和较少状态,少量的处于基本灭绝的境地。1999 年调查结果表明,严重濒危畜禽品种已达 37 个。同时 93% 的猪、44% 的马驴、35% 的牛、20% 的家禽、15%的绵羊和山羊遗传资源受到不同程度的威胁。

在我国,外来品种(系)大量引进和杂交改良品种的大面积推广,是畜禽遗传资源受到威胁的重要原因。在猪、牛、羊生产方面,由于推广二元或三元杂交,加速了许多地方遗传资源数量的下降。随着推广新的畜禽品种,过去数千年来驯化的传统品种被遗弃,大量珍贵的遗传资源也随之损失。我国畜禽品种资源普查结果已证实,已有荡脚牛、阳坝牛、高台牛、枣北大尾羊、项城猪、深县猪、太平鸡、临洮鸡、武威斗鸡、九斤黄鸡 10 个地方品种消失,8 个濒临灭绝,20 个数量正在减少。这种趋势随着近年来品种大量引进和生产集约化程度的提高而进一步加剧。

(二)我国畜禽遗传资源特点

我国畜禽遗传资源在种质特性方面具有独特之处,概括如下:

1.多样、独特的生产力类型

中国的家养动物品种资源各具特色,有的产肉性能好,有的产奶性能好,有的产毛、产绒性能好,有的产蛋性能好,有的役用性能好,有的具有高繁殖力特性,有的具有药用特性,有的具有矮小特性,有的具有观赏特性,还有不少品种以生产传统风味产品而著称于世。滩羊生产的二毛裘皮、湖羊生产的羔皮洁白,呈波浪状弯曲;济宁青山羊生产的猾子羔皮毛色呈青紫色;荣昌猪生产的猪鬃长 10.0cm 以上;太湖猪成年母猪窝产仔平均 15 头以上;福建的金定鸭和浙江的绍兴鸭年产蛋 260～300 枚,蛋重在 65g 以上;豁鸭年产蛋 120 枚,蛋重 105～130g;丝羽乌骨鸡是生产乌鸡白凤丸、乌鸡精、乌鸡补酒的原料;用山东省产的驴皮制成的阿胶具有抗癌作用。这些产品均享誉国内外。

2.品种起源系统的多元化

研究表明,中国的马、牛、绵羊、鸭和鹅在物种层次上的起源都是多元的。中国猪起源于6～8 个野猪亚种。同时中国的猪、绵羊、山羊、牦牛、双峰驼、鸡、鸭和鹅 8 个畜禽种与自然生态条件下的野生种并存。

3.生态类型多样化

我国南北、东西气候差异大,不同的品种对不同的生态类型具有不同的适应性。如生长在海拔 4 000m 左右高原上的牦牛,是世界上独特的牛种;对高海拔沼泽草甸地区高度适应的河曲马,与农户舍饲条件非常协调;黄牛、绵羊、山羊对秸秆、藤蔓等农副产品饲料具有高效利用能力等。这些品种为不同区域不同饲养条件下饲料资源的充分利用和新品种的培育奠定了良好基础。

(三)我国丰富多样的畜禽品种资源

1.家猪

我国是世界上猪品种资源最丰富的国家。猪在动物分类学上属于偶蹄目(Artiodactyla),猪科(Suidae),猪属(Sus)。中国猪种汇集了6～8个野猪亚种的血统。几千年来,我国人民在驯养家猪的过程中,经过辛勤劳动和精心选择,培育出许多品质优良而又各具特色的家猪品种。地方猪种是指原产于我国的猪种。在地方猪种方面,经过多次的资源普查和综合分析,按照各地猪种的生产性能、体型外貌特征、分布和饲养管理特点以及当地的生产情况、自然条件和移民等社会因素,我国地方猪种可分为华北、华南、华中、江海、西南及高原6种类型。每一类型中又有许多具有独特性能的品种,例如,太湖猪以繁殖力高而闻名于国内外;金华猪和乌金猪是腌制著名的金华火腿和云腿的原料猪;荣昌猪所产的鬃毛既长而又洁白亮泽,在国际市场上久享声誉;香猪是我国特有的小型猪种,适合做烤猪和实验动物。这些珍贵的资源不仅是我国的,也是世界人民的共同财富。

目前,列入品种志的有48个地方品种、12个培育品种和6个引入品种。

2.牛

牛动物分类学上属于偶蹄目(Artiodactyla),反刍亚目(Muminantia),牛科(Bovidae),牛属(Bos)及水牛属(Bibos)。

目前我国饲养的1亿多头牛中,按牛种和生产方向可以分为6个类型:黄牛、水牛、牦牛、乳用牛、肉用牛和乳肉兼用牛。其中牦牛、黄牛、水牛等是不同种属的家畜,拥有许多著名的地方品种或类型,例如,产于呼伦贝尔盟的以乳肉兼用著称的三河牛;体高力大、步伐轻快、性情温顺的南阳牛;行动迅速、水旱两用的延边牛;以及产于湖南、江苏、四川等地的大型役用水牛等。

黄牛是我国劳动人民在长期的生产劳动中培育出的以役用为主的品种。同时由于我国地域辽阔,生态环境差异很大,适应不同生态环境的地方黄牛品种具有丰富的遗传多样性。由于分布地域不同,黄牛又可分为北方牛、中原牛和南方牛三大类型。在三大类群中,秦川牛、南阳牛、鲁西牛、延边牛和晋南牛是当前公认的五大良种。我国黄牛素以耐粗饲、适应性强、肉味浓香著称,是我国肉用牛新品种的重要种质资源,其价值不可低估。

列入品种志的牛种就有34个地方品种、4个培育品种和7个引入品种。

3.马

马(Equus caballus)在动物分类学上属于马科(Equidae),马属(Equus)。

家马由野马进化而来,经长期驯化后,又经自然和人工选择的影响,分化为许多品种或类型。依据品种的来源、育种程度及历史情况,一般将中国的马分为地方品种、培育品种和引入品种3种类型。其中地方品种又有蒙古马、西南马、河曲马、哈萨克马和西藏马5种类型之分。地方品种的马体高一般在115～135cm之间,其数目约占我国马总数的90%左右。

在我国马中有不少名贵品种,例如,具有抗严寒、耐粗饲、持久力和适应性强等优点的蒙古马;体格短小、精悍、灵活、善于登山涉水的建昌马;乘挽兼用的伊犁马;适应高原气候,对沼泽、陡坡、乱石、羊肠小道都能行走自如的玉树马。分布在我国西南云、贵、川及广西百色地区的马群中,成年马有不少体高在1m以下,俗称矮马,已开发供游乐用。列入品种志的马品种有15个地方品种、11个培育品种和7个引入品种。

4.驴

驴在动物分类学上与马一样,属于马科(Equidae),马属(Equus)。

中国家驴品种较多,是世界上驴品种资源最丰富的国家,分布地域广阔,生态类型多样。由于各地自然条件、社会条件和民族习惯等不同,对驴的选育水平差异较大。根据形体大小,可将驴分为三大生态类型:大型驴、中型驴和小型驴。

5.绵羊

绵羊在动物分类学上属于偶蹄目（Artiodactyla），反刍亚目（Muminantia），牛科（Bovidae），羊亚科（Caprinae），绵羊属（*Ovis*）。我国拥有很多世界著名的绵羊品种资源，一般根据用途将绵羊分为细毛羊、半细毛羊、粗毛羊、裘皮羊和羔皮羊。在这些品种中，有生态适应性特别良好的蒙古羊、哈萨克羊和藏羊，还有以快长速肥和大尾著称的乌珠穆沁羊，以独特二毛裘皮闻名的滩羊，繁殖力高、适于舍饲、羔皮品质优良的湖羊等。

6.山羊

山羊在动物分类学上属于羊亚科（Caprinae），山羊属（*Capra*）。

我国山羊品种资源丰富，著名的有中卫山羊、辽宁绒山羊、济宁青山羊、内蒙古绒山羊、成都麻羊、南江黄羊等。中卫山羊生产白色二毛裘皮，花穗弯曲美观，排列整齐。辽宁绒山羊具有产绒量高、绒毛长等特点。济宁青山羊被毛由黑白二色毛混生，呈青、粉青或铁青色，以青猾皮质量最好，母羊每胎繁殖率为270%左右。

7.家禽

家禽主要包括鸡、鸭及鹅三种。家鸡在动物分类学上属于鸟纲（Aves），鸡形目（Galliformes），雉科（Phasianidae），原鸡属（*Gallus*）。家鸭和家鹅属于雁形目（Anseriformes），鸭科（Anatidae）的鸭属（*Anas*）和雁属（*Anser*）。

鸡是人类驯化较早的家禽，而我国又是最早养鸡的国家之一。自7 000年前我国开始养鸡以来，鸡一直在我国人民生活中起着重要作用。在长期的生产实践中，我国人民选育出了众多适应于不同生境条件和饲养条件的家鸡品种。我国现有的鸡品种按其来源分为本国品种和引进品种两大类。本国品种主要是地方品种，曾经是我国养鸡业的主要品种。1989年出版的《中国家禽品种志》共收入地方鸡品种27个，主要有蛋用型、肉用型、兼用型、观赏型、药用型等。其中主要品种是仙居鸡、白耳黄鸡、狼山鸡、大骨鸡、北京油鸡、浦东鸡、寿光鸡、萧山鸡、藏鸡、茶花鸡及丝羽乌骨鸡等。列入品种志的鸭品种12个，鹅品种13个。

第二节　我国畜禽遗传资源保护

一、我国畜禽遗传资源保护简介

（一）完善法制，健全机构

法律建设、管理机构建设和依法管理是畜禽遗传资源保护的重要工作和强有力的保障。新中国成立以来，我国先后出台了一系列旨在加强畜禽遗传资源的保护和管理工作的法规和政策性文件。1950年11月24日，农业部、粮食部联合印发了《国营种畜场工作暂行条例（草案）》。1973年12月1日，农林部、外贸部发出《关于从国外引进种畜、种蜂实行归口管理的通知》。1976年4月23日，又发出了《关于加强种畜进口管理工作的通知》等。国务院1994年4月15日颁布《种畜禽管理条例》，随后农业部相继出台了《种畜禽管理条例实施细则》《关于加强种畜禽管理的补充通知》。2005年12月29日通过了《中华人民共和国畜牧法》。同时，各省、自治区、直辖市也根据各自的具体情况，制定了配套的地方性法规和规章，使管理更细化、更具体化，为依法管理提供了依据。

为加强畜禽品种资源的保护、开发和利用工作，农业部于 1996 年 6 月 24 日，在北京成立了国家畜禽遗传资源管理委员会，该管理委员会是在农业部领导下，由环保、财政以及畜牧行政主管部门的有关领导和科研、教学、生产单位的有关专家组成的国家家畜禽遗传资源管理机构，下设办公室、培训部、筹资部和品种审定委员会，主要任务是协助行政管理部门总体负责家畜禽遗传资源管理工作，制定家畜禽遗传资源保护计划、保护名录和保护方法，评估和确定家畜禽遗传资源利用方向。全国畜牧兽医总站于 2001 年成立了畜禽品种资源处，负责协调、执行国家畜禽遗传资源保护和利用的有关行动。农业部建立了畜禽与牧草种质资源保存和利用中心、地方禽种基因库，承担遗传资源的活体保护、精子和胚胎的冷冻保存。中国农业科学院等科研、教学单位设有畜禽遗传资源研究机构，专门从事畜禽遗传资源的理论、技术研究，协助执行国家有关畜禽遗传资源收集、整理、保护和利用工作，并为政府制定有关畜禽遗传资源保护和利用政策提供咨询。此外，为促进畜禽遗传资源的有效合理利用，中国还先后成立了奶牛、黄牛、牦牛、西门塔尔牛、水牛、马、湖羊、家禽、猪、家兔及蜂等 20 多个育种委员会或育种协作组。一些地方也成立了相应的畜禽品种资源管理机构，并按照分级保护的原则，明确了重点保护畜禽品种名录，对于推动我国畜禽品种资源的管理工作，保护畜禽遗传资源起到了积极作用。

（二）品种普查与品种志编纂

畜禽遗传资源属于可变性资源和更新性资源。畜禽品种资源普查是通过实地调查和资源分析等手段全面了解畜禽品种资源变化和更新状况的一种方法，是制定保护计划的基础。调查的内容有该畜禽生活的自然生态条件、数量与分布、体尺体重、繁殖特征、遗传稳定性和生产性能等。国家从 20 世纪 50 年代开始，就着手进行畜禽品种资源的调查工作。1954～1956 年农业部畜牧兽医总局组织对华北、东北、华中和华南的部分省、区进行调查。20 世纪 50 年代末至 60 年代，中国科学院自然资源综合考察委员会分别对新疆、内蒙古、宁夏、甘肃及黑龙江等省、区进行调查。1976 年，农业部组织开展了一次较大规模的畜禽品种资源调查，基本摸清了我国品种资源家底、现状及存在问题，为建立适合我国实际的保种制度和方法打下良好的基础，出版了《中国猪品种志》、《中国牛品种志》、《中国羊品种志》、《中国家禽品种志》、《中国马驴品种志》5 部畜禽品种志。各省还分别编辑出版了地方品种志，全面介绍中国家养动物遗传资源。1995 年又对中国西南、西北部的偏远地区进行了一次为期 4 年的畜禽资源补充调查，发现了 79 个新遗传资源群体。2001 年开始启动畜禽品种资源动态信息调查项目，对全国畜禽品种资源状况进行动态监测。2004 年国务院办公厅下发了《关于加强生物物种资源保护和管理的通知》，明确提出，"要迅速开展一次全国生物物种资源调查，争取用二到三年的时间，基本查清我国栽培植物、家畜家禽种质资源和水生生物、观赏植物、药用植物等物种资源的状况。"为贯彻落实国务院通知精神，在农业部畜牧业司的领导下，国家家畜禽遗传资源管理委员会联合各省（区、市）畜牧管理部门、技术推广机构和有关科研院校、专家，于 2004 又启动了全国畜禽遗传资源调查项目。畜禽资源调查为制定有关保护、合理开发利用政策，制定畜牧业整体发展规划，开展国际畜牧科技合作交流提供了必要的科学依据。

（三）初步建立了畜禽品种资源保护体系

我国对畜禽品种资源保护工作历来十分重视,20世纪50年代就建立了一批种畜禽场。20世纪80年代,国家投入了上亿元资金在全国各地建立了一大批各具特色的优良地方品种资源场和种公牛站。"八五"期间,农业部又确认了83个国家级重点种畜禽场,对一些优良地方品种资源场的基础设施进行了建设。"九五"期间,国家启动了畜禽种质资源保护项目,重点进行增加活畜数量及完善相应基础设施等工作,同时分别在北京和江苏建立了国家家畜和家禽品种基因库,保存了一批原始品种和种质素材。各省、市、县根据当地的品种优势和特点,建立了一批地方种畜禽场,同时还划定保护区,制定保种方案和进行良种登记,有计划地开展了保种选育工作。在各家养动物品种产区,先后建立了1700多处马、牛、羊、猪、禽、兔、蜂等品种选育场和繁殖场,并划定了一些保护区,以保护一批原有地方珍贵名种,如伊犁马、三河马、河曲马、乌珠穆沁马、矮马、关中驴、德州驴、秦川牛、南阳牛、鲁西黄牛、晋南牛、延边牛、温州水牛、阿拉善骆驼、太湖猪、金华猪、宁乡猪、东北民猪、沙子岭猪、大花白猪、陆川猪、荣昌猪、内江猪、小型猪、滩羊、湖羊、小尾寒羊、同羊、和田羊、西藏羊、乌珠穆沁羊、中卫山羊、狼山鸡、萧山鸡、丝羽乌骨鸡、北京油鸡、北京鸭、建昌鸭、金定鸭、高邮鸭、狮头鹅等。

家禽活体基因库保库了仙居鸡、白耳黄鸡、狼山鸡、大骨鸡、北京油鸡、萧山鸡、鹿苑鸡、固始鸡、中国斗鸡、丝羽乌骨鸡、茶花鸡、藏鸡、崇仁麻鸡、惠阳胡须鸡、清远麻鸡、杏花鸡等21个品种,每品种保存200～300只母鸡。

在离体保存设施建设方面已经起步,农业部建立了国家畜禽种质资源保存利用中心,目前已保存有16个品种的牛、羊等畜禽的冷冻胚胎和冷冻精液,每个品种精液1500份、胚胎100枚,其中牦牛2个品种,各保存了1500份精液。在国家畜禽种质资源保存利用中心还保存有60个中国地方猪品种和引进猪种近3600个个体的DNA,并保存有部分细胞组织等遗传材料。

（四）推进畜禽品种资源的选育和开发利用

为使我国丰富的畜禽品种资源优势转化为经济优势,在加强保护的同时,还推进了地方畜禽品种的选育和产业化开发工作。近年来,运用现代育种技术和手段,选育了一大批新品种(配套系),1996～2002年,通过国家审定的畜禽新品种(配套系)共有26个。其中绝大部分是以我国地方畜禽品种为基本素材培育而成的。这些工作使许多畜禽地方品种的主要优良性状得以保持,生产性能有了较大提高。

（五）畜禽品种资源保护名录的确立

国家对畜禽品种资源实行分级保护,保护名录和保护具体办法由国务院畜牧行政主管部门制定。农业部第662号公告中确定八眉猪等138个畜禽品种为国家级畜禽遗传资源保护品种。

国家级畜禽品种资源保护名录如下:

1.猪

八眉猪、大花白猪(广东大花白猪)、黄淮海黑猪(马身猪、淮猪、莱芜猪、河套大耳猪)、内江猪、乌金猪(大河猪)、五指山猪、太湖猪(二花脸、梅山猪)、民猪、两广小花猪(陆川猪)、里岔黑猪、金华猪、荣昌猪、香猪(含白香猪)、华中两头乌猪(通城猪)、清平猪、滇南小耳猪、槐猪、蓝塘猪、藏猪、浦东白猪、撒坝猪、湘西黑猪、大蒲莲猪、巴马香猪、玉江猪(玉山黑猪)、河西猪、姜曲海猪、关岭猪、粤东黑猪、汉江黑猪、安庆六白猪、莆田黑猪、嵊县花猪、宁乡猪。

2.鸡

九斤黄鸡、大骨鸡、鲁西斗鸡、吐鲁番斗鸡、西双版纳斗鸡、漳州斗鸡、白耳黄鸡、仙居鸡、北京油鸡、丝羽乌骨鸡、茶花鸡、狼山鸡、清远麻鸡、藏鸡、矮脚鸡、浦东鸡、溧阳鸡、文昌鸡、惠阳胡须鸡、河田鸡、边鸡、金阳丝毛鸡、静原鸡。

3.鸭

北京鸭、攸县麻鸭、连城白鸭、建昌鸭、金定鸭、绍兴鸭、莆田黑鸭、高邮鸭。

4.鹅

四川白鹅、伊犁鹅、狮头鹅、皖西白鹅、雁鹅、豁眼鹅、郧县白鹅、太湖鹅、兴国灰鹅、乌鬃鹅。

5.羊

辽宁绒山羊、内蒙古绒山羊(阿尔巴斯型、阿拉善型、二狼山型)、小尾寒羊、中卫山羊、长江三角洲白山羊(笔料毛型)、乌珠穆沁羊、同羊、西藏羊(草地型)、西藏山羊、济宁青山羊、贵德黑裘皮羊、湖羊、滩羊、雷州山羊、和田羊、大尾寒羊、多浪羊、兰州大尾羊、汉中绵羊、圭山山羊、岷县黑裘皮羊。

6.牛

九龙牦牛、天祝白牦牛、青海高原牦牛、独龙牛(大额牛)、海子水牛、富钟水牛、德宏水牛、温州水牛、延边牛、复州牛、南阳牛、秦川牛、晋南牛、渤海黑牛、鲁西牛、温岭高峰牛、蒙古牛、雷琼牛、郏县红牛、巫陵牛(湘西牛)、帕里牦牛。

7.其他品种

百色马、蒙古马、鄂伦春马、晋江马、宁强马、岔口驿马、关中驴、德州驴、广灵驴、泌阳驴、新疆驴、阿拉善双峰驼、敖鲁古雅驯鹿、吉林梅花鹿、藏獒、山东细犬、中蜂、东北黑蜂、新疆黑蜂、福建黄兔、四川白兔。

二、我国畜禽遗传资源保护的主要问题

(一)资金投入少,保种任务重

由于畜禽种质资源是活的有机体,需消耗大量食物和营养物质来维持其活体状态,这决定了畜禽种质资源保护费用较高。同时,大多数需要专门进行保护的畜禽遗传资源都是一些生产性能较低的地方品种。因此,总体而言,保种是一项耗资巨大的工作,这也是制约畜禽遗传资源保存工作最重要的因素,经常造成相关畜禽种质资源工作时断时续,影响其工作成效。需要设法多渠道地筹措保种资金,才能保证有效地开展此项工作。获取保种资金的主要途径有政府财政投入、国际社会的支持、社会团体或个人的赞助和遗传资源的综合开发利用,但这些方法筹措的保种资金不能保证畜禽遗传资源保护任务的完成。

同时,我国丰富的家养动物遗传资源大部分分布在生态条件复杂、交通闭塞、经济较贫困的边远山区,当地财政状况一般较差。由于人类现实需求和生态条件的变化,以及人为无计划地引种、杂交,在国家对家养动物资源保护投资较少的背景下,地方政府无财力投资于资源

管理和保护工作,造成部分资源不断受到威胁。

(二)重视程度不够,管理工作薄弱

有关畜禽领域的工作,主要围绕实现其经济价值而进行生产及经营活动,对畜禽种质资源保护的重要性认识不足。20世纪80年代以后,畜禽种质资源逐渐受到国际社会的重视,我国也开展了一些相应工作,但畜禽种质资源保护和管理工作还十分薄弱,不能满足对畜禽资源的长远需求。

同时,由于对畜禽遗传资源未来的应用价值目前难以做出准确的判断,因此其长远的经济利益是非常模糊的。为了追求短期的利益,大量的生产性能较低的地方品种都将不可避免地遭受灭绝的威胁。由于过分强调现实经济发展,缺乏对畜禽种质资源是维持畜牧业可持续发展重要性的正确认识,向种质资源索取多,对种质资源保护少,忽视对种质资源进行长期的、有效的管理。

(三)起步晚,保种基础薄弱

长期以来,我国畜禽遗传资源管理主要以表型为主进行。"六五"期间进行的全国畜禽品种资源普查确定的国家级品种资源,主要以分布地域、体型外貌、生产性能等表型描述指标为依据,许多品种由于上述指标相似则合并为一个品种,如太湖猪由7个地方品种合并而成,又如黄淮海黑猪跨越7个省市,其他畜禽品种也有类同。而依据上述指标进行的畜禽种质资源分类,存在一定的主观性,在一定程度上造成同种异名、同名异种等问题。以这种结论指导生产,势必容易导致我国畜禽遗传多样性的丢失,或导致重复保护工作。同时,评估畜禽种质资源多样性主要以群体数量进行,导致在制定保护方案过程中,带有一定的盲目性和片面性。因此,为提高遗传多样性评估的准确性、制定保护方案的有效性,进行畜禽种质资源的分子遗传距离为主的遗传多样性评估,才能不断提高我国畜禽种质资源工作水平,对于我国畜禽种质资源的有效管理和正确决策是十分客观和必要的。

(四)缺乏配套的政策与法规

畜禽种质资源保护缺少有力的领导和管理机构,政策不配套,法律和法规不健全,工作缺乏连续性。畜禽种质资源由于其特殊性,保护、保存的费用较高,一般企业、个人很少有兴趣和能力从事保护工作,如国家不采取相应措施,畜禽种质资源的危机程度将进一步加剧,未来的畜牧生产将成为无米之炊。

第三节 畜禽遗传资源保护理论与方法

一、原位保存的群体遗传学基础

根据家畜遗传资源多样性在不同层次的特点,可以采取不同的措施和方法,即原位保存

和易位保存。目前,在品种水平上的基本保存方法是原位保存。

原位保存也叫活体保存,是指允许保种畜禽小群体存在,进行活畜保种,传统方法要求尽量保存一个群体基因库(Gene pool,Gene bank)的平衡,力争使其中的每一个基因都不丢失。为此,根据群体遗传学理论,就是要求有一个大的群体,并且实行随机留种和交配,使之尽量不受突变、选择、迁移、遗传漂变等影响。然而,在实际的畜禽遗传资源保存中,许多情况下是以保种群的形式实施的,这些保种群往往是一个闭锁的有限群体,即使没有影响群体遗传结构的系统性因素存在,也会因群体小带来配子的抽样误差,造成群体基因频率的随机遗传漂变(Random genetic drift)。因此,保种群体规模是决定保种效率的主要因素。在群体遗传学中采用群体有效含量(Effective population size)表示群体规模大小。

为了研究群体遗传漂变的效应,需要一种理想化的群体(Ideal population),这种理想群体的群体含量在世代间保持恒定,群体内个体完全随机交配,不出现世代重叠,无其他任何系统性因素影响。群体有效含量就是与实际群体有相同基因频率方差或相同的杂合度衰减率的理想群体含量,记为 Ne,它决定了群体平均近交系数增量(ΔF)的大小,反映了群体遗传结构中基因的平均纯合速度,当初始群体的近交系数为零时,T 世代的近交系数 F_t 与近交系数增量的关系如下:

$$F_t = 1 - (1 - \Delta F)^T$$

从公式可知,尽可能扩大保种群体有效含量,缩小公母畜比例,延长世代间隔,实行各家系等量留种和随机交配体制有利于保种。

二、畜禽遗传资源保护方法

原位保存和异地保存这两种畜禽遗传资源保护主要方式互为补充,构成现阶段我国畜禽遗传资源保护工作的主体。方法简介如下:

(一)原位保存

为了在整体上保存一个品种,使其遗传结构稳定,一般应采取以下的常规保种措施。

1.建立原种场

在某种畜禽的原产地或主产区建立原种场,在场内开展系统选育,不但使这些品种得到有效保护,而且生产性能均有不同程度的提高,在生产中发挥了重要作用。最近,国外品种被越来越多地引进。在市场规律作用下,不可能在一个保种地区禁止这样的引进和杂交。正因为如此,有必要建立原种场。

2.建立资源保护区

资源保护区是指在有代表性的畜禽品种的天然集中分布区、保护对象所在的陆地、水体或海域,依法划出一定面积予以特殊保护和管理的区域。资源保护区分国家级和省级两个等级。另外《种畜禽管理条例实施细则》第六条规定:"保种群禁止开展任何形式杂交。确因育种需要,按管理权限报批,批准后方可进行。"根据《畜禽品种资源保护与管理工作的通知》要求,畜禽品种资源保护场(区)要采用科学、先进的管理、繁育、饲养技术,有明确的选育目标,必须建立完整、系统的档案制度。同时,还要保证保种群的数量和质量,保种群禁止开展任何形式的杂交,确因育种需要,按管理权限报批,批准后方可进行。

3.确定保种数量

有关保种所需最小数量的研究结果是不相同的。一般来说,如果要求保种群在 100 年内近交系数不超过 0.1,则猪、羊等小家畜的群体有效含量应在 200 只以上(设世代间隔为 2.5 年),牛、马等大家畜的群体有效含量应为 100 头(假设世代间隔为 5 年),并且要保证有足够的公畜,以维持一定的性别比例。避免近交是保种的一个关键因素。

4.合理留种

最好实行各家系等量留种,即在每一世代留种时,实行每一公畜后代中选留一头公畜,每一母畜后代中选留相同数量的母畜,并且尽量保持每个世代的群体规模一致,减少保种群体出现"瓶颈效应"的几率。

5.制定合理的交配体系

避免极端近交(全同胞、半同胞、亲子交配)。

6.建立基因库、测定站

畜禽品种资源保护的目的是为了保存基因库,以便服务于现在或将来的畜牧生产。所谓基因库,是指某种生物群体中,能进行生殖的所有个体含有的基因总和,或贮存在一个物种内全部配子所含有的遗传信息。一个品种保存了一定数量的公母个体作为保种群体,其余的个体则可以通过纯种选育或通过与引进品种的杂交来进行改良。同时要建立测定站对保种群体进行测定和评价。

原位保存是目前最实用的方法,可以在利用中动态地保存资源,操作简单明了。但是其弊端在于一般需要设立专门的保种群体,维持成本很高,同时管理较难,而且畜群会受到各种有害因素的侵袭,例如疾病、近交、有害基因的存在、其他畜群的污染、自然选择带来的群体遗传结构变化等。

(二)易位保存

随着分子生物学技术的进步,冻存生殖细胞、胚胎、体细胞以及 DNA 文库等易位保存方法,在畜禽遗传资源保存中也越来越广泛地得到应用。

1.生殖细胞、胚胎和体细胞冻存

超低温冷冻技术的发展为遗传物质、生物个体及其种质资源的保存,特别是珍稀、濒危畜禽的异地保护提供了希望,被称为濒危种类保护的"诺亚方舟"。目前超低温冷冻技术对大多数畜禽的精液进行长期保存已基本可行,特别是奶牛、山羊的精液冷冻和人工授精已经广泛使用,黄牛和水牛的冷冻精液也已经商品化,而绵羊、猪、马和家禽等的精液冷冻技术尚有待于进一步完善。哺乳动物的冷冻胚胎自 20 世纪 70 年代初首获成功以来,已经在 20 多种哺乳动物中获得成功,奶牛、黄牛、山羊、绵羊、兔和小鼠等的冷冻胚胎已得到较广泛的使用。胚胎冷冻和移植技术的发展,为畜禽的异地保存提供了技术保障。

生殖细胞、胚胎和体细胞冻存可以较长时期地保存大量的基因型,免除畜群对外界环境条件变化的适应性改变。生殖细胞和胚胎的长期冷冻保存技术、费用和可靠性在不同的家畜有所不同。一般情况下,超低温冷冻保存的样本收集和处理费用并不是很高,特别是精液的采集和处理是相对容易和低廉的,而且冷冻保存的样本也便于长途运输。对生产性能低的地方品种而言,这种方式的总费用要低于活体保存。但利用这种方式保存遗传资源,必须对供体样本的健康状况进行严格检查,同时做好有关的系谱和生产性能记录。由于抽样误差,基因频率和基因型频率也有所变化，但是已经降低到最低限度，并防止了保种群与其他种群的混杂。只要样本足够大，群体中的任何遗传信息就不致丢失。从保种成本看，保存配子优于保存受精卵和胚胎；从保种效果看，则截然相反。

体细胞的冷冻保存也是一种成本低廉的保种方式，但是需要克隆技术作为保障。1997年英国报道的成功的克隆羊"多莉"，以及随后相继报道的鼠、兔、猴等动物的体细胞克隆成功事例，至少为畜禽遗传资源保存提供了一条新的途径，即利用体细胞可以长期保存现有动物的全套染色体，并且将来可以利用克隆技术完整地复制出与现有遗传物质完全一致的个体。即使现有的特定类型完全灭绝，将来也可以利用同类，甚至非同类动物个体作为受体，借腹怀胎，来重新恢复该物种。然而，到目前为止，这种方式还不能真正用于畜禽遗传资源的保存。

2.利用DNA文库和基因定位保种

随着分子生物学和基因工程技术的完善，以及分子遗传技术的进步，一些高效率的DNA分子遗传标记将各种畜禽的遗传图谱研究推向实用化。通过基因定位将一些独特性能的基因定位于某一染色体特定区段，并测定基因在染色体上线性排列的顺序和相互间的距离，这样可以直接在DNA分子水平上有目的地保存一些特定的性状，即基因组合。通过对独特性能的基因或基因组定位，进行DNA序列分析，利用基因克隆，长期保存DNA文库，这是一种最安全、最可靠、维持费用最低的遗传资源保存方法，可以在将来需要时，通过转基因工程，将保存的独特基因组合整合到同种，甚至异种动物的基因组中，从而使理想的性能重新回到活体畜群。但DNA基因组文库作为一种新型的遗传资源保存方法，目前基本上仍处于研究阶段。

三、系统保种简介

系统保种(Systemic conservation of animal and poultry genetic resources，SCAPGR)概念来源于人们对保种和保种目标的不同理解。对保护的理解与认识不同，所确定的保护目标就各有侧重。系统保种是指依据系统科学的思想，把一定时空内某一畜禽品种所具有的全部基因种类和基因组的整体作保存的对象，综合运用现今可能利用的科学技术和手段，建立和筛选能够最大限度地保存畜禽品种基因库中全部基因种类和基因组的优化理论及技术体系。

系统保种无论是从遗传学、经济学还是从管理学的角度考虑，都被认为是一种好方法。它的优点主要有：(1)便于对某一地区乃至全国的保种工作进行科学管理，它可使各级保种单位目标明确、责任清楚、分工到位。(2)减少保种的盲目性和随机性。(3)在保种方法上，系统保存强调的是综合运用当前的科学技术、手段，建立能够最大限度地保存畜禽品种基因库中全部基因种类和基因组的技术体系。它在动物遗传育种研究、自然资源及生态环境保护中有其他方法无法替代的作用，冷冻精液、卵子、胚胎、细胞和基因文库均为备选补充方法。(4)在保种目标上，系统保存既追求系统地保存畜禽品种的基本基因体系和控制品种特征、特性的基因，又可达到保护地方良种群体的目的。(5)可以减少对保种群过小和近交的禁忌。(6)可以大大节省保种经费，由于减少保种目标的不必要重复和忽略某些品种的保存，所以可节省费用，且收效甚大。

第四节　进出口与畜禽遗传资源保护

一、畜禽遗传资源进出口方式

1.活体进出口

这在目前仍是最常用的畜禽进出口方式,成功率高。引种是指从外地或国外引入优良种畜禽。这些种畜禽经风土驯化后,直接用于纯繁推广或作为经济杂交的亲本,也可作为育种的原始素材。

2.畜禽遗传材料进出口

随着生物技术的发展,这种方式逐渐增多。此方式减少了传播疾病的机会,降低了运输和检疫的费用,但这种方式应具备相应的组织措施和技术。

二、畜禽遗传资源进出口

我国的种畜禽引进工作有悠久的历史,在 2 000 多年前的汉代,就开始引进良种马改良本地马种。20 世纪以来,种畜禽进出口最为频繁。大批优良种畜禽的引入对加速我国畜禽改良、丰富家养动物遗传资源起到重要作用,不但提高了本地畜禽品种的经济价值,还为培育新品种打下了基础。据不完全统计,中国先后从俄罗斯、英国、法国、德国、比利时、荷兰、丹麦、美国、加拿大、澳大利亚、新西兰等国家,引进了包括马、牛、羊、猪、禽等畜禽品种 120 余个,其中引进马品种 18 个,牛品种(包括肉牛、肉奶兼用或奶肉兼用)27 个,水牛品种 2 个,绵羊品种25 个,山羊品种(奶山羊、毛用山羊、肉用山羊)4 个,猪品种 11 个,家禽(不包括配套系)品种39 个(鸡 30 个,鸭 5 个,鹅 1 个,火鸡 3 个)。我国原来没有奶用牛品种(奶牛),1901 年由西方引进黑白花奶牛 6 头;1946 年联合国救济署赠奶牛 8 个品种 4 000 余头。奶牛的引进形成了一种新的畜牧产业,改革了我国传统的饮食结构。据史料记载,1892 年我国引进美利奴羊6 只供杂交改良用,1919 年又引进 1 000 余只;1934 年西北种畜场从美国引进兰布列、考力代、美利奴等种羊数百只,同年还引进了汉普夏羊;西北羊毛改进处 1941 年从新西兰引进美利奴、考力代等 150 只。解放初期,我国毛纺工业用毛完全靠进口,由于不断引进了这些细毛羊品种,并育成了新疆细毛羊、中国美利奴等细毛羊品种,提高了我国原毛质量,基本上扭转了细毛依靠进口的局面。山羊引种不仅改变了我国山羊的品种资源结构,而且有力地促进了山羊业的发展。中国奶山羊品种几乎都是通过引种杂交而培育成的,育成的南江黄羊含有外来品种的血液;可望育成的中国毛用山羊是在有目的地引入世界著名的安哥拉山羊为父本而起步的。在猪的新品种培育中引入中约克夏、大约克夏、杜洛克等猪品种,育成了哈尔滨白猪、上海白猪、沂蒙黑猪等新品种。

同时,中国有许多种畜禽出口到世界各地。早在 2 000 年前罗马帝国就引进中国猪种,到19 世纪初,美、英国家引入广东的番禺猪,后又传到德、法等国,在世界良种猪培育中起到重要作用。有的国家早已利用我国这些遗传资源育成若干世界名种。世界上著名的英国巴克夏猪、约克夏猪、美国的波中猪、早期的罗马猪，都是引入中国猪才育成的。法国于 1979 年引进我国梅山猪、嘉兴黑猪、金华猪(各公一只母二只)，几年后在杂交研究中取得了不少成绩。英国于 1987 年又引入了太湖猪。日本在 1986 年引进了首批太湖猪后，1987 年又引入了第二批。1987 年 6 月，日本召开了专业会议总结利用梅山猪的结果，并制定今后的利用规划。美国与我国签有引进种猪、精液或胚胎的协议，首批种猪资源于 1989 年 3 月运往美国。中国的狼山鸡在 19 世纪 70 年代就被英国引入，以体形硕大、羽毛黑色、产蛋多、蛋大而名扬全球。世界著名的洛克鸡、洛岛红鸡即是引入我国九斤黄鸡育成的；奥品顿鸡是引用我国黑色狼山鸡育成的。英国引进我国的北京鸭，培育出闻名世界的樱桃谷鸭。中国丝羽乌骨鸡、狮头鹅、梅山猪、枫泾猪、金华猪、关中驴、南阳牛、鲁西牛、同羊等 30 余个畜禽品种输出到亚洲、欧洲、美洲及大洋洲的一些国家和地区。

三、进出口畜禽遗传资源保护的必要性

目前我国种畜种禽的进出口主要是由商业公司运作的，中国种畜进出口公司经营出口目录受农业部畜牧局的指导。一些有进出口经营权的地方种畜进出口公司也可在地方畜牧部门的指导下经营种畜禽进出口。而这些公司以商业盈利为目的，对国家种质资源缺乏保护意识，在资源重要性评价方面缺少专业知识，客观上容易造成家养动物遗传资源的流失。

资源利用过度、非法贸易和走私，致使一些动物遗传资源严重衰竭，不当的畜禽遗传资源进出口影响到一些畜禽品种的生存，外来种的入侵将一些地方品种逼进极其狭窄的生态空间里。我国目前正处于经济发展的初期，首要的任务是迅速满足人们对畜产品数量不断增长的需求，引进品种恰好适应了这种需求而得到大力推广和普及。而高产外来品种(系)的大量引进和杂交改良的大面积推广，正是我国畜禽遗传资源受到威胁的重要原因。选育高产优质的专用品种(如奶用、肉用、毛用等)及专门化品系(如增重快品系、高繁殖力品系等)，追求畜禽的高生产力和产品的标准化，从而使原有的地方品种(品系)逐渐被这些通用高产的少数品种所代替，造成品种单一化的态势。另外，高产品种与地方品种杂交已经是畜牧业中很普遍的生产方式。利用杂交优势固然提高了畜牧业效益，但却有可能引起品种混杂，甚至某些品种的灭绝。

不当的动物遗传资源进出口致使一些遗传资源严重衰竭的同时，也导致资源的重新分配，给一些国家的发展带来经济损失。中国太湖猪品种中的梅山猪、枫泾猪类型引入到法国、美国及英国等国，同当地猪杂交改良，加快了这些国家猪繁殖力、经济性状的遗传进展。上述这些含有我国优良畜禽基因的高产品种，又出口到我国，造成大量资金外流。

四、进出口畜禽遗传资源保护的措施

运用法律手段保护畜禽遗传资源是世界上许多国家的普遍做法，在进出口畜禽遗传资源保护和管理上主要运用法律手段。

制定畜禽进出口的规划、计划是进出口管理的主要措施。国家对进出口种畜禽制定的审批制度，可以确保引进的品种和代次与良繁体系建设相适应，同时可以控制较低代次种畜禽的引进。新中国成立以来，国家制定了一系列种畜禽进出口审批制度和种畜禽进出口审批暂行管理办法，并不断完善。《畜牧法》规定："从境外引进畜禽遗传资源的，应当向省级人民政

府畜牧兽医行政主管部门提出申请;受理申请的畜牧兽医行政主管部门经审核,报国务院畜牧兽医行政主管部门经评估论证后批准。经批准的,依照《中华人民共和国进出境动植物检疫法》的规定办理相关手续并实施检疫。从境外引进的畜禽遗传资源被发现对境内畜禽遗传资源、生态环境有危害或者可能产生危害的,国务院畜牧兽医行政主管部门应当与有关主管部门协商,采取相应的安全控制措施。向境外输出或者在境内与境外机构、个人合作研究、利用列入保护名录的畜禽遗传资源的,应当向省级人民政府畜牧兽医行政主管部门提出申请,同时提出国家共享惠益的方案;受理申请的畜牧兽医行政主管部门经审核,报国务院畜牧兽医行政主管部门批准。新发现的畜禽遗传资源在国家畜禽遗传资源委员会鉴定前,不得向境外输出,不得与境外机构、个人合作研究、利用。"

进出口种畜禽的单位或个人需经省、国家两级审批同意后才可以进出口种畜禽。具体程序是:由申请进出口种畜禽的单位(企业)向所在省畜牧行政主管部门提出申请和必要的背景材料,填写《农业部进出口种畜禽审批表》,由省级畜牧行政主管部门审核通过,交国务院畜牧行政主管部门审批通过后,方可与国外有关企业签订正式购销合同。目前,通过国务院畜牧行政主管部门审批通过,从国外引进种用畜禽,可享受免征关税和增值税的优惠。农业部规定,引进种畜禽只能由饲养场申报,农业部将不受理代理公司的直接申请,执行"谁饲养,谁申请"的原则。未经农业部批准进口的种畜禽,一律按商品畜对待,不得办《种畜禽生产经营许可证》。新建种畜禽场从国外引进种畜禽,必须要有省级畜牧行政主管部门同意建场的审批文件。目前,我国多数畜禽品种质量得以很大程度地提高,数量出增加了很多,可基本满足要求,各地要鼓励生产者从国内引种。

为了保证种畜禽质量,初次引入我国的畜禽品种,须按规定提交有关材料,国务院畜牧行政主管部门委托国家畜禽品种审定委员会对进出口种畜禽进行技术审定或测定。

《畜禽品种资源保护与管理工作的通知》要求要继续执行畜禽品种出口管理分级制度,各地出口畜禽品种,必须按规定程序报批。在确保国家重要的、特有的遗传基因不流失的前提下,鼓励开展双边、多边以及与国际组织的科技交流与合作,履行好资源保护的国际义务。依据农业部 1993 年第 26 号公告,我国畜禽品种在出口上实行三级管理,一级保护动物如内蒙古绒山羊、辽宁绒山羊和河西绒山羊,不允许对外出口或以各种名义对外交换、赠送;二级保护动物如滩羊、小尾寒羊、中卫山羊、二花脸猪、香猪、西双版纳微型猪、五指山猪、绍兴鸭和金定鸭可以有条件地限量出口(原则上公母总数不超过 50 头、只)或只出口公畜;其他畜禽品种归入第三级,可以对外出口。

家畜胚胎是当前家畜进出口的主要方式之一,而管理的重点是指用人工方法获得的早期家畜胚胎,包括体内受精胚胎、体外受精胚胎和克隆胚胎。《家畜胚胎生产经营管理办法》的第十条规定:"胚胎进出口须按种畜禽进出口管理有关规定办理手续。"进口胚胎应符合有关规定,符合中国检疫条款并由出口国出具符合相应条款的兽医证明。进口胚胎的使用遵照国家检验检疫总局的有关规定执行。

依据规定,在畜禽遗传资源的进出境管理中,对其中国家级畜禽遗传资源保护名录中的畜禽遗传资源,我国要按照共享惠益原则分享研究和开发畜禽遗传资源所获得的利益。《畜禽遗传资源进出境和对外合作研究利用审批办法》规定:"中华人民共和国境内的畜禽遗传资源信息,包括重要的畜禽遗传家系和特定地区遗传资源及其数据、资料、样本等,我国研究开发机构享有专属持有权,未经国务院畜牧兽医行政主管部门许可,不得向境外机构、个人转让。获得上述信息的境外机构、个人,未经我国国务院畜牧兽医行政主管部门书面批准,不得公开、发表、申请专利或者以其他形式向他人披露。合作研究开发成果属于专利保护范围的，应当由合作研究双方共同申请专利，专利权归双方共有。双方可以根据协议共同实施或者分别在本国或者本地区实施该项专利，但向第三方转让或者许可第三方实施，应当经过双方同意，所获利益按双方贡献大小分享。合作研究开发产生的其他科技成果，其使用权、转让权和利益分享办法由双方通过制定协议约定。协议没有约定的，双方都有使用的权利，但向第三方转让应当经双方同意，所获利益按双方贡献大小分享。"

（赵永聚）

第十章　实验动物遗传资源保护

第一节　概述

一、实验动物的概念

实验动物（Laboratory animals）的概念是应对生命科学的发展要求而呈动态发展和逐步加深的。最初人们把所有用于实验的动物统称为实验动物，但由于动物培育的目的及用途不同、微生物控制程度的差异，以及培育方式的差异，将所有用于实验的动物统称为实验动物并不准确。后来又提出：凡是为了科学实验的需要而专门饲养、繁殖的动物，称为实验动物。近数十年来，实验动物学成为一门新兴独立的学科，对实验动物的定义又有了进一步的明确。国家科技部颁布的《实验动物管理条例》中指出："实验动物，是指经过人工培育，对其携带的微生物进行控制，遗传背景明确或来源清楚，用于科学研究、教学、生产、鉴定及其他科学实验的动物。"

通常将用于实验的各种动物统称为实验用动物（Experimental animals），它包括实验动物（Laboratory animals）、家畜（禽）（Domestic animals and fowls）和野生动物（Animals obtained from nature）。

二、实验动物的作用

1.实验动物在医学生物学发展历史中的推动作用

回顾医学生物学发展的历史，不难发现，许多具有里程碑意义的划时代的研究成果，往往与动物实验及实验动物密切相关。1628年，英国科学家哈维（William Harvey）通过对蛙、狗、蛇、鱼、鳖等动物的解剖及生理的研究，发现血液循环是一个闭锁的系统，阐明了心脏在血液循环中的作用。1878年，德国科学家科赫（Robert Coch）通过对牛、羊疾病的研究，发现了结核杆菌，阐明了疾病与细菌的关系。1880年，法国微生物学家巴斯德（Louis Pasteur）在家禽霍乱病的研究中首先用人工致弱的结核杆菌免疫动物，发明了霍乱疫苗。1885年，他又成功研制了狂犬病弱毒疫苗，对狂犬病的防止做出了很大的贡献，开辟了传染与免疫的新领域。19世纪，年青的德国医生闵可夫斯基（Oscar Minkowsk）对切除胰腺的狗进行胰腺消化功能研究时，偶然发现狗的尿招来了成群的苍蝇，证明了胰腺与血糖的关系，从而揭示了糖尿病的发病机理，并从犬胰腺中分离了胰岛素，有效的应用于糖尿病的治疗。19世纪末20世纪初，俄国生理学家巴浦洛夫，致力于用狗研究消化生理和高级神经活动，提出了条件反射的概念，开创了高级神经活动生理的研究。19世纪末，德国细菌学家莱夫勒（Friderich Loffer）等以豚鼠等动物研究白喉杆菌，发现造成动物死亡的原因不是细菌本身，而是细菌的毒素。这一发现导致了预防白喉的新疗法的诞生，从而开始了抗毒素治疗的新时代。1914年，日本人三极和市川用沥青长期涂抹家兔耳朵，成功地诱发出皮肤癌，进一步的研究发现沥青中的3,4-苯并芘是化学诱癌物，从而证实了化学物质的诱癌作用。法国生理学家里基特（Charles Ricet）通过动物实验发现了过敏的本质是抗原抗体反应，从而推动了变态反应性疾病的研究。20世纪30年代中期至40年代，Selye实验室通过一系列动物实验创立了应激学说，对临床医学广泛应用激素治疗起到了重要的指导作用。1975年，英国剑桥大学科学家G. Kohler和C. Milstein，通过细胞融合技术成功研制抗原特异性单一的单克隆抗体，为抗原鉴定、传染病的诊断、肿瘤的诊断和治疗带来了革命性的变化。

2.实验动物是现代医学生物学研究不可或缺的支撑条件

在现代医学生物学的研究中，实验动物及动物实验的支撑地位更加突出。在现代医学生物学研究领域里，进行实验研究的条件可以概括为"AEIR"四个基本条件。A是指Animal（动物），E是指Equipment（设备），I是指Information（信息），R是指Reagent（试剂）。其中，实验动物被放在了首位，表明了其重要性。尽管动物与人体在外形、生物学特性等方面千差万别，但由于生物进化的保守性，动物（尤其是哺乳类的实验动物，如小鼠）与人体在系统构成、个体发育、组织器官结构、生理代谢等诸多方面高度相似。许多基因，尤其是具备重大生物学功能的基因，其功能在动物与人体之间高度保守。在当今的生命科学研究中，随着人类基因组、小鼠及其他多个模式动物基因组测序的完成，为现代医学生物学研究开辟了广阔的道路。建立相关的基因表达（Gene expression）、基因缺失（Gene deletion）或基因突变（Gene mutation）的动物模型必将推动医学生物学的发展。

3.新型实验动物品系与模型动物的培育为医学生物学研究提供了新动力

以无胸腺裸小鼠为代表的免疫缺陷动物的培育为人类恶性肿瘤的异种移植及其体内研究提供了基础条件。正是由于免疫缺陷动物的产生，科学家不但能在体外研究肿瘤细胞，更能在动物机体内再生人体肿瘤，从而为人体肿瘤的治疗、诊断及其发病机理的研究提供了不可或缺的实验模型。目前，免疫缺陷动物的培育已经从单一T细胞缺陷的无胸腺裸鼠拓展至T、B细胞联合缺陷的SCID小鼠，以及T、B、NK细胞联合缺陷的三联免疫缺陷小鼠；从小型啮齿类动物拓展至马、牛等大型哺乳动物；从自发突变的先天性免疫缺陷拓展至获得性免疫缺陷，并广泛应用于肿瘤学、免疫学、遗传学、微生物学以及临床医学等各个领域，成为实验动物学与医学生物学密切协助、共同促进的典范。其他具备鲜明人类疾病特征的动物模型还有自发性高血压大鼠（SHR）、癫痫大鼠、白内障小鼠、糖尿病小鼠等数百种。

此外，无菌动物的培育及应用为微生态学、微生物与宿主的关系以及建立附植有人体肠道微生物的人源化微生态动物模型等研究打开了崭新局面；小型猪的培育及应用为动脉粥样硬化等心血管系统疾病的研究带来了极为相似的动物模型；矮马、鼠兔等实验动物小型化的培育及研究，使其在医学生物学研究中的常规化应用成为可能。

4.实验动物在农业中的作用日益突出

在现代农业中,化肥、农药等生产资料的广泛应用,使食品安全成为全社会关注的焦点。为了保证食品安全,通过实验动物对农药、化肥进行安全性评价极为重要。在合成的多种新型农药中,真正能通过动物试验证明其对人体没有危害的只占 1/30 000,其余都因发现对人体健康有危害而被禁用。

三、实验动物分类与遗传学特点

按照遗传学特点的不同,实验动物可分为近交系动物、封闭群动物、杂交群动物等。下面,就分别针对这几种动物的遗传学特点展开阐述。

(一)近交系动物(Inbred strain)

在实验动物学中,近交系动物是指连续经过 20 代以上的全同胞或亲子交配,品系内的所有个体都可追溯到 20 代及以前的共同祖先的动物群体。近交系动物的群体近交系数可高达 98.6％以上,基因位点高度纯合,品系内个体差异小,表型高度一致,遗传稳定,不易发生杂合基因的分离,不受近交、选择、遗传漂变的影响,是目前在医学生物学研究中应用最广泛的实验动物,其主要遗传学特征如下:

1.遗传基因位点纯合性(Homozygosity)

近交系动物经 20 代以上近交培育后,其任何一个基因位点上的纯合概率高达 98.6％以上,导致动物群体不再携带未知的隐性基因,品系会保留和表现所有的遗传性状,品系内个体能繁育出完全一致的纯合子后代。因此采用近交系动物进行实验时,不会因为隐性基因的暴露而影响实验结果。遗传基因位点纯合性,一方面有利于纯合子基因型生物作用的研究,而另一方面其高度纯合性会使隐性基因频率增高导致近交衰退。

2.遗传组成的同源性(Isogenicity)

一个近交系内,所有动物都可追溯到其原始的一对共同的祖先。这种同源性在经过近交培育后,所有位点的基因都是纯合的,并且只来源于共同祖先的一个拷贝,所以近交品系内的多数个体在遗传上完全相同。遗传同源性将导致近交品系有以下三个重要特征:(1)品系内个体间可接受组织移植;(2)从品系内单个个体的检测中可得知品系整体的基因类型;(3)从一个群体内可以很容易分离出许多遗传上相同的亚群体。遗传同源性使近交系动物广泛地应用于器官、组织和细胞移植等研究领域。

3.长期遗传稳定性(Stability)

近交系虽然在遗传上并不是绝对稳定不变,但是其遗传组成不受选择、近交和遗传漂变的影响,并且由于能导致遗传上发生变化的因素易受人为控制(如遗传污染),因此出现的概率很低。近交系由于遗传组成的高度纯合性和同源性,使其具有长期遗传稳定的特征。

4.遗传特征的可辨性(Identifiability)

近交系一旦培育成功,动物群体内几乎不存在遗传多态性,即每个位点只有一种基因类型,而不会存在其他的等位基因。通过对各个位点进行遗传监测,研究者可以建立每个品系标准的遗传概貌,得知每个位点上的基因类型。此后可采用相同的遗传检测办法,对动物品系随时随地进行辨认,以确定其遗传上的可靠性。

5.表型一致性(Uniformity)

由于遗传上的同源性,近交品系内个体在表型上极为相同,尤其是那些高度由遗传决定的生物学特征。近交系表型上的一致性使得使用较少量的动物,即可以达到统计学的精确程度。

6.对外界因素的敏感性(Sensitivity)

近交系由于高度近交而降低其在某些生理过程中的稳定性,使其对外界因素的变化更为敏感。近交系的这一特征,使其更容易成为模型动物为研究所用。但这一特征的缺点是在饲养和实验过程中,由于很难控制外界因素对每只动物都完全相同,从而导致对实验处理的反应不同。另外在近交品系的维持保种过程中,一些未知或难以控制的外界因素常常使动物生活力和生育力下降,甚至断种。因此需要在环境因素和饲养营养方面更好地加以控制。

7.遗传组成的独特性(Individuality)

近交系培育后,每个品系从物种的整个基因库只获得极少部分基因,这些基因的组合构成了品系的遗传组成。因此。每个品系在遗传组成上是独一无二的,具有独特的表型特征。这些遗传和表型的独特性使各个近交品系之间差异相当大,容易成为模型动物广泛地应用于生理、形态和行为研究。在某些情况下,品系间的差异在量上,而不是在质上,这一点在研究上也是非常有用的,因此可在众多的近交品系中筛选出对某些因子敏感和非敏感的品系,以达到不同的实验目的。

8.生活力(Low vigour)较弱

由于近交衰退,近交系一般具有较低的生育力和生活力。这一特征给品系的维持、保种和繁育带来极大的不利,所以近交系生产量较低,很容易断种。再者,这一特征也使动物不能承受剧烈的实验处理,如大剂量的毒性实验等。

9.国际分布(Broad international distribution)广泛

近交系动物个体具备品系的全能性,任何个体均可以携带该品系全部基因库,引种非常方便,仅需1至2对动物。目前,大部分近交动物分布世界各地,使各国研究者可以饲养和使用在遗传上几乎完全相同的标准近交动物,这从理论上保障了不同地区、不同国家科学家可以重复和验证已取得的数据,提高了实验结果的可比性。

10.背景资料完善(Clear background)

近交系动物个体由于在培育和保种的过程中都有详细记录,加之这些动物分布广泛,经常使用,已有相当数量的文献记载着各个品系的生物学特征,另外对任何近交系的每一项研究又增加了该品系的研究应用"履历档案",这些基本数据对于设计新的实验和解释实验结果提供了有价值的参考信息。

11.生产饲养成本(High production cost)高

近交系由于其繁殖力低,需要严格的饲养管理,对饲养环境和饲料营养要求较高,所以相对来说其生产和实验成本较高。

(二)封闭群动物(Closed colony)

封闭群动物又称为远交群动物(Outbred strain),是指以非近亲交配(随机交配)的方式进行繁殖生产的一个种群,在不从外界引入新的血缘的情况下,至少连续繁殖4代以上的称为封闭群。从封闭群的定义中可以看出,封闭群既不以近交的方式进行繁育,又不从外界引入新的血缘,而在封闭的条件下随机繁殖,既保持了群体的一般遗传学特征,又具有杂合性。

其主要遗传学特征如下：

1.封闭群动物的遗传组成具有很高的杂合性

封闭群就整体而言，由于封闭状态没有引入新的血缘，其遗传特性以及其他反应性能保持相对稳定，但就群体内个体而言，因其有杂合性，所以个体间的反应性具有差异，某些个体反应性强，某些个体反应性弱。因此，个体间的重复性和一致性没有近交系、杂交群动物好。在遗传中封闭群动物可作为选择实验的基础群体，用于某些性状遗传的研究，同时因其可携带大量的隐性有害突变基因，可用于估计群体对自发或诱发突变的遗传负荷能力。另外，封闭群具有类似于人类群体遗传异质性的遗传组成，因此封闭群动物在人类遗传研究、药物筛选、毒物实验、生物制品和化学制品的鉴定等方面起着不可替代的作用。

2.封闭群动物具有较强的繁殖力和生产力

封闭群动物采用随即交配避免了近交，从而避免了近交衰退的出现，表现为每胎产仔多、胎间隔短、子代死亡率低、生产快、成熟早、对疾病抵抗力强、寿命长，再加上饲养繁殖无需详细谱系记录，因此封闭群动物容易生产、成本低、可大量生产、供应充足，广泛应用于预实验、教学和一般实验中。

另外，封闭群中突变种所携带的突变基因通常导致动物在某些方面异常，从而可成为生理学、胚胎学和医学生物学研究的模型。

（三）杂交群动物

根据科学研究的需要，将两个近交系动物之间进行交配而生成的子一代动物叫杂交群动物，又称为 F_1 代动物。杂交群动物的遗传物质均等地来自于两个近交系，遗传均一，既具备遗传组成的杂合性，又具备基因型和表型高度的一致性；既具有近交系动物个体表型一致、对实验因素的反应个体差异较小的优势，又具备封闭群动物抗逆性强、耐受力高等特点。因此，这类小鼠适宜于实验周期长，同时又要求个体差异小的实验，如慢性毒性实验以及转基因研究等。严格地讲，杂交群动物不是一个品系或品种，因为它不具备育种功能，不能自群繁殖成与杂交 F_1 代相同基因型的动物。杂交群动物的主要遗传学特征如下：

1.遗传和表型上的均质性

虽然它的基因不是纯合子，但是遗传性稳定，表型也一致，就某些生物学特征而言，杂交 F_1 代比近交系动物具有更高的一致性，不容易受环境因素变化的影响。

2.具有杂交优势

杂种 F_1 代具有生命力、适应力和抗病力强、繁殖旺盛、寿命长和容易饲养等优点，在很大程度上可以克服因近交繁殖所引起的各种近交衰退现象。

3.具有同基因性

杂交 F_1 代虽然具有杂合的遗传组成，其基因型是整齐一致的，具有亲代双亲的特点，可接受不同个体乃至两个亲本品系的细胞、组织、器官和肿瘤的移植。

4.国际上分布广泛

杂交群动物已广泛应用于各类实验研究，实验结果便于在国际上进行重复和交流。

四、实验动物遗传资源保护面临的主要问题

实验动物是生命科学研究的重要支撑条件，也是攸关药品与食品安全、环境保护等公共

卫生安全的重要资源。因此,加强实验动物资源的保护具备重要的意义。目前,我国实验动物资源保护存在的主要问题有:

1.实验动物原始资源的保护有待加强

实验动物是生命科学研究用的模式动物,其本身的使命要求品系的标准化与均质化,但其品系的标准化、均质化与实验动物资源的多样化并不矛盾。因为,生命科学研究的需求是多种多样的,需要有不同生物学特性与病理生理特点的模式动物,这就需要实验动物资源的多样化。实验动物来源于野生动物群体或已驯化的动物品系、种群。我国有丰富的地方品系或种群,例如小香猪、藏猪、小香羊等。它们形成于交通不便、信息闭塞的山区。由于地理位置与信息的闭塞,这些地方品种较少地受到外来血缘的污染,经过长期的群体随机繁育,形成了近交程度较高、体型较小的天然封闭群甚至近交群,是实验动物培育不可多得的原始资源。近年来,随着交通条件的改善和信息的畅通,外来血缘开始进入,这些品系或种群动物自身独特的生物学特征有消失的危险。因此,加强实验动物原始资源的保护迫在眉睫。

2.实验动物资源的标准化程度不够

我国实验动物的标准化工作起步较晚。为了促进实验动物资源的标准化,国家分别在北京和上海建立了两个啮齿类动物种质中心。各个大学或研究所的实验动物机构均从这两个种质中心引进种群。但是,随着引入种群繁育世代的延长,以及动物饲养场地的气候差异,分布于不同地区的种群往往会出现程度不同的遗传分化。例如,KM小鼠是我国应用最广泛的封闭群动物。实验中有人发现,饲养于成都的KM小鼠其尾部长度明显与饲养于重庆的KM鼠不同,这表明这两个群体已经发生了遗传分化,出现了表型差异。因此,通过强化管理和质量监测,提高我国实验动物资源的标准化水平具有重要的现实意义。

3.疾病动物资源的保护有待加强

疾病动物资源是实验动物资源中最宝贵的部分,在人类疾病研究中发挥了重要作用。但是,疾病动物模型生存能力往往很弱,其资源的保护难度较大。此外,随着基因组计划的完成和功能基因组计划的推动,基于转基因技术、基因敲除技术以及随机诱变技术的遗传工程疾病动物模型的数量呈爆炸性增加。因此,如何实现这些疾病动物资源的大规模、高通量的保护是亟待解决的问题。

4.实验动物资源的自主研发能力有待进一步提高

实验动物资源的自主研发包括两个方面:一是将病理生理特点独特的地方动物品系或种群培育为实验动物,即动物资源的实验动物化;二是通过遗传工程技术对动物基因组进行改造,培育具备自主知识产权的疾病动物模型。我国有丰富的动物地方品种,有不少是培育新型实验动物不可多得的原始资源品系,如何做好这些独特地方品种的收集、整理和保护工作,并加快推进其实验动物化培育,是亟待完成的课题。其次,提高我国遗传工程动物模型的自主研发能力也十分重要。在功能基因组时代,建立基于遗传修饰的疾病动物模型是不可或缺的研究手段。因此,提高遗传工程动物模型的研发能力不仅是提高我国实验动物资源自主研发能力的需要,更是影响着我国医学生物学研究竞争力的重要因素。目前,我国有多个实验室或研究单位都建立了较完善的小鼠基因组遗传修饰技术平台,并在南京大学建立了国家遗传工程小鼠资源库,这些都为提升我国疾病动物模型的自主研发能力发挥了巨大的推动作用。但是,应当看到,遗传工程动物模型在我国医学生物学研究领域中尚未实现广泛应用,其研发应用能力有待进一步提高。此外,建立针对我国独特动物资源的遗传修饰技术,对于发挥我国实验动物资源的品系优势也非常重要。

第二节 实验动物遗传资源保护的意义及其对策

一、实验动物资源保护的意义

实验动物资源保护包括两个方面,一是对实验动物的原始资源种群进行保护,保留其原有的生物学特点及病理生理特性,维护其基因库的完整;二是对已有的实验动物资源,尤其是疾病动物模型资源进行保护,发挥其应有的资源优势,为医学生物学研究提供支撑。对实验动物原始资源的保护可为实验动物的培育储备材料。它是一个系统工程,其本身就是生物多样性保护的一个重要组成部分。尽量多地保留实验动物资源的原始品种,也就必须要维护好动物资源的多样性,无论是野生动物资源,还是已驯化的我国独特的地方资源品种,这对于实验动物遗传资源的保护和生态平衡的维持都十分重要。

已有的实验动物资源是医学生物学研究的基本支撑条件,对其遗传资源的保护是生命科学研究正常运转的基本要求。在功能基因组时代,基于遗传修饰的疾病动物模型已呈爆炸性增加的态势。因此,对生活能力较弱的、具备有价值疾病表型的模型动物资源的保护,显得更为迫切。疾病动物模型的培育需要大量的人力、智力及财力的投入,而某一疾病动物模型往往是针对一特定的研究目的而研制的。不少实验室由于缺乏动物遗传资源保存的技术及设施条件,当该研究结束后,如何保存这些疾病模型动物成为研究人员头疼的问题。因此,加强已有实验动物资源的保护,尤其是疾病动物模型资源的保护,是提高医学生物学研究质量及效益的必然需求。

二、实验动物遗传资源保护的对策

(一)野生动物及地方动物品种的保护

我国潜在的实验动物资源极其丰富,具备一个巨大的实验动物原始资源库和基因库。我国的实验动物科技工作者已经在开发长爪沙鼠、鼠兔、旱獭、树鼩、黑线昌鼠、矮马、小型猪等我国特有的实验动物资源方面取得了令国际实验动物学界瞩目的成绩。尤其是我国独特的小型猪资源,例如西双版纳近交系小耳猪、广西巴马小型猪、贵州小香猪、五指山小型猪等小型猪品系培育的主体工作已经完成,引起了国内外动物学及医学界的广泛关注及高度重视。其中,五指山小型猪和西双版纳小型猪已被培育成为近交系,成为世界上仅有的大型哺乳动物近交系。贵州小香猪、广西巴马小型猪等已被培育成为遗传稳定的近交封闭群。保护、利用、发展这些独特的小型猪资源是我国实验动物学界和医学界的一个重要任务。在"九五"期间,由第三军医大学牵头,并与云南农业大学、广西大学、贵阳中医学院联合主持的国家"九五"重点科技攻关项目——"中国三种实验用小型猪遗传学标准化的研究"被批准立项,是我国实验动物领域首批国家攻关课题,显示了我国对实验动物资源的保护及应用研究的高度重视。在上述课题的研究基础之上,在"十五"期间,由中国农业科学院牵头,并由第三军医大学、解放军总医院联合主持的国家"十五"重点科技攻关项目——"中国实验用小型猪资源库及其应用技术平台的建立"被正式启动,为我国小型猪资源的研究及开发应用提供资源及技术支持。

当然,在保护我国野生动物及地方动物品种,推进其实验动物化方面,现有的工作还远远不够。目前,我国仅在小型猪资源的保护、研究及应用方面形成了初步的特色和优势,对于其他的独特动物资源品种的保护及实验动物化的研究力度还有待进一步提高。合理的策略是通过多学科、多部门的协同,将已有的针对小型猪资源的研究及应用技术平台拓展至其他动物品种,形成资源与技术的有机整合,实现研究效益的倍增。

(二)实验动物资源的质量监控

实验动物质量,主要包括微生物学质量和遗传学质量。实验动物的遗传学和微生物学状况对动物实验结果有着极为显著的影响。

实验动物的微生物学质量,即其携带的微生物的种类及数量,对动物实验的结果有显著影响。多数微生物感染动物后并不显示出任何临床症状,但这种隐性感染可导致动物各种生物学参数的改变,影响动物实验结果的准确性、规律性、重复性,而且在实验处理的刺激下,这种隐性感染可以显性化。例如,乳酸脱氢酶病毒感染小鼠后,可干扰其免疫功能,导致其血清中的乳酸脱氢酶水平高出正常 5~10 倍;仙台病毒感染可导致动物移植瘤的抗原性改变、致癌性降低以致难以传代;隐性绿脓杆菌隐性感染的动物在进行放射性照射试验时,常发生致死性败血症。此外,不少微生物还可污染细胞系、肿瘤瘤株等生物学材料。其次,实验动物携带的微生物还可影响动物生产,威胁实验人员的健康甚至生命。实验动物如果患有烈性传染病,如鼠痘、病毒性出血症等,可以导致整个群体的"全军覆灭",造成巨大的经济损失。实验动物还可携带人兽共患传染疾病的病原体,如流行性出血热病毒、淋巴细胞脉络丛脑膜炎病毒、猴 B 病毒、利什曼病毒等,导致人群的交叉感染。

实验动物的遗传学特征对动物实验的结果有着更深刻的影响。动物实验结果首先取决于动物本身的生物学特征、病理生理特点及其对实验因素的反应性,而动物实验结果的重复性、可比性又取决于动物个体差异的程度。无论是实验动物本身的生物学特征,还是其个体差异程度,都主要受基因的控制。其次,在相对恒定的饲养环境中,实验动物对外源微生物感染的敏感性与其遗传特征密切相关,故实验动物的遗传学状况也在一定程度上影响着其微生物学状况。因此,实验动物的遗传特征对动物实验结果有着根本性的影响。已有大量资料表明,不同基因型动物其生物学特征有明显差异,显著影响着其对实验因素的反应性。因此,必须提高实验动物遗传质量的标准化程度,推广应用遗传学质量标准化的动物,才能保证动物实验的准确性、重复性及其可比性。

(三)实验动物管理条例

为了保证实验动物的质量,提高其标准化程度,首先必须建立实验动物标准化的法规体系,为实验动物标准化的实施提供法制保障。1988 年 10 月,我国颁布了第一部实验动物法规——《实验动物管理条例》,我国实验动物工作从此有法可依。该条例明确规定:"应用实验动物应根据不同的实验目的,选择相应合格的实验动物。申报科研课题和鉴定科研成果,应当把使用合格的实验动物作为基本条件,应用不合格的实验动物所取得的检定和安全评价结果无效,所生产的制品不得使用。"1994 年 11 月,国家技术监督局正式颁布了中华人民共和国实验动物质量的国家标准:GB 14922-94 实验动物微生物学和寄生虫学检测等级(啮齿类和兔类)、GB 14923-94 实验动物哺乳类动物遗传质量控制、GB 14924-94 实验动物全价营养饲料、GB/T 14925-94 实验动物环境及设施、GB/T 14926.1-14926.41-94 实验动物微生物学和寄生虫学检测方法(啮齿类和兔类)、GB/T 14927.1-94 实验动物近交系小鼠、大鼠生化标记检测方法、GB/T 14927.2-94 实验动物近交系小鼠、大鼠皮肤移植法等。上述 7 种实验动物标准涉及了实验动物标准化的方方面面。在遗传学控制方面,规定了遗传学质量的控制标准、遗传学分类命名原则、遗传学质量的检定方法等;在微生物学质量控制方面,规定了实验动物微生物、寄生虫的检测等级标准、等级分类、检测要求、检测程序、检测规则、结果判定及报告出具等,此外还具体规定了 17 种细菌、15 种病毒、8 种寄生虫的检测方法以及无特定病原体动物与无菌动物的生活环境及粪便样本的检测方法;在实验动物的环境控制方面,规定了建筑设施要求、设施分类、环境指标(包括温度、湿度、空气洁净度、氨浓度等十个指标)以及环境指标的检测方法、垫料笼具及饮水要求等;在营养控制方面,规定了实验动物全价饲料的质量要求,包括大小鼠、家兔、豚鼠、仓鼠、犬、猫、猕猴等的育成和繁殖用饲料的 7 种营养成分的常规指标、14 种维生素指标、10 种氨基酸指标、7 种常量与微量元素指标、15 种重金属与污染物质指标。2001 年,国家对上述 7 个实验动物标准进行了重新修订和完善。在新标准的大小鼠微生物和寄生虫等级标准的规定中,取消了普通动物等级,规定实验动物生产和使用单位不得使用普通级的大小鼠。上述 7 个实验动物标准化的颁布、修订和完善标志着我国实验动物标准化工作的法规体系已基本形成,它是我国实验动物标准化工作的理论依据及实施保证,使我国的实验动物工作从此步入了规范化、法制化的健康发展轨道。

为了保证实验动物的标准化,在已建立的实验动物法规体系的基础之上,推行实验动物合格证制度是实施实验动物标准化的主要措施。目前,国家在卫生系统、军队系统以及大多数省市都成立了实验动物管理委员会,各自实施合格证制度。合格证包括生产条件、动物质量、动物实验(应用)条件三种合格证,由有关职能部门依据条例及标准对生产单位的生产条件、动物质量、动物实验(应用)条件进行逐项检查、监测,合格者,颁发合格证,作为生产供应及应用标准化动物的许可证明,并作为课题申报、成果鉴定的重要依据,也可作为药品、生物制品生产、鉴定的条件证明。随着国家对合格证颁发工作的统一管理以及合格证制度的严格施行,实验动物合格证制度将作为一个综合性强制措施在推动实验动物标准化工作中发挥越来越明显的作用。

此外,实验动物标准化工作是一个系统工程,必须要建立全方位的标准化实验动物生产、应用及管理系统。在完善法规系统和许可证制度的基础之上,还必须建立标准化的实验动物保种中心和标准化的实验动物质量检测中心,理顺全国各行业各级实验动物管理委员会的关系,完善管理体制,避免各系统、各行业、各地区的因条块分割形成的合格证重复颁发的现象。同时,还要实行实验动物合格证的统一管理、统一标准、统一颁发,并合理布局实验动物生产单位和应用单位,改善生产经营体制,逐渐实现实验动物的商品化、社会化。

(三)实验动物资源保种中心

建立实验动物种质资源的保种中心,是确保实验动物质量和保护实验动物资源的重要措施。目前,我国已分别在北京和上海建立了两个国家啮齿类实验动物保种中心,对标准化的大小鼠种子资源进行了有效的保护。在功能基因组时代,除了对实验动物本身的种质资源进行保护外,对疾病动物模型资源的保护亦显得非常重要。发达国家都相继建立了这样一些中心，比如美国的杰克逊实验室（the Jackson Laboratory，JAX）、欧洲突变小鼠库（European Mouse Mutant Achieve，EMMA）和日本的生物资源中心（Bioresource center，RIKEN）等，专门致力于疾病动物模型资源的研发和保护。我国在南京大学也建立了国家遗传工程小鼠资源库，致力于遗传工程疾病小鼠模型的收集、汇总及资源保护。目前，基于基因修饰的遗传工程疾病动物（尤其是小鼠）模型呈爆炸式增长的态势。世界上一些发达国家已经开展了系统的基因剔除计划，包括欧盟委员会的 EuCOMM、美国国立卫生研究院的 KOMP 及加拿大基因组委员会的 NorCOMM。因此，在今后相当长的一段时间内，如何加强对疾病模型动物资源的保护是实验动物学界面临的重大课题。

在进行实验动物种质资源保存过程中，单靠简单的活体连续繁殖的方式进行保种是不行的。活体保种不仅耗费巨大的财力、人力和空间，而且还受到繁殖失败、微生物感染、遗传漂变、自然灾害等威胁。因此，采取活体保种和配子冻存保种相结合的方法进行保种，不但可以节约大量的人力、物力及空间，还可确保种质资源的安全性、质量的恒定性和稳定性。目前，针对啮齿类实验动物的配子冷冻技术已基本成熟。早在 1949 年，英国的 Polge 和 Smith 等人在偶然情况下，发现低温保存精子时加入甘油，可以增加精子的活力，揭开了低温生物学发展的序幕。十年后 Lovelock 及 Bishop 发现了另一种著名的低温保护剂二甲基亚砜（DM-SO），其后又有聚乙烯基吡咯烷酮（PVP）、甲醇、乙二醇、羟甲基淀粉（HES）等，这些试剂的研制成功使得低温保存的成功又跨了一大步。Whittingham 和 Wilmut 在 1972 年利用超低温技术成功地保存了小鼠的胚胎。1985 年，Rall 等采用高浓度的抗冷冻剂溶液，对小鼠的 8 细胞胚胎进行了 $-196℃$ 玻璃化低温保存，并获得了 80% 左右的存活率。由于胚胎和配子低温保存这一研究成果的实用价值，遗传学家们很快就认识到了这一方法的潜在利益及其安全性，一个个冷冻胚胎库很快被建立起来。对其他非啮齿类实验动物，尤其是大型哺乳动物（如小型猪），其配子的冻存技术还有待进一步完善，这需要实验动物学与畜牧兽医学协同攻关，共同解决。

（王　勇）

第十一章　渔业生物遗传资源保护

第一节　概述

中国是农业大国,农业是国民经济的基础,渔业是农业的重要组成部分。渔业生物遗传资源是水生生物资源中具有经济开发利用价值的部分,是渔业经济发展的物质基础,研究和保护渔业生物遗传资源对促进渔业可持续发展具有重要的战略意义。

一、渔业生物遗传资源的概念与分类

(一)渔业生物遗传资源的概念

在《生物多样性公约》中,生物资源是指对人类具有实际或潜在用途或价值的遗传资源、生物体或其组成部分、生物种群或生态系统中任何其他生物组成部分。

生物遗传资源主要包括植物遗传资源、动物遗传资源和微生物遗传资源三大方面。渔业生物遗传资源属于动物遗传资源的范畴,包括海洋和淡水养殖鱼类、无脊椎养殖动物(虾、蟹、贝等)等物种及其品种资源,亦包括野生渔业资源物种。

(二)渔业生物遗传资源的种类

我国水生生物资源的丰富程度位于世界前列,与渔业关系较为密切的生物类群主要有两栖爬行动物、鱼类、甲壳动物、软体动物、水生植物和藻类。现分别介绍如下:

1.两栖爬行动物资源

两栖类的种类数量有 284 种,爬行动物的种类数量有 24 种,与渔业有关的两栖爬行动物主要分布在淡水水域,代表种类有蛙类和龟鳖类。

2.鱼类资源

广义的淡水鱼类一般认为有 1 042 种,其中含淡水土著种类 804 种,河口洄游性鱼类 238

种。在分类组成上，淡水土著鱼类以鲤形目、鲇形目、鲈形目和鲑形目为主，四目鱼类总数占淡水鱼类总数的97%，其中鲤形目种类最多，有600多种，占中国土著淡水鱼总数的77%。重要经济种类主要有青、草、鲢、鳙、鲤、鲫、鳊、鲂、刀鲚、鲥、银鱼、鳗鲡、鲌鱼、鳜鱼、密鲴、鲟鱼、鳇鱼、裸鲤等，其中长江的鲟鱼、鲥鱼、银鱼、团头鲂，黄河的鲤鱼，黑龙江的鲟鳇鱼、鲑鱼，青海湖的裸鲤等都是名贵的经济种类。

海洋鱼类有2 156种，其中常见鱼类1 707种。常见鱼类中，软骨鱼类有179种，硬骨鱼类1 528种。在种类组成上，海水鱼类以鲈形目为主，其数量占海洋鱼类总数的47%。较常见的养殖种类有鲻类、梭鱼类、鲷类、石斑鱼类、鲈类、鲳类、鲹类、东方鲀类、鲆鲽类等。

3.甲壳动物资源

甲壳动物中的渔业生物主要是虾和蟹。淡水虾类约有7属62种，其中主要经济种类隶属于米虾属、白虾属、沼虾属和小长臂虾属。米虾属的代表种类为锯齿米虾；白虾属的代表种类为秀丽白虾、短腕白虾和脊尾白虾；沼虾属的代表为日本沼虾和海南沼虾；小长臂虾的代表种类为中华小长臂虾和越南小长臂虾。淡水蟹类有228种，其代表种类有中华绒螯蟹、绒毛近方蟹、平背蜞和华束腹蟹。

我国沿海已知有分布的海洋甲壳动物有磷虾类42种，蟹类600余种和虾类300余种。其中日本沼虾、罗氏沼虾、中国对虾、锯缘青蟹等已成为我国海淡水的重要品种。

4.软体动物资源

与渔业关系较密切的软体动物主要有贝类和头足动物。淡水贝类有104种，其中包括螺类56种，蚌贝类48种。淡水贝类的代表动物有田螺、螺蛳、蚌、蚬和蜗牛等。海洋贝类有2 456种，其中螺类1 583种，贝类873种。海洋贝类的代表动物有鲍鱼、香螺、红螺、东风螺、玉螺、泥螺、蚶、牡蛎、扇贝、江珧、文蛤、蛤仔、蛏等。目前用于养殖的主要种类有牡蛎、贻贝、扇贝、泥蚶、蛤仔、缢蛏、鲍鱼、珍珠贝和螺类等。

5.植物和藻类资源

淡水经济植物主要是水生维管束植物。在分类上，水生维管束植物由种子植物和蕨类植物组成；依其生态类型又可分为挺水植物、沉水植物、浮叶植物和漂浮植物四类。我国淡水维管束植物约190种，其中挺水植物占总数的47%，沉水植物占总数的28%，浮叶植物和漂浮植物占总数的25%。淡水植物中重要经济种类主要有食用植物（如荸荠、菱藕、芡实、茭白等）和工业原料（蒲草、芦苇等）两类。

我国海域有浮游藻类1 500多种，固着性藻类320多种，经济藻类50多种。代表种类有海带、紫菜、裙带菜、江蓠、石花菜、麒麟菜和鹧鸪菜等。目前已能进行人工养殖的种类有海带、裙带菜、麒麟菜、江蓠、红毛藻、角叉藻、龙须菜和紫菜等。

二、我国渔业生物遗传资源的特点

（一）生物学特点

1.可再生性

渔业生物资源是一种动态特征明显的可再生资源，能通过自身的繁殖、生长等一系列生命活动过程，使资源得到恢复、补充或增长，从而维持一定的资源量。这种再生资源的总量取决于资源的现存储量及其生长繁殖和自然死亡的速度。由于人类开发活动和全球环境的变化,海洋生物资源处在不断变化之中。就黄、渤海而言,20世纪70年代以前,渔业赖以生存的传统的优质渔业对象,现今大多已衰落,种群结构逐渐小型化、低龄化、短生命周期、低营养级的小型中上层鱼类、头足类和小型虾、蟹类取代了原有的大型优质经济种类,种群交替不断发生。

2.移动性

由于海洋生物资源是移动性资源,它们的分布多超过一个国家的管辖范围,为几个国家共同利用。由于水域相通,彼此间作业的种群相同,使得渔业资源的共有性与渔业生产的排他性的矛盾更加突出。如果缺乏科学管理,周边生产者将争先从共有的资源中捞取更大的份额,虽然渔业生物资源具有可再生能力,但由于这种再生能力是有限的,过量的开发将使资源的再生能力受到破坏,种群得不到相应的补充,最终导致资源衰退直到枯竭。

3.洄游性

许多渔业生物具有可以在相通的水域中洄游的洄游特性,这使得渔业生物资源具有一定的流动性和集群性,其地理分布和资源密度易随时间的变化而变化。当它们集群时,资源易遭受集中捕捞和敌害侵袭的破坏。

4.可塑性

在自然条件下,渔业生物资源总量随现储存量的增长而增加。但当某一种资源量超过了自然环境的承载能力,即超过了环境所能维持的这一种群资源的最大的储存量时,这就构成了捕捞渔业的资源基础。当引入管理因素后,渔业资源增长量 H 不仅取决于资源的现储存量 S,还取决于管理因素 M,即 $H=G(S,M)$,这构成了养殖和增殖资源的基础。

5.差异性

由于水质、底质、水深以及水域所处的地理位置的不同,不同水域水生生物资源的丰饶度及自然生产力存在差异。

(二)经济学特点

渔业生物遗传资源构成了中国渔业产业发展的物质基础,其经济学特点主要表现在以下几个方面:

1.食用价值

水产品是高蛋白、低脂肪、易消化吸收的食物,在全世界消费的动物蛋白中水产品占16%,占总摄食量的5.6%,超过猪肉和牛肉。水产品富含不饱和脂肪酸、DHA、EPA,对心脑血管等有保健作用。因此,渔业生物遗传资源是我国食物安全保障的重要组成部分,是提高我国国民素质的重要蛋白源。随着中国经济的飞速发展和城乡人民生活水平的不断提高,我国人民对水产品的需求越来越高,2003年,我国水产品人均占有量约为37kg,超过世界人均占有量水平。

2.发展潜力

丰富的渔业资源确立了我国世界渔业大国的地位,并且随着渔业科技的发展,我国将成为世界渔业强国。我国是世界渔业产量增加最快的国家,年均增长量在7%~10%,渔业总产值由1985年的126.11亿元上升到2003年的5 779亿元。

3.药用价值

我国是世界上最早利用水生动物作为药物的国家。早在公元3世纪左右,《黄帝内经》就记载了乌贼、鲍鱼等可作药治病。明代李时珍所著《本草纲目》中记载了红珊瑚、刺参、扬子鳄等可作药用。很多鱼类的鱼肉、鱼鳔、鱼脂、鱼骨、鱼鳞、鱼卵均可入药。《本草纲目》中提及的水生药用物种有 50 余种(类),能准确考证的约有 48 种(类),其中淡水鱼约 27 种,海水鱼约 18 种。此外,海洋微藻(含微生物)也是我国重要的药物资源,可开发出新型海洋酶和海洋新药的先导化合物。

目前,我国现已发现沿海具药用价值的腔肠动物有 34 种,海产贝类 138 种,甲壳类近百种,棘皮动物 19 种,鱼、蛇和海兽等近百种。

4.工业原料

许多水生生物或其产物可用作工业原料。对虾壳可提取甲壳质,用于生产防水涂料,代替油漆,在木材加工上可用作胶合剂,在纺织印染上可作固定剂、浆料等;鱼鳞可制成鱼鳞胶,是电影胶卷的重要原料;鱼皮、兽皮可制革;鱼油和鲸脂可以制造肥皂和润滑油,并用以鞣制皮革;鱼肝可提取鱼肝油等。

5.科研学术价值

许多重要水生动物具有重要的科研学术价值。白暨豚是现代生存的最原始的淡水豚类,出现在大约距今两千万年前的中新生代,是供研究鲸类演化发展的宝贵的活体材料,同时在仿生学研究中也具有重要的科学价值。文昌鱼是研究动物进化的主要材料。

6.遗传基因库

我国渔业资源十分丰富,有大量的特有种和稀有种,含有丰富的遗传基因。多样性程度高、适应性广、抗病能力强、经济价值高的水生野生动物亲本,为培育新品种提供了丰富的遗传基因资源。

7.环境生态效益

渔业生物在其生长过程中,直接或间接地将水体中的营养物质转化为可利用的生物蛋白,这在一定程度上减轻了水体中外源性污染而导致的水体富营养化。另外,水生动植物也是水域环境生态系统的一个重要组成部分,其资源状况对维持水域生态系统的平衡具有重要的作用,一些原生动物常用作反映水域环境质量状况的指示性生物。

8.生活娱乐价值

水生动物具有极大的娱乐和观赏价值。海豚、海狮的水上芭蕾表演、五彩缤纷的金鱼和热带鱼类、富有传说性的"美人鱼"——儒艮、"娃娃鱼"——大鲵、"水中熊猫"——白暨豚、香港回归吉祥物中华白海豚以及哺乳动物之最——蓝鲸、"水中杀手"——鲨鱼等,为人们的生活和娱乐增添了丰富而神奇的色彩。

(三)分布及资源构成特点

1.内陆渔业资源

中国内陆水域分布广,水域面积辽阔,渔业产地自然地理条件优越,气候温和,水体理化性状好,适合各种饵料生物及鱼类等资源的繁衍和生长,重要的江河流域及湖泊构成了我国渔业资源的自然种质资源库。我国渔业物种资源大多为温水性和暖水性种类,冷水性种类主要分布在西部地区和东北地区。由于气候、地理上的差异,总体上南部、东部的渔业资源在种类和数量及个体的生长性能方面优于中部、北部和西部物种。

内陆渔业可利用资源以鱼类为主,其次为软体动物和节肢动物。在鱼类资源中又以鲤科鱼类的分布最广,其次为鲶科、鳅科、塘鳢科等。

2.海洋渔业资源

从资源角度来看,我国的海洋渔业资源具有以下几方面特点:

(1)资源丰富

我国海域分布在热带至北温带之间,海洋经济鱼类的组成中既有温水性种类,又有暖水性和暖温性种类,还有冷水性种类,因而我国是世界上海洋生物种类丰富的国家之一。

(2)经济种类多,高产种类少

在可利用的渔业资源中,除少数种类年产在 30 万 t 以上外,一般均在 5t 内,年产量在 0.5 万至 2 万 t 的种类也不少。

(3)中下层鱼类水平洄游的范围小

我国主要的中下层鱼类多为浅海性种类,大多栖息于 100m 等深线以内的海区,主要集中于 40～80m 范围内的沟洼和海滩附近,受大陆架的局限,水平洄游的范围较小。

(4)食性与种间关系较为复杂

我国海洋中的饵料生物基础较为广泛,鱼类食性一般比高纬度海区鱼类复杂得多,它们既有生活阶段的食性变化,也有季节性和地区性的转变。有的鱼类既食浮游生物,也摄食底栖生物。

(5)生长快、性成熟早的种类多

我国近海饵料生物基础较为丰富,这有利于鱼类的生长发育,缓和了鱼类间食饵竞争。

(6)产卵期交错,产卵场分布广

我国海洋经济鱼类中,除南部海区的带鱼、蓝圆鲹等几乎周年产卵外,许多鱼类的产卵期分散于春夏两季,周年中经济鱼类的产卵期互相交错。许多经济鱼类的产卵场广泛分布于我国诸多江河口及浅滩附近,有些鱼类则在离岸较远的水域产卵,产卵场遍布我国海区的内外水域。

三、渔业生物遗传资源的作用

中国水生生物资源中有大量的特有物种。中国的特有种主要以鲤科、鲟科、鳅科、平鳍鳅科、鲶科鱼类居多,其中又以鲤科为最多。其中白暨豚、扬子鳄、大鲵、中华鲟、白鲟、银鲛、黑龙江鳇、文昌鱼、鹦鹉螺等种类具有重要的学术研究价值。

中国渔业物种资源中的重要经济种类相当丰富。长江鲥鱼、松江鲈鱼、石斑鱼、真鲷、中华绒螯蟹、对虾、中华鳖等都是我国著名的经济种类。在鲤科鱼类中,鲤亚科、鲢亚科、雅罗鱼亚科、鲌亚科、鲴亚科、鲃亚科、野鲮亚科和裂腹鱼亚科中的大部分种类都是重要的经济种。分布在中国南海、东海、渤海、黄海四大海区的鳕科、鲻科、鲭科、鲈科、塘鳢科、鳢科、杜父鱼科、鲆科、舌鳎科、鈍科、鲷科、石首鱼科、光吻鲈科等以及贝类、虾类、蟹类等几乎都是重要的经济种类。

我国海、淡水鱼类资源十分丰富,经济价值较高的鱼类就有 300 余种,而目前普遍养殖的仅百余种,野生种的开发利用潜力巨大。由野生种人工驯化而成的人工养殖种为我国渔业发展起到了重要的促进作用。20 世纪 70 年代初,以有机碎屑为食物的鲴亚科鱼类,如细鳞斜颌鲴、圆吻鲴、黄尾密鲴和扁圆吻鲴等,在全国广泛养殖,增产幅度为 10% 以上。20 世纪 80 年代以来,野生种资源得到了进一步的开发利用,银鲫、彭泽鲫、鲟鱼、鳜、中华倒刺鲃、南方大口鲶、东方真鳊和长鳍鲤等取得了显著的养殖效益,并向集约化和规模化方向发展。

第二节　渔业生物遗传资源保护措施

一、渔业生物遗传资源保护与利用中存在的问题

(一)法律法规体系尚不完善

为保护渔业生物遗传资源,1979 年国务院颁布了《水产资源繁殖保护条例》;1986 年人大颁布了《中华人民共和国渔业法》(2000 年 12 月修订);1987 年农业部发布了《渔业法实施细则》;1993 年农业部发布了《水生野生动物实施条例》;1994 年国务院颁布了《自然保护区条例》。这些法规规定了保护渔业生物种质资源和水生野生动物的基本内容。2002 年 8 月,农业部依据《中华人民共和国渔业法》,结合我国渔业发展和管理现状,在原《海洋捕捞渔船管理暂行办法》和《渔业捕捞许可证管理办法》的基础上,重新修订并颁布了《渔业捕捞许可管理规定》。渔业捕捞许可管理制度是保护和合理利用渔业资源、控制捕捞强度和渔业生产秩序、保护渔业生产者合法权益的重要手段。

在水生野生动物的保护方面,国务院发布了《国家重点保护野生动物名录》,农业部发布了《水生野生动植物自然保护区管理办法》和《水生野生动物利用特许办法》等一系列法规文件,并实施了一系列包括建立禁渔区、禁渔期、自然保护区和水生野生动物繁育救护中心在内的水生野生动植物资源及其栖息环境的保护与管理措施。

但我国现有的渔业生物遗传资源保护法律法规体系尚不完善。《水产资源繁殖保护条例》于 1979 年发布,并没有形成对鱼类水产资源的管理制度。除了农业部对水产种苗管理、鱼类良种场建设和良种审定方面发布了几个管理办法外,其他法规和制度都没有涉及渔业生物遗传资源的获取和惠益分享。

(二)水生生物栖息环境不断恶化,渔业生物种质资源受到破坏

1.养殖水域及天然渔场的污染

我国天然渔场主要分布在淡水径流充足的水域或河口内湾。随着工农业的发展,环境污染随之加剧,污染源的入海处恰恰在渔业的天然渔场(包括产卵场、索饵场和越冬场),导致传统的产卵场、索饵场成为排污场。海洋生物的胚胎发育、幼体发育、存活率和生物量已经受到遏制,渔业资源面临极大的威胁,环境污染对渔业资源的影响有时甚至超过过度捕捞。在内陆淡水域,长江、湘江、松花江四大家鱼的产卵场、越冬场遭到严重破坏,面积逐年减少,甚至消失转移。鳗鲡、刀鲚、河蟹等自然资源大幅度减产,鲥鱼已经基本绝迹。海洋、近岸、河口及内湾鱼虾类产卵场、仔稚幼鱼索饵场受到无机氮和活性磷酸盐污染,水体富营养化严重,赤潮频繁发生。甚至云南的滇池、江苏的太湖也成了"三废"的纳污湖,严重富营养化。

养殖水域也受到养殖业自身的污染。养殖水域往往由于高密度精养,导致养殖水体残饵太多,造成富营养化,自我污染,破坏了养殖水环境和底质环境。山东沿海夏季栉孔扇贝大规模死亡的根本原因之一,是长期高密度养殖导致养殖环境的恶化和老化。

2.水产动物栖息和繁殖区缩小

拦河(海)筑坝、围湖(海)造田等不但减少水产动物栖息区,而且改变了生态系统和一些种群的小环境,隔断了鱼类的洄游路线,影响水产动物的多样性和生物量。新中国成立以来,仅长江流域就修建了近4 6000多座水坝、7 000多座涵闸,这对加强农田水利建设是完全必要的,但由于缺乏规划和补救措施,造成中下游大部分湖泊与江河隔断,长江的鱼、蟹、鳗苗种不能进入湖泊,湖区的鱼类不能溯江产卵繁殖,水产资源量大大下降。长江葛洲坝工程建立后,截断了中华鲟(*Acipenser sinensis*)生殖洄游通道,原来在宜昌上游的20多个产卵场不复存在,只剩下葛洲坝下游的1~2个产卵场,以致中华鲟已从长江上游消失,长江中、下游的幼鲟也随之下降50%~80%。长江三峡高坝工程对长江鱼类生物多样性的影响也是存在的,将使那些适应上游生态环境的特有鱼类的栖息水面减少20%~25%,使长江中游四大家鱼的繁殖严重受阻,长江中下游鱼类资源减少。

3.过度的开发利用使现有的重要的渔业天然经济物种资源受到破坏

渔业资源是一种再生资源,但其再生能力是有限度的,对其开发利用必须遵循有节有度的原则,保证资源的再生产过程。捕捞是影响渔业资源再生能力的重要因素之一。目前在我国重要的渔业经济海区和内陆湖泊,不遵守休渔制度,滥渔滥捕的现象仍时有发生,非法网具屡禁不绝,捕捞强度逐年增加,因此渔获物种类组成趋于单一化,种群结构趋于低龄化、小型化,渔业产量逐年下降。这种不顾后果的做法,不仅降低了资源的使用效率,使我国重要的天然经济鱼类种群资源受到很大的破坏,而且还影响了水域环境的生态平衡,威胁着其他水生经济物种的生存。

过度捕捞表现为:①对成体的过量捕捞,使可繁衍后代的亲本数减少。②对幼体的过早或过多捕捞,使鱼、虾、蟹、贝在未达到商品规格前或正处于旺盛生长期就被渔获,造成资源的滥用和浪费。③对天然鱼、虾、蟹苗的过分捕捞,破坏了天然种质资源的增殖和新陈代谢。随着海洋渔业捕捞强度日益增长,带鱼(*Trichiurus haumela*)资源遭受严重破坏,群体组成日趋不合理(大型、高龄鱼大幅度减少;小型、低龄鱼逐年增加),种群性成熟逐渐提早,个体初次性成熟的最小肛长趋小,产卵期延长,产卵场分散等。长江鲥鱼(*Macrura reevesii*)在20世纪70年代以前年渔获量在300~500t,70年代后由于捕捞过度(仅1974年就狂捕1 575t),资源急剧衰减,1986年渔获量仅24t,近几年已难见踪迹。

东海区的渔获物在20世纪50年代和60年代,是以底层优质鱼为主,分别占总产量的48.3%和55.4%,而进入80年代,优质鱼所占比例降低到30.4%。四大家鱼产卵场由于污染和环境的改变几乎消失,长江四大家鱼的鱼苗由70年代年产200亿尾下降到目前的10多亿尾。

不同历史时期的底拖网调查结果表明,黄海渔业资源总体上呈现底层鱼类资源下降,中上层鱼类资源上升的趋势,但近年来中上层优势种鳀的数量也开始下降。1959年底拖网调查时,优势种有小黄鱼、鲆鲽类、鳐类、大头鳕以及绿鳍鱼等底层鱼类,其中小黄鱼占有较大优势,是海洋渔业的主要利用对象;1981年底拖网渔获样品的优势种不明显,生物量最高的三疣梭子蟹仅占总渔获量的12%,其次为黄鲫,占11%,小黄鱼、银鲳、鲱鱼和鳀鱼等占总渔获量的比例都在10%以下;1986年和1998年2次调查,鳀占总渔获量的比例超过50%,已经成为生物量最高的优势种,而在1986年的调查中小黄鱼的资源密度降至历次调查的最低水平,近年来虽有所恢复,但所占比例仅有3%。

渤海区渔业资源的质量与20世纪80年代初相比也大为降低,目前经济价值低的小型中上层鱼类已经成为渔业资源的主要组成部分。鳀和黄鲫这两种小型中上层鱼类优势种占总生物量的比例,已从 1983 年的 36％上升到 1993 年的 59％和 1998 年的 78％,而主要经济鱼类小黄鱼和蓝点马鲛所占比例,从 1983 年的 10％下降到 1993 年的 3.6％及 1998 年的 4.1％。

黄、渤海捕捞生产的渔获组成也反映出,捕捞过度已使渔业资源发生明显变化。20 世纪 50 年代和 60 年代,该海区的底层渔获种类以小黄鱼、大黄鱼、带鱼、鲆鲽类和鲷类等优质鱼类为主。在 20 世纪 70 年代以前,蓝点马鲛和中国对虾等也是主要捕捞对象,但由于捕捞过度及水域环境污染,70 年代以后上述优质底层鱼类,如蓝点马鲛和中国对虾等的渔获量明显下降,有的种类几乎在渔获物中消失,而鲱鱼和鲐鱼曾一度大量出现,并成为重要捕捞对象。20 世纪 90 年代以来黄、渤海区渔获量明显增加,但渔获物种类组成已经发生很大的变化,目前主要渔获物种类为鳀、鲐和竹荚鱼等中上层鱼类,以及近几年数量较大的玉筋鱼、海蜇、毛虾、鹰爪虾和鱿鱼等个体较小、生命周期较短的种类。

4.良种选育开发不能适应生产的实际需要

良种是水产业的发展基础,优良的养殖品种一方面可以满足社会对水产品的需要,另一方面可以减轻对天然水域水产种质资源的开发利用压力。我国自 20 世纪 60 年代开始致力于发展水产良种的选育工作,并成功育成了兴国红鲤、荷包红鲤、玻璃红鲤、建鲤、松浦鲤、彭泽鲫、团头鲂浦江一号等品种,以及鲤鱼的杂交种鲤鲫鱼等种类,但其他种类培育成功的则很少,不能满足生产的实际需要,明显落后于农业品种的选育工作。野生鱼类的开发利用对我国的水产养殖业的发展起了非常重要的作用,四大家鱼及大量野生养殖品种丰富了市场,促进了产业的发展。但是经过多年的开发利用,这些养殖种类的种质质量在下降,这在野生种质资源状况并不乐观的情况下,突显出良种选育工作的重要性。

人工养殖的海水鱼类苗种,大部分是由有限的繁育群体(亲本数量很少,有的甚至只有几尾鱼)产生的,所以一旦这些苗种逃逸到自然海域,必然对自然种群产生负面影响:近交、杂交与遗传渐渗、遗传瓶颈和遗传漂变,使鱼类基因库损失大量的遗传变异,从而直接影响到自然鱼类的遗传多样性水平。

5.渔业生物种质资源保护基础性研究工作严重滞后

渔业生物种质资源的保护是一项复杂的、技术性非常强的系统工程,需要有坚实的基础性研究工作的支持。但是,长期以来,由于我们片面强调了经济开发型研究工作的重要性,而忽视了对自然种群保护、种质资源保存、资源环境监测评估等基础性研究工作的支持,科技投入少,力量分散,重点不突出,其发展的局限性和负面影响越来越明显。例如,目前所遇到的养殖品种退化、抗逆性差、病害发生难以防治、养殖环境恶化难以修复和海洋活性物质开发利用难以深入等问题,已明显地影响和制约了相关保护工作的开展。

6.渔业经济物种引进导致本土资源遗传多样性的变化和丧失

为了促进渔业经济的发展,我国从国外引进了多种鱼类、虾类、贝类、棘皮动物、藻类进行海水养殖,养殖产量万 t 以上规模的就有 10 多种。这些海洋外来物种在取得显著经济效益的同时,也已在某些海区形成相当的群体,对我国自然资源造成极大的影响。

如果引入的海洋经济物种与当地区系中的某些物种有紧密的亲缘关系,当外来种同当地种发生杂交时,独特的基因型可能从当地种群中消失,物种分类的界线变得模糊不清。此外,目前的海水养殖品种的遗传改良还主要以杂交为主要手段,这样也往往会破坏生物的多样性,如有的已明显造成遗传污染、品种混杂和物种的灭亡。非科学的人工增殖还会造成子代杂合度降低和等位基因频率发生变化,甚至造成稀有等位基因的消失,从而减少海洋物种的多样性。

（1）引种扇贝的影响

海湾扇贝（*Argopecten irradians*）是原产于美国大西洋沿岸的一种采捕贝类，我国1982年12月由美国引种成功，在20世纪80年代成为我国北方海水养殖的支柱产业。由于局部海域养殖密度过高、环境污染等问题，海湾扇贝养殖病害一直比较严重。

虾夷扇贝（*Patinopecten yessoensis*）为冷水性贝类，原主要产于日本北海道及本州北部、俄罗斯千岛群岛南部水域。20世纪80年代初，我国从日本引进虾夷扇贝进行人工育苗和养殖试验，并取得了成功。

目前，我国养殖的海湾扇贝和虾夷扇贝已形成了较大的养殖群体，但由于引进原种个体数量少而形成的瓶颈效应的影响，其遗传多样性均低于栉孔扇贝和华贵栉孔扇贝2个本地种；养殖中的近交繁殖也进一步降低了种群的遗传多样性。海湾扇贝在大连湾沿岸4个不同生态环境条件下的养殖群体的遗传多样性均处于较低水平，在人工养殖中也出现了生产速度缓慢、贝柱产率下降以及病害严重等近交衰退现象。

（2）引种鲍的影响

红鲍（*Haliotis rufescens*）和绿鲍（*Haliotis fulgens*）均原产于美国和墨西哥太平洋沿岸，是美国加州最有经济价值的鲍。1985年我国从美国加利福尼亚引种，并成功地进行了人工育苗。

红鲍和绿鲍在一定条件下能同我国土著种皱纹盘鲍（*H.Discus hannai*）杂交，它们的后代成熟后更易与本地种杂交；日本盘鲍（*H.Discus discus*）和皱纹盘鲍也可杂交，实验和实践证明杂交后代在抗病力、存活率及生长等方面具有明显的杂交优势。但杂交鲍的底播增殖也使我国山东和辽宁近海海域栖息的原种皱纹盘鲍种群97.3%为杂交后代。

（3）引种鱼类的影响

人工养殖鱼类的大部分引种苗种的亲本数量很少，这些苗种逃逸到自然海域，就可能由于近交、杂交与遗传渐渗、遗传瓶颈和遗传漂变而直接影响到自然鱼类的遗传多样性水平。20世纪50年代，云南星云湖的大头鲤渔获量约占总渔获量的50%，自引入鲤鱼和鲢鱼后，大头鲤在渔获量中的比例在20世纪60年代降至20%，70年代初降至10%，1980年仅占1%，资源遭到严重的破坏。

二、渔业生物遗传资源保护与可持续利用的对策

（一）完善法规，规范管理

面对当前的资源和环境现状，渔业主管部门应组织力量在现有的法律法规框架下，针对一些热点难点问题，完善法规建设。可采取以下措施：

（1）在渔业生物遗传资源保护与持续利用方面，应尽快出台渔业生态环境监督管理办法、增殖放流管理规范、外来物种的管理办法、渔业生物遗传资源保护管理条例等法律法规，使渔业生物遗传资源保护工作在规范的管理框架下稳步开展。

（2）在完善渔业基本法律制度的基础上，建立健全的与世界新海洋制度相适应的渔业法律体系。目前，有关生物遗传资源保护与管理的国际公约有《生物多样性保护公约》《波恩准则》和《吉隆坡部长宣言》等。我国应加强与国际规则接轨的法律法规的研究与制定，以适应

开展渔业生物遗传资源保护工作的需要。

（3）建立和完善生物遗传资源知识产权制度。应按照生物多样性公约中对遗传资源的获取和惠益分享的主权原则、知情原则和利益分享原则来完善和保护我国生物遗传资源的知识产权制度,进一步明确遗传资源的产权归属以及使用人和转让人的权利和义务,建立和完善造成损失方和受损失方的协商机制,规定对遗传资源开发利用中所产生争议的协商调解办法和一般的限制条件,包括对将来利用的限制、对进出口的限制以及对环境无害的具体限制,明确违反条例有关规定的法律责任。

（二）加强渔业生物资源的种群、种质保护管理

1.保护经济种产卵群体和幼鱼虾

鱼、虾、蟹、贝类的产卵场、越冬场、洄游通道和增养殖场所等都是重要的渔业水域,是鱼类集群生活的地方。鱼类在繁殖、索饵、越冬期间具有集群的特性,容易大量捕捞。产卵场内群体密集,一旦遭到破坏,不但直接影响当年的捕捞量,而且还影响到后代群体的补充。

2.保护种群遗传结构

种群遗传结构保护的核心是种群内部多态性的维持。种群遗传结构多态性可以表现为外部形态的多态性、染色体水平的多态性、蛋白质生理生化水平的多态性和基因组 DNA 序列的多态性等。具体的保护措施表现在以下几个方面：

（1）建立水产动物的自然保护区或生态库

建立水产动物的自然保护区或生态库的目的是为了使现有水产动物有良好的栖息和繁殖生态,保护其野生状态,维护其变异量和杂合性。具体做法如下:①在海洋野生动植物群聚分布区,选建野生动植物和典型生态自然保护区。在调查研究和论证的基础上,逐步建立布局合理、类型齐全的自然保护区体系。②对具有较高经济价值和遗传育种价值的水产种质资源实施就地保护,在其主要生长繁育区域建立水产种质资源保护区。③实施栖息地保护,保护珍稀物种及生态多样性。针对主要珍稀物种,重点保护海洋生物产卵场、索饵场、育肥场、洄游通道和越冬场。④对栖息环境受到严重毁坏的物种,采取易地保护措施。⑤加强保护区管理能力建设,配套完善自然保护区管理设施,稳步提高保护区规范化、科学化管理水平。

（2）防止遗传瓶颈与建立者效应的发生

遗传瓶颈（Genetic bottle neck）与建立者效应（Founder effect）是指环境条件发生灾难性的剧烈变化或过度捕捞时,引起生物的大量死亡,导致群体规模突然大幅度减少,只保留小部分,如同只保留位于瓶颈上的一小部分。经过长期"瓶颈"的群体,虽然可能在数量上得以恢复,但由于"瓶颈"的发生,一个较大的基因库只剩下少数个体,总的遗传变异量大大减少,遗传多样性严重丧失。与此同时在很大程度上改变群体各种等位基因的频率,一方面引起数量性状的减少,另一方面容易使某些特殊基因,特别是一些稀有等位基因丧失。农药的滥用、传染病的发生、生态的破坏、环境的污染等往往使种群发生遗传瓶颈和建立者效应。

（3）降低遗传漂变效应

遗传漂变（Genetic drift）是指只有少数亲代等位基因可以传入下一代（取样效应）,产生了随机变化,即种群中基因频率的稳定漂变（Steady drift）或随机漂变（Random drift）。这是一个纯粹的随机过程,在大种群中由取样效应引起的基因频率随机变化是很微弱的,基本上可以忽略。但在小种群内,这种变化往往很显著而且没有固定方向。一般情况下,样本越小,漂变的效应就越大。群体中生殖个体越少,由此而引起的等位基因频率的变化就越大。当群

体较少时,遗传漂变也可以认为是一种"瓶颈",因为它的等位基因频率往往与整个种群的等位基因频率不同。群体越小,漂变的时间越长,损失的遗传变异就越多。

3.保护种质的纯洁性

水产动物一些物种之间可以相互杂交,有的杂交后代甚至有生育能力,可以同亲本或亲本类群回交,致使亲本种群遗传结构破坏,影响自然资源的有效利用。如罗非鱼属的一些物种引进我国后,在自然状态下互相混杂,彼此杂交,加上人们用杂交方法繁殖了大量子代,致使又混进自然群体同原种交配,使罗非鱼种质纯洁性受到严重破坏。我国现有的鲤鱼种群、品种之间,由于不加节制的杂交,杂交后代混入天然水域,造成我国鲤鱼种质的混杂,在长江、珠江和黄河流域也很难找到不受遗传污染的鲤鱼原种。河蟹在我国不同水系已形成长江、辽河、瓯江、闽江等不同种群,有不同的形态表型和特征。但是,近20年来,由于苗种北运南调和盲目移植,已引起河蟹不同水系间种质混杂和形状衰退。总之,种质纯洁性的保护包括以下几个方面:

(1)建立原、良种场

原、良种场是保持良种纯洁性的重要基地。其主要任务有三项:①将原、良种隔离起来繁殖,不与其他种群或品种混杂,使原种保持纯、壮。②维持和提高原种的特征和生产性能,在原种场内建立健全的良种繁育体系,避免不必要的近交和近交衰退。③向社会提供优质的种苗,满足生产和推广需要。

(2)防止可育杂种子代与亲本种群混杂

为了保持亲本类群的高度纯洁性,可育杂种只能限于小水面或严格控制下的养殖,达到商品规格后就应全部起捕,有条件的话,必须把杂种从水体中彻底清除,以免造成自然种群的遗传性混杂。前苏联在鲤与小鲟的杂交中,曾获得很好的杂种优势,鲤鲟杂种继承了鲤鱼生长快的优点又继承了小鲟鱼在淡水中生活的优点,遗憾的是育种者不慎使大量杂种流到江湖、河湾和水库,导致鲤鱼种群严重混杂,以致濒临灭绝。

(3)易地保护

易地保护也称迁地保护,是将原种的某些具有代表性的类群、个体或生殖细胞等迁移到原种发源地之外进行保存或保护。易地保护因保护环境和方法不同而多种多样:①池塘与水泥池活鱼基因库:我国已建立和正建的这类基因库很多。②水族箱:由于水族箱的体积一般较小,所能容纳的数量有限,保存鱼种若干世代而不改变其遗传特性是很困难的。③冷冻基因库:在低温或超低温环境下,一般在-196℃的液氮中,保存精子、卵子或胚胎的基因库。

(4)原、良种的提纯和复壮

在人工养殖和天然生态下,原、良种会发生变异,有的向坏的方向演变,使种质资源混杂或退化,影响生产力的发挥,破坏种质的品质和特征,危及种质的存亡,必须采取相应的育种措施,进行提纯和复壮。

4.搞好渔业种质资源评估

种质资源评估的必要性在于它可以为种质资源的保护和合理利用提供依据。评估的内容应该包括种群的分布、资源量、种质特征、遗传结构、纯洁性、生产性能、开发潜力和可持续利用的策略。评估的方法是由评估的内容决定的,涉及生物学、分子生物学、遗传学、统计学、养殖学、形态学等多学科交叉。目前评估种质资源的有效方法大致可归纳为:①资源调查:调查种质资源的分布、资源量、生态特点、季节性变化规律、开发潜力、利用方法和前景等。②外部形态特征鉴定:确定种质资源的外部形态特征,尤其是区别于原种或其他种质的特征,如鱼类的鳞被、体色、体型、侧线鳞数,这一向是种质鉴定的重要方法。③生产性能品质鉴定:测定种质资源的生长规律、年龄、性成熟年龄、个体初次性成熟最小体长、繁殖力、食性、生活力、适应力、抗逆性、年龄与生长的关系、肉质及其主要营养成分等。④核型分析:确定种群的染色体数目、组型及其多态性。⑤生物化学或分子生物学测定或研究:对种质资源的一些生理生化性质或 DNA 序列进行分析和研究,可以从分子水平认识种质资源的生化特点、分子标记、群体多态性、杂合性、纯洁性。如同工酶分析、随机扩增多态性片断 DNA(RAPD)、限制性片断长度多态性(RFLP)、线粒体 DNA 等分子生物学的研究或分析,可以帮助我们进一步了解种质的遗传结构。⑥上、下代间主要性状相似程度比较:为了确定种质资源的遗传变异情况,观测一些有亲子关系个体的主要性状,进行比较或统计学分析,可以正确评估种质资源的纯洁性、遗传稳定性。

5.开展濒危渔业物种专项救护和人工驯养繁殖

拯救濒危物种是保护渔业遗传资源的具体行动之一。为此,我们应该建立水生野生动植物驯养繁殖、救护基地和救护快速反应机制,对误捕、受伤、搁浅、罚没的濒危水生动植物进行及时救治、暂养和放生。此外,我们还要针对濒危水生动植物的生物学特点,制订专项保护计划,采取特殊保护措施,建立濒危水生动植物人工驯养基地,研究开发人工驯养繁殖核心技术,加强对国家重点保护的野生物种的人工繁育。

(三)加强渔业资源及生态环境监测体系的建设

1.开展渔业生物及其栖息环境的资源调查工作

积极开展渔业生物及其栖息环境的资源调查工作,摸清其分布范围、栖息环境和资源数量,建立相应的资源动态监测档案,充分掌握渔业资源动态变化规律,评估资源量与年总允许可捕量,建立起科学的资源评估体系。加强禁渔区和禁渔期制度实施效果的监测评价力度,并在此基础上,选择优先保护种类和优先保护区域,制订保护行动计划,同时在全国范围内,组织各方技术力量,共同实施保护行动。

2.加强渔业水域污染的防治力度,减少污水排放

总的原则是以恢复和改善近海海域及江河湖泊的水质和生态环境为立足点,以调整产业结构、推行清洁生产为基本途径,以陆源污染防治和海岸带及江河湖泊生态保护为重点,实施重点海域及重点淡水水域陆源污染物和海上污染物及淡水水域污染物排放总量控制制度和排污许可证制度,改善沿岸海域及江河湖泊水质。

3.加强污水处理技术的研究与实施

渔业水域被污染以后的治理和恢复,是渔业环境保护工作的重点。应从渔业和人体健康角度出发对渔业水域的污染状况、水体的自净能力、各种有毒物质的安全浓度、最大允许浓度及工业废水排放标准进行全面研究,对渔业环境质量进行综合评价,提出恢复或治理方案,并加强污水处理技术的研究,兴建城市污水处理厂,严格实行达标排放。

4.加强渔业生态环境监测

1985 年 8 月,农业部在中国水产科学研究院渔业生态环境研究机构及各省渔业生态环境监测站的基础上,成立了中国渔业生态环境监测网。多年来,渔业生态环境监测网在污染事故性监测、常规性监测、专题监测等方面取得了显著效果,但由于缺乏资金支持,监测覆盖面比较少,难以适应渔业环境保护工作的开展,建议国家在资金上给予更多的支持,同时增加资源监测内容,使监测站能够真正担负起保护渔业资源及其生态环境的重任。

（四）调整渔业产业结构，控制捕捞强度

1.完善捕捞许可制度

严格限制严重损害渔业资源的渔具、渔法，彻底取缔"三无"渔船，严格控制渔船的数量和功率，严格执行禁渔期、禁渔区、伏季休渔、最小网目尺寸、最小可捕规格、幼鱼比例检查等具体措施。加强最小网目尺寸、最小可捕规格等渔具选择性的基础性研究工作，制定和建立各类渔具、渔法的技术规范与标准体系。研发适合我国近海及内陆水域的绿色渔具，使用安全捕捞技术，实现负责任捕捞。

2.坚决制止过度捕捞

实施渔船淘汰制度，控制新船建造，严格限制非渔民入渔。提高渔政、船检、港监的综合执法水平，严格执行捕捞渔船的船检制度和捕捞资格许可制度，强制淘汰超龄、不适航的捕捞渔船。鼓励海洋捕捞渔民从事远洋捕捞、增养殖业、休闲渔业、水产品加工业或其他非渔产业，引导渔区劳动力向第二、第三产业转移，降低水域的捕捞压力，优化渔业产业结构，促进捕捞产业结构调整。要认真、有效地执行《中华人民共和国渔业法》以及国家、地方有关资源繁殖保护和环境保护的其他条例规定，切实保证海洋生物资源的再生和可持续发展。

3.实行捕捞限额管理制度

从投入与产出两方面入手，逐步减少捕捞产量。建立和完善渔业资源调查和评估体系，加大资源监测，加强对最大可持续产量的研究和最适捕捞努力量的研究，科学地确定总可捕量，为实施捕捞限额制度提供科学依据。以捕捞量与资源增长量相适应为原则，以捕捞生产现状和生产水平为基础，实施限额捕捞制度。首先对一些重要渔业种类进行限额捕捞试验，在此基础上，总结和积累经验，逐步扩大限额捕捞管理种类。以捕捞量低于渔业资源增长量为原则，充分考虑生物资源与渔业基本国情特点，制定总允许可捕量，实施资源量化管理，建立科学的资源配额分配体系。应根据资源可捕数量预测结果来分配捕捞生产数额，严格掌握在限额内生产，不允许超过限额量捕捞。

（五）积极开展重要渔业生物的繁殖和人工增殖放流

多年的实践证明，人工驯养繁殖是增殖渔业资源最有效的途径之一。我国水生物种的人工繁育水平位居世界前列，主管部门应充分利用技术优势，鼓励人工驯养繁殖工作的开展。人工驯养繁育工作的开展，对野生物种有一定的需求，因而会对一些资源状况不佳的物种产生压力，因此，有必要制订相应的政策和管理措施予以配合。

资源增殖放流是重建天然渔业种群的最有效的方法之一。为恢复天然水域渔业资源的种群数量，促进渔业生态环境的恢复，全国各级渔业主管部门多年来针对各地渔业资源的特点，积极组织实施了一系列的增殖放流活动。据统计，目前可用于增殖放流的水生生物种类已达 20 多种。资源增殖放流在获得显著的经济效益、生态效益的同时，也产生了很好的社会效益，并由此带动了渔业资源、生态环境保护工作的蓬勃开展。考虑到合理的放流有助于资源恢复，不合理的放流会导致生态灾难，因此，增殖放流必须在规范和监管的条件下稳步进行。

种苗放流增殖资源是实现水产生产农牧化，是捕捞生产持续发展的重要和有效途径之一，政府应认真负责组织，还要给予经济支持。我国渤、黄、东海对虾增殖已见显著效益，扇贝、刺参、鲍、蛤等增殖也有明显效果，因此，鱼类放流也应该有广阔前景。

（六）加强引进种的控制工作

为短期经济效益或解决养殖中的某一问题引入外来物种或异地种群，进行大规模养殖，甚至与当地种进行杂交，是我国面临的水生生物遗传多样性改变和不可恢复的主要问题。尽管某些水生经济物种的养殖取得了很好的经济效益，但大多数外来种在群落中的作用尚没有进行定量研究或试验研究，其对环境和生物多样性的影响也不明确，更不了解其对土著生物群落遗传多样性的破坏和改变的程度。如何有效利用其有利的一面，避免和限制其不利的一面，是我国渔业生物遗传资源保护面临的重要问题。

1.调查研究和科学论证

引进水生经济物种时，既要考虑其经济价值，还要分析引进物种的生物学特征，通过种质鉴定预先了解这些外来种及其原始种群的遗传结构，必要时进行封闭式养殖，避免其与本地物种进行交配，防止产生遗传渐渗而丧失地方种的遗传多样性。另外，外来品种的亲本数量不应过少，并且需要定期由原产地的个体补充、更换，这样才有利于保持其养殖群体的遗传品质，防止降低其适应性而导致消亡。

2.加强监督和检疫工作

从国外引入水生经济物种，必须遵守国家法规，进行检疫。检疫部门应首先获得有关部门提供的拟引种对我国生态环境和遗传污染影响的评估报告，建立外来物种风险评估体系。不仅在入境时进行全面的检验检疫，更要对引进后在隔离检疫区的暂养进行全面的跟踪监测。在全面检疫和充分论证的基础上，方可最后确认引进的外来水生物种是否适宜在我国自然水域生态环境中增养殖。

3.健全法律体系

目前，我国已制定了限制渔业外来物种对遗传多样性破坏的有关法律法规，但这些法律、条例的制定并没有充分包含入侵物种对生物多样性和生态环境破坏的相关内容。因此，我们应将现有法律法规体系涵盖的范围延伸至有关生物多样性保护的领域，将生态系统健康概念引入到外来物种控制的法律体系。

（七）加强渔业生物遗传资源保护的基础性研究

鱼类遗传资源保护、保存和利用是一项基础性、公益性、社会性、专业性都很强的工作，对于渔业的可持续发展十分重要。

1.基础生物学的研究

继续深入开展水生生物的细胞学、组织胚胎学、遗传育种学、营养生理学等方面的研究。遗传工程（包括细胞培养、基因操作和细胞融合技术）对水生生物资源的开发具有十分重要的意义，可以为增养殖选育一批高产、优质、抗病力强、饲料系数低的新品种，调整目前的种类结构。为充分发挥我国养殖渔业的优势，要注重种质、病害、饲料研究，同时为调整、改造、扩大鱼、虾、贝、藻养殖设施和健全苗种、饲料、鱼药技术服务体系提供组合配套技术，完善养殖渔业技术服务体系和生产管理体系。通过对养殖对象的营养需求和消化生理方面的研究，提出更加科学的饲料配方、投饲技术，并在饲料开发和苗种培育等方面有新的突破。

2.海洋环境与海洋生态学的研究

海洋环境与海洋生态学已成为全球关注的热点，在此方面，我们应进一步开展海洋生态系结构及功能的研究，特别是海洋能量转化、物质循环、各种环境因素对海洋生物生长繁殖的影响等，同时，还应研究人类的经济活动对海洋生态环境的影响，如工业废水的排放、海底石油开采、港口建设、核电站废热与核反应堆废料以及生活污水带来的影响和治理对策。水域和水质污染源、污染途径、水生生物中毒机理和水体自净能力等应用基础理论，以及渔业环境发展预测和水域生态环境改良技术必须要有深入的发展。

3.渔业工程技术和渔业资源增养殖研究

在捕捞方面要研究开发新型渔船，提高动力功率，降低能源消耗，改进操作系统和渔具渔法。在增养殖方面，加强水质净化、环境控制能力和建设资源增殖型渔业的研究。借鉴国际上资源增殖型渔业的发展经验，选择条件较好的海区、内陆湖泊和水库进行渔业资源增殖研究。摸清增殖水域生态环境动态变化规律、水生生物资源区系结构、种间关系、群体补充特征。研究主要增殖对象生物学、生态学、行为学特征和大批量苗种繁殖技术。研究放流区域生态环境和饵料基础、最佳放流时间和地点及适宜数量、放流种苗跟踪技术、放流种群与自然种群相关关系。监测生态环境主要因子与人为因素对放流种类资源和放流种群对基础饵料消长变化的影响。增殖和管理好终生定居或只做短距离洄游的水生生物资源。

4.资源管理研究

为适应管理型渔业实施需要，应由专门机构定期对我国的水域进行资源调查，摸清资源变动的客观规律。运用级差地租理论实行资源有偿使用，使沿岸近海及内陆水域受到切实保护，达到长期繁荣、永续利用的目的。与此同时，要加强海洋生物资源管理中的软科学研究，建立科技资源信息库，制订完善的管理法规及经济政策。通过经济的、法律的、行政的手段，对渔业生物遗传资源实行科学的、有效的管理、保护和利用。

（八）加强渔业生物遗传资源的保护和宣传教育工作

渔业生物遗传资源保护的宣传教育力度比较薄弱，这与经费投入不足有很大的关系。由于宣传教育工作未能广泛普及，社会公众对水生生物的保护意义认识不够，制约了相关保护工作的拓展空间。渔业生物资源保护有着极丰富的宣传素材，水域生态环境、水生野生动植物、水生资源可持续利用等均有着非常好的宣传热点，由其衍生出的相关内容会涉及我们社会生活的方方面面。加大宣传力度，提高社会的认知程度，对我们保护工作的开展会起到积极的促进作用。

（九）加强国际合作

渔业生物种质资源的保护是当今世界的热点课题，2002 年 9 月 4 日，在南非约翰内斯堡世界首脑会议发布的约翰内斯堡宣言提出了要在 2015 年恢复受损的渔业资源的目标。恢复渔业资源国际上有很多成功的经验。美国曾因在河流中筑坝影响了美洲鲥鱼产卵，使该鱼濒临灭绝，后通过增殖放流和减少拦河坝，从而使资源得到了恢复。在信息技术高度发达的今天，应加强国际合作和交流，在确保国家重要的、特有的遗传资源不流失的前提下，积极开展双边、多边以及国际组织的科技交流与合作，学习、引进国外先进技术，更好地履行鱼类种质资源保护的责任和义务。

（朱香萍）

第十二章　野生动物遗传资源保护

第一节　野生动物遗传资源的地位和价值

一、野生动物遗传资源的概念

野生动物一般是指那些生存在天然自由状态下，或来源于天然自由状态，虽经短期驯养但还没有产生进化变异的各种动物。野生动物的概念有广义和狭义两种。广义的野生动物包括了自然界中从低等原生类到高等哺乳类的所有自由栖息的动物种类，如兽类、鸟类、爬行类、两栖类、鱼类、软体动物和昆虫等；狭义的野生动物概念常因时间及地区不同而变化。在20世纪30年代的欧洲和美国，野生动物这一名词几乎等同于狩猎动物。随着人们知识的增加以及对动物尤其是脊椎动物价值的了解，目前欧美各国已倾向于把野生动物定义为所有自由栖息的脊椎动物(Bailey,1984)。这一变化已在他们的野生动物管理中得到充分的体现。在我国，理论上使用广义的概念作为野生动物的定义。《中华人民共和国野生动物保护法》将珍贵、濒危、有益的或者有重要经济和科学研究价值的动物种类作为野生动物管理工作的主要对象。也有专家认为野生动物是一个与家养动物相对的概念，即生活于野外的非家养的动物。

野生动物遗传资源是指地球上野生动物，以及这些野生动物所蕴含的丰富遗传资源。这些野生动物遗传资源分布广泛，既构成了地球的生物圈，又是人类赖以生存与发展的物质和精神基础。野生动物遗传资源具有以下特征。

1.区域性

野生动物遗传资源种类繁多，但在地域空间分布上并不均匀，在自然界中有其特定的分布区域，甚至一些遗传资源仅为一个国家或地区独有。

2.相对的再生性

野生动物具有自我繁殖的特性，可再生和持续利用。但野生动物受环境和人类的影响极大，很多在人们尚未完全认识之前就已消亡，加上现代人类滥捕滥猎以及工业污染，直接导致了一些野生动物遗传资源的丧失,而这些破坏多数是不可逆转的。所以,野生动物遗传资源具有相对的再生性。

3.有形性和无形性

有形性是针对具体的遗传物质——遗传信息的载体来讲,而无形性是就这些具体的遗传物质中抽象出来的遗传信息而言。同时,遗传资源具有物质性和可利用性的特点,这使其具有相当的经济价值,即在市场经济条件下,野生动物遗传资源具有商品性。而遗传资源无形性和可利用性的特点,又给其保护带来了一定的难度。

4.用途广泛性

野生动物遗传资源具有广泛的用途。它除食用和药用之外,还是工业的原料、医学研究的实验对象、家畜家禽改良种质来源、生态系统能量交换的中间载体、自然环境质量的标志。人类社会许多学科的建立和发展以及某些新技术的发明、新产品的开发均得益于野生动物遗传资源的启迪。野生动物遗传资源也是生态系统不可或缺的一部分,对于维持生态系统的稳定和平衡起着重要作用。随着科学的发展及技术手段的进步,野生动物的用途还会更加广泛。

5.社会性

按照我国相关法规规定,野生动物遗传资源本源上属于自然资源,应属国家或集体所有,从而使野生动物遗传资源具有社会性。因此,在获取、利用和共享遗传资源时,应充分发挥其社会公共品的属性,创造公平使用的法制环境。

二、我国野生动物遗传资源的特点与现状

(一)资源特点

我国地域辽阔,南北跨温带、亚热带、热带等多个温度带,东西呈现高原、山地、盆地、平原等多个地貌阶梯,兼之河流纵横、湖泊众多、植被类型多样、环境复杂,因此野生动物资源十分丰富,种类高达数十万之多,在世界上占有重要地位(Richard Primack,2001)。我国是东亚动物区系、青藏高原—喜马拉雅动物区系、古北界动物区系及东洋界区系动物的汇集地,不仅有与东亚、东南亚、中亚、西伯利亚相近的动物类群,而且还具有与欧洲、美洲、非洲相类似的动物种类。同时,由于我国大部分地区未受到第三纪和第四纪大陆冰川的影响,加上独特的生态环境,因此除物种丰富之外,我国野生动物资源的另一个特点是保存有大量的特有野生动物物种。据初步统计,约有476种为我国特有或主要分布在我国,其中以两栖爬行类和鸟类的特有种占大多数(中国自然资源丛书编撰委员会,1995;张荣祖,1997)。并且,很多特有种同时也是珍稀物种,如大熊猫(*Ailuropoda melanoleuca*)、金丝猴(*Pygathrix roxellanae*)、朱鹮(*Nipponia nippon*)、藏野驴(*Equus kiang*)、白暨豚(*Lipotes vexillifer*)、扬子鳄(*Alligator sinensis*)等。我国经济野生动物种类多,每一个类群中都有很多种类具有重要的经济价值,主要为人类提供肉用、毛羽用、观赏用和药用。但我国不同地区间地理特点不同,野生动物遗传资源分布不均。西南区兽类、鸟类、爬行类、两栖类、淡水鱼资源都远远地高于全国其他各区。即使在同一区域内,不同的动物种类也存在着数量差异。有的资源物种的种群较大,具有直接利用的价值,如黄羊最高年产量曾达30万头,而有的种类却数量十分稀少,已濒临绝灭,但具有很高的科学研究和生态价值,如普氏原羚(*Procapra przewalskii*)等。

（二）资源现状

1.自然分类系统方法编目

（1）两栖类资源

我国的两栖类种类 298 种,其中珍稀和濒危种类 42 种,约占全国两栖类全部种数的 14.1%,如版纳鱼螈(*Ichthyophis bannanicus*)、大鲵(*Andrias davidianzrs*)等。这些种类多分布区狭窄,或数量很少,若管理和利用不当,就会使之处于濒危状态。在两栖类中,可供药用、食用、皮用、实验及观赏用的也有一定数量,其中具有重大经济价值的有 45 种,如黑龙江林蛙(*Rana amurensis*)、中国林蛙(*Rana chensisensis*)、棘胸蛙(*Paa spinosa*)等,约占我国两栖类全部种数的 15.1%。《中国珍稀及经济两栖动物》中收录了我国 145 个种和亚种的两栖动物。

（2）爬行类资源

我国爬行类种数 412 种,其中珍稀、濒危种类 22 种,约占全国爬行动物全部种数的 5.3%,如四爪陆龟(*Testudo horsfieldii*)、鳄蜥(*Shinisaurus cracodilurus*)、扬子鳄、莽山烙铁头(*Ermiam mangshanensis*)等。从药用、食用及工艺等方面的实用价值考虑,我国有开发意义的爬行类有 96 种,占我国爬行类全部种数的 23.3%,如中华鳖(*Pelochelys sinensis*)、龟科(*Emydidae*)、锦蛇(*Elaphe spp.*),以及多种眼镜蛇科(*Elapidae*)和蝮蛇科(*Crotalidae*)的种类。这些爬行类多为常见种,分布较广、数量较多,在医药和美食方面有重要经济价值。

（3）鸟类资源

我国从 1900 年至 2002 年(少数在 1900 年以前)共录得鸟类 1 258 种(郑作新,1994),但其中有些种类仅只一次记录或依据国外分布和资料的推测,如果把这些鸟类不予计算,也有 1 100 多种。全世界的鸟类约 9 000 种,中国占有世界鸟类总数的 12%～13%,是世界鸟类资源大国之一。在我国众多的鸟类中具有重要经济价值的约有 300 种。可以概括为 5 大经济类群:①中国特产的珍贵、稀有鸟类,如褐马鸡(*Crossoptilon mantchuricum*)等;②数量多、经济价值大的鸟类,如雄鸡(*Phasianus colchicus*)等;③数量多,只具一般经济价值的鸟类(*Passer domesticus*)等;④数量较少,但个体价值较大的鸟类,如猛禽中的白尾海雕(*Haliaeetus albicilla*)等;⑤具有开发前途,而尚未被顾及的鸟类,如斑鸠(*Streptopelia orientalis*)等(郑作新,1962,1993)。《中国经济动物志——鸟类》(第二版)收录的我国野生经济鸟类有 18 目 56 科 241 种。

（4）哺乳类资源

哺乳动物(兽类)是脊椎动物中最高等的一类,目前全世界范围内的兽类总数约 4 500 多种,分布在我国的兽类有 13 目,510 种,占世界总数的 11.3%。属于国家重点保护的种类有 113 种,占我国兽类总数的 22%。其中 I 级保护对象有 50 种,约占全部种的 10%,占被保护兽类种数的 44%。其中种数最多的为啮齿目,其次是翼手目,在我国南方分布明显多于北方。偶蹄目兽类一般体型较大,大都为草食性种类,是兽类中实用经济价值最高的一类。鲸类是一类很有经济价值的水生兽类。灵长类的种数约占全国兽类的 4%,多为树栖性种类,主要分布在我国热带、亚热带和温带的山区森林,目前多数种类的数量已处于濒危状态,全部种类均列为国家重点保护的对象。《中国经济动物志——兽类》收录我国野生经济动物 13 目 41 科 162 种。

2.经济用途方法编目

人们更倾向于根据它们对人类的社会经济意义、生态价值等进行分类。由于许多野生动物可能同时会对人类有多种经济用途,因而同一种动物有可能同时分属于不同的经济类群。目前,普遍被广大学者和大众所熟知和接受的经济动物分类为:毛皮动物、羽用动物、食用动物、药用动物、益害动物、观赏动物、祖型动物、渔猎动物等。

(1)野生毛皮动物

野生毛皮动物是指毛或皮具有制裘皮、制革、纺织或其他特殊经济用途的野生哺乳动物,主要是食肉目、啮齿目中一些种类。中国有食肉类55种,几乎全部为珍贵的皮兽(盛和林等,1994;景松岩等,1993),但目前大多已数量太少而无狩猎意义。如河狸(*Castor fiber*)、水獭(*Lutra lutra*)、紫貂(*Martes zibellina*)、黄鼬(*Mustela sibirica*)、灰鼠(*Chinchillula sahantae*)、赤狐(*Vulpes vulpes*)、麝鼠(*Ondatra zibethicus*)、海狸鼠(*Myocastor coypu*)等的毛皮是高档裘皮原料,黄麂(*Muntiacus reevesi*)、鹅喉羚(*Gazella subgutturosa*)等有蹄类动物的皮板适于制革。其中海狸鼠和麝鼠是引入种,现已广泛饲养,并且有些个体跑到野外,形成了一定的野生种群。松鼠和旱獭在历史上曾是大宗的毛皮动物资源,现在数量较少。河狸则已经成为国家重点保护动物。

(2)野生羽用动物

羽用动物是指羽毛可用作制绒和饰用的鸟类。雁鸭类的绒羽质量轻、弹性强、保暖性能好,一般用于制作羽绒服、羽绒靠垫、羽绒枕头或被褥的保温填充材料;鸟类飞羽、尾羽(尤其是大型猛禽的飞羽和尾羽)羽枝粗大强健,羽面平整宽大,可制成羽毛扇、箭翼;鹅翎可用来制作羽毛球;鸡毛(翼羽、颈羽、背羽)可制成扫具等。

(3)野生食用动物

野生动物是古代人类食物和生活资料主要来源之一,在早期的人类生存和社会发展中起到重要作用,也是目前我国一些少数民族地区、山区和水域地区群众主要的动物蛋白质来源之一。我国估计有35万种无脊椎动物,占世界无脊椎动物总数的8.6%,其中相当一部分种类可以直接食用或为家养动物提供饲料,如昆虫等。我国有3 000多种野生鱼类,大多可以食用。我国的两栖动物中,能食用的主要是大鲵(*Andrias davidianus*)和蛙类。爬行动物主要以龟鳖类和蛇类为主。绝大多数鸟类可食用,但主要是鹭科、鸭科、雉科、鹰科和雀形目种类,以鸭类和鸠鸽类占优势。可食用的哺乳动物种类很多,但主要的肉用兽为有蹄类、部分食肉动物和兔类,如黄羊、野猪、山羊、野驴(*Equus* spp.)、盘羊(*Ovis ammon*)、狍(*Capreolus cprelus*)、岩羊(*Pseudois nayaur*)、猪獾(*Arctonyx collaris*)、鼬獾(*Melogale moschata*)、黑熊(*Selenarctos thbetanus*)、草兔(*Lepus capensis*)等。

(4)野生药用动物

药用动物是身体的有机组成部分或者其代谢物具有一定药用价值的动物。估计世界已经利用的约2 500种药用动物中,我国就占1 800种,其中有记载的药用动物近1 600种。如鹿茸是传统的药材,梅花鹿、坡鹿(*Cervus eldi*)、水鹿(*Cervus unicolor*)、马鹿(*Cervus elaphus*)、麋鹿(*Elaphurus davidianus*)、驼鹿(*Alces alces*)和驯鹿(*Rangifer tarandus*)等多种鹿的茸可以作药用,传统上认为梅花鹿的茸最优(盛和林,1992)。

(5)农林牧益害动物

估计我国的农林益害动物超过1.1万种。无脊椎动物中,与农林有益或者有害的动物主要是软体动物与节肢动物。脊椎动物各类群中,两栖类中的蛙和蟾蜍素来被誉为"农田和森林卫士",在农林业生产中发挥着不可替代的作用。爬行类也是一个重要的有益动物类群,主要包括各种蛇类和蜥蜴类。鸟类在农林业生产中的作用是不可或缺的。多数鸟类的食物以害虫、小型害兽和杂草居多,能抑制昆虫、鼠类暴发成灾,有益于农林牧业生产,绝大多数猛禽对维持生态系统的平衡起着重要作用。

(6)观赏动物

观赏动物一般是指那些具有特定体态、色彩、行为活动、稀有性、文化内涵等特征,能激发人们兴趣和引起美的享受的动物。我国野生动物种类繁多,能够为人们提供各种不同特点的观赏动物,目前已经被用作观赏的有 1 000 余种,其中又以昆虫和脊椎动物为主,仅蝴蝶等昆虫就有 400 种。

(7)渔猎动物

渔猎动物主要是指具有从事垂钓或者狩猎活动价值的动物,如一些偶蹄类、雉类、野鸭、鸠鸽类、各种鱼等。

(8)祖型动物

祖型动物是指家养动物的野生种。家养动物是人类有意识地将野生动物经长期的驯养和驯化过程培育而来,绝大部分家养动物都有其祖型种或近缘种。中国家鸡的祖先公认是原鸡中的红色原鸡,这些原种至今仍存在于云南和海南省,也称滇南亚种(*G.Gallus jabouillei*)。祖型动物在研究家养动物的品种起源、分化、改良与种群提纯复壮上具有重要的学术价值与应用价值,因而也是重要的野生经济动物资源。

第二节 中国野生动物遗传资源保护

一、中国野生动物遗传资源保护的行政管理

(一)法律法规

野生动物法律法规是调整人们保护、利用、管理野生动物资源中所发生的各种社会关系的法律规范的总称。野生动物法律法制建设和依法实施管理是野生动物遗传资源管理中的重要工作,也是野生动物管理技术和管理政策实施的强有力保证,越来越受到相关部门的重视。

新中国成立后,我国特别重视野生动物遗传资源保护的法律法规建设工作。早在 1950 年,中央人民政府就发布了《关于稀有生物保护办法》,禁止任意猎捕松潘等地的大熊猫等稀有动物;1956 年,林业部颁布了《狩猎管理办法(草案)》;1962 年,国务院发布了《关于积极保护和利用野生动物的指示》;1973 年,外贸部颁布了《关于禁止珍贵野生动物收购和出口的通知》;1979 年,《环境保护法(试行)》颁布,首次将野生动物保护上升到法律的高度;1979 年国务院颁布《水产资源繁殖保护条例》,对水生动物的保护作了规定;1982 年,《海洋环境保护法》颁布,对海洋生物的保护工作做出了规定;1983 年,国务院颁布了《关于严格保护珍贵稀有野生动物的通令》;1987 年,国务院颁布了《关于坚决制止乱捕滥猎和倒卖、走私珍稀濒危动物的

紧急通知》；同年，国务院还颁布了《野生药材资源保护条例》，对濒危野生药材物种作了规定；1984年，《森林法》颁布，对涉及森林、林区方面的野生动物保护作了规定；1985年，《草原法》颁布，对草原上的野生动物保护作了规定；为保护、拯救珍贵、濒危野生动物，保护、发展和合理利用野生动物资源，维护生态平衡，1988年11月8日第七届全国人民代表大会常务委员会第四次会议通过了《中华人民共和国野生动物保护法》（下称《野生动物保护法》），该法于1989年3月1日起开始施行。凡是在中华人民共和国境内从事野生动物的保护、驯养繁殖、开发利用活动的组织和公民，必须遵守《野生动物保护法》。《野生动物保护法》颁布，标志着我国的野生动物保护真正走上了法制化的轨道；根据《野生动物保护法》的规定，经国务院批准，《中华人民共和国陆生野生动物保护实施条例》于1992年3月1日发布施行。

另外，我国还初步健全了涉及野生动物栖息环境和动物遗传资源就地保护的法律法规，主要包括：《风景名胜区管理暂行条例》（1985年）、《野生药材资源保护条例》（1987年）、《中华人民共和国水生野生动物保护实施条例》（1993年）、《中华人民共和国环境保护法》（1989年）、《自然保护区条例》（1994年）、《中华人民共和国森林法》（1998年修改）、《中华人民共和国渔业法》（2000年修改）等。

此外，我国批准参加的与野生动物遗传资源保护有关的国际条约和公约，如《生物多样性公约》、《濒危野生动植物国际贸易公约》、《南极海洋生物资源保护公约》、《保护野生动物迁徙物种公约》、《国际重要湿地特别是水禽栖息地公约》、《国际捕鲸规则公约》、《鸟类保护国际公约》等，对我国同样有效。

（二）管理机构

《野生动物保护法》第七条规定："国务院林业、渔业行政主管部门分别主管全国陆生、水生野生动物管理工作；省、自治区、直辖市人民政府林业行政主管部门主管本行政区域内的陆生野生动物管理工作；自治州、县和市政府陆生野生动物管理工作的行政主管部门，由省、自治区、直辖市人民政府确定。县以上地方人民政府渔业行政主管部门主管本行政区域内水生野生动物管理工作。"根据这一规定可知，国家林业局、农业部分别主管全国陆生、水生野生动物管理工作；省、自治区、直辖市林业（农林）厅（局）、渔业（水产、海洋与水产）厅（局）分别主管省、自治区、直辖市陆生、水生野生动物管理工作；自治州、县、市渔业（水产、海洋与水产）局主管自治州、县、市水生野生动物管理工作；自治州、县、市林业（农业、农林、畜牧、农牧）局主管自治州、县、市陆生野生动物管理工作。陆生野生动物主要是指依靠陆地（包括水面）生存、繁衍的野生动物，包括各类兽类、鸟类、爬行类、大部分两栖类和部分无脊椎动物；水生野生动物主要是指终生生活在水中的野生动物，包括鱼类、个别两栖类和部分无脊椎动物。此外，因相关法律没有界定陆生、水生野生动物的概念，加上历史、习惯等方面的原因，也有不少陆生野生动物在《国家重点保护野生动物名录》中被划成了水生野生动物，由渔业部门主管，如海豹等。同时，野生动物保护法还规定了各级政府在对野生动物资源的管理，制定保护、发展和合理利用野生动物资源的规划和措施中的职责。

二、建立自然保护区

我国现行的自然保护区概念是指对有代表性的自然系统、珍稀濒危野生动植物的天然集中分布区、有特殊意义的自然遗迹等保护对象所在的陆地、陆地水体或者海域，依法划出一定面积予以特殊保护和管理的区域。自然保护区的主要功能是保护生态环境和生物多样性,保证生物遗传资源和景观资源能够可持续利用,为科学研究、科普宣传、生态旅游提供基地。

通过建立自然保护区来保护野生动物物种和有典型意义的生态系统类型以及自然环境,可以达到维持物种多样性、保证生物资源的持续利用、保持生态系统良性循环的目的。事实证明建立保护区是开展自然保护最有效的途径之一。从1872年美国成立世界上第一个以保护旅游风景区为目的的自然保护区——黄石公园至今,全球已建立各种类型的自然保护区10万多处。

中国自然保护区建设事业是在解放初期,根据森林资源保护、野生动物保护和狩猎管理的迫切需要而开展起来的。1962年,国务院发布《关于积极保护和合理利用野生动物资源的指示》,明确要求各省、自治区和直辖市人民政府,在珍贵、稀有和特产的鸟兽主要栖息地区建立自然保护区,并要求各地应迅速将这一工作划归林业部门管理,并加强有关管理机构的执法力度。这是我国第一个建立自然保护区的法律依据。1956年,在广东省肇庆市建立了以保护亚热带季雨林为主的第一个自然保护区——鼎湖山自然保护区,这标志着我国保护区事业的开始。1973年8月,原农林部召开了全国环境保护工作会议,会议通过了《自然保护区管理暂行条例(草案)》。该条例比较全面地提出了自然保护区的工作规范和把自然地带的典型自然综合体、特产稀有种源与具有其特殊保护意义的地区作为保护区的依据,这为制定我国自然保护区管理法规奠定了基础。1992年2月,国家环保局发出通知,成立第一届国家级自然保护区评审委员会。1994年9月国务院颁布了《中华人民共和国自然保护区条例》,并从1994年12月1日起施行。至2003年底,我国已建立了自然保护区1 999处,面积约占国土面积的14.4%,有效地保护了我国85%的陆地生态系统类型和85%的野生动物种群,同时较好地保护了许多珍贵、濒危野生动植物的栖息地,对维护生态平衡、优化生态环境发挥了极为重要作用,为经济和社会发展提供了稳定的环境保障,初步形成了布局较为合理、类型较为齐全、功能较为完备的保护区网络,在维护生态平衡、改善生态环境、保护野生动植物和维护生物多样性等方面发挥了巨大的作用。

三、重点保护的野生动物

《野生动物保护法》第二条第二款规定:"本法规定保护的野生动物,是指珍贵、濒危的陆生、水生野生动物和有益的或者有重要经济、科学研究价值的陆生野生动物。"《野生动物保护法》第九条规定:"国家对珍贵、濒危的野生动物实行重点保护。国家重点保护的野生动物分为一级保护野生动物和二级保护野生动物。国家重点保护的野生动物名录及其调整,由国务院野生动物行政主管部门制定,报国务院批准公布。地方重点保护野生动物,是指国家重点保护野生动物以外,由省、自治区、直辖市重点保护的野生动物。地方重点保护的野生动物名录,由省、自治区、直辖市政府制定并公布,报国务院备案。国家保护的有益的或者有重要经济、科学研究价值的陆生野生动物名录及其调整,由国务院野生动物行政主管部门制定并公布。"

从上述法律条文可以看出,受国家保护的野生动物主要有两大类,一类是珍贵、濒危的野生动物,一类是有益的或者有重要经济、科学研究价值的陆生野生动物。这两类野生动物包括了《野生动物保护法》的所有保护对象,具体体现在三个名录当中,即《国家重点保护野生动物名录》、《地方重点保护野生动物名录》和《国家保护的有益的或者有重要经济、科学研究价值的陆生野生动物名录》。

（一）国家重点保护野生动物

国家重点保护野生动物有两个特点：一是数量稀少，甚至濒危；二是珍贵程度高。属于中国特产、稀有或濒于灭绝的野生动物，可被列为国家一级保护野生动物；属于数量较少或者有濒于灭绝危险的野生动物，可被列为国家二级保护野生动物。1989 年 1 月 14 日经国务院批准，此后由原林业部和农业部联合发布的《国家重点保护野生动物名录》，共列出国家一级重点保护野生动物 96 个种或种类，如大熊猫、金丝猴、长臂猿、白暨豚、中华鲟等，以及二级重点保护野生动物 160 个种或种类，如猕猴、黑熊、金猫、马鹿、黄羊、天鹅、玳瑁、文昌鱼等。名录还对水生、陆生野生动物作了具体划分，明确了由渔业、林业行政主管部门分别主管的具体种类（具体见附录）。除此之外，原林业部根据《陆生野生动物保护实施条例》第二十四条的规定，已将非原产我国的《濒危野生动植物种国际贸易公约》附录一、附录二所列动物物种分别核准为我国国家一、二级保护野生动物，受到国家重点保护。

（二）地方重点保护野生动物

地方重点保护野生动物的特点是，虽然它们在全国范围内野生种群并不小，但在个别省区的种群却很小，在这些省区属于珍贵、濒危野生动物。地方重点保护野生动物，由省、自治区、直辖市人民政府确定。地方重点保护野生动物的管理，除应执行《野生动物保护法》外，主要按照省、自治区、直辖市人大常委会制定的有关法规进行管理。另外，根据《陆生野生动物保护实施条例》第二十四条的规定，从国外引进的未被国务院林业行政主管部门核准为国家重点保护野生动物的其他野生动物，经省、自治区、直辖市人民政府林业行政主管部门核准，可以视为地方重点保护野生动物，并依法进行管理。

（三）国家保护的有益的或者有重要经济、科学研究价值的陆生野生动物

国家保护的有益的或者有重要经济、科学研究价值的陆生野生动物是指国家和地方重点保护野生动物以外需要保护的野生动物。其特点是数量相对较多，并且具有一定的经济、科学研究价值，或者在保持良好的生态环境方面有显著作用的野生动物。《国家保护的有益的或者有重要经济、科学研究价值的陆生野生动物名录》已由国家林业局于 2001 年 8 月 1 日发布实施，共列入了 1 600 多种陆生野生动物。

此外，按照国际惯例和国际协定以及《野生动物保护法》第四十条的规定，凡是以我国政府名义参加的国际条约、签署的双边或多边协定中规定保护的野生动物，也受国家保护，但我国声明保留的除外。

四、宣传教育和科学研究

野生动物遗传资源的濒危、灭绝在很大程度上是由于公众缺乏遗传资源保护意识。因此，我们应该在全社会营造野生动物遗传资源保护的氛围和风气；加强法规的宣传，使公众和专业人员增强法制观念；要利用广播、电影、电视、报纸等宣传媒介和报告会、宣传画册等进行广泛的宣传教育和培训，普及野生动物遗传资源保护知识，提高广大民众对遗传资源的保护意识；需要对从事野生动物遗传资源研究、市场管理、贸易、海关、检验检疫以及涉及野生动物

遗传资源保护、生产、经营、繁殖、消费的基层人员举办各种类型和各种层次的培训班和报告会;宣传国家法律法规,打击各种非法获取、销售、消费和走私野生动物的行为。

野生动物遗传资源保护应以科技为支撑,建立和完善我国重要野生动物遗传资源信息库和网络系统;积极开展野生动物的驯化繁育研究,推广其应用成果;应用高新技术和建立新型产业,探索利用这些资源的新途径;建立重要野生经济动物细胞库和种质库;寻找野生动物替代品。

五、人工繁殖(驯养)、狩猎、经营和保护

(一)野生动物驯养

野生动物驯养是指通过人工优化野生动物的生存环境,驯养繁殖野生动物,使之迅速繁衍和扩大种群数量,从而摆脱濒危状态。早在1962年9月,国务院就发布了《关于积极保护和合理利用野生动物资源的指示》。1988年颁布的《野生动物保护法》中明确了我国野生动物资源管理的总方针是"加强资源保护、积极驯养繁殖、合理开发利用",野生动物的驯养繁殖业在全国开展得十分蓬勃。许多经济价值较大的野生动物陆续成为了驯养繁殖对象。兽类中有梅花鹿、马鹿、黑熊、果子狸、水貂、银黑狐、蓝狐、貉等;鸟类中有雉鸡、鹌鹑、石鸡、孔雀、鸵鸟(引入种)、白鹤及很多小型笼养观赏鸟等;爬行类中有鳖、蛇类、扬子鳄等;两栖类中有中国林蛙、黑龙江林蛙、大鲵、牛蛙(引入种)等。这些种类的养殖均比较成功。目前,我国野生动物驯养繁殖的场所约4 000家,分属于单位或个人所有,所驯养繁殖的动物种类各不相同,既有综合的大型养殖场,也有单一的养殖场,如养鹿场、养熊场、养猴场、养蛇场、龟鳖场、鸵鸟场、养禽场、养麝场等。

为了进一步规范野生动物驯养繁殖业,1991年林业部发布了《国家重点保护野生动物驯养繁殖许可证管理办法》。其后各地方分别出台了配套法规,在全国范围内形成了持证驯养繁殖野生动物的体制,保证了野生动物驯养繁殖业健康有序地发展。依据规定,驯养繁殖国家重点保护野生动物实行《驯养繁殖许可证》制度。驯养繁殖国家重点保护野生动物的,应当持有《驯养繁殖许可证》。以生产经营为主要目的驯养繁殖国家重点保护野生动物的,必须凭《驯养繁殖许可证》向工商行政管理部门申请登记注册。

(二)野生动物狩猎

新中国成立后,国家对野生动物狩猎业给予了高度重视。1950年10月,国家颁布施行了《中央人民政府林垦部试行组织条例》,确定了林垦部(即后来林业部)作为国家狩猎管理部门的地位,并赋予其拟定相关法律法规的权力。1959年2月,林业部发布了《关于积极开展狩猎事业的指示》。1987年国务院发布了《关于坚决制止乱捕滥猎和倒卖走私珍贵野生动物的通知》。1988年《野生动物保护法》颁布,至此,曾经一度在国内十分盛行的狩猎业开始走向正轨。狩猎活动基本上局限在国家正式批准建立的狩猎场、区内进行,狩猎业进入了可控制范围内。对国家重点保护野生动物实行《特许猎捕证》制度,非国家重点保护的野生动物也要实行猎捕证制度。

《野生动物保护法》规定,禁止猎捕、杀害国家重点保护野生动物。因科学研究、驯养繁殖、展览或者其他特殊情况,需要捕捉、捕捞国家一级保护野生动物的,必须向国务院野生动

物行政主管部门申请《特许猎捕证》；猎捕国家二级保护野生动物的，必须向省、自治区、直辖市人民政府野生动物行政主管部门申请《特许猎捕证》；猎捕地方重点保护野生动物以及国家保护的有益的或者有重要经济、科学研究价值的陆生野生动物实行猎捕证制度。《野生动物保护法》规定，猎捕非国家重点保护野生动物的，必须取得狩猎证，并且服从猎捕量限额管理。此外，《野生动物保护法》还规定，猎捕者应当按照特许猎捕证、狩猎证规定的种类、数量、地点和期限进行猎捕。持枪猎捕的，必须取得县、市公安机关核发的持枪证。在自然保护区、禁猎区和禁猎期内，禁止猎捕和其他妨碍野生动物生息繁衍的活动。禁止使用军用武器、毒药、炸药等进行猎捕。

（三）野生动物经营

野生动物的收购、出售、运输、携带等经营利用活动是和野生动物猎捕、驯养繁殖紧密相连的，经营利用的野生动物及其产品主要来源于这两条途径。1988 年颁布的《野生动物保护法》明确规定禁止出售、收购国家重点保护野生动物。因科学研究、驯养繁殖、展览等特殊情况，需要出售、收购、利用国家一级保护野生动物或者其产品的，必须经国务院野生动物行政主管部门或其授权的单位批准；需要出售、收购、利用国家二级保护野生动物或者其产品的，必须经省级野生动物行政主管部门或其授权的单位批准。1992 年 3 月国务院批准颁布施行《陆生野生动物保护实施条例》，明确规定非国家重点保护野生动物及其产品的经营必须申请登记注册，并由主管部门核定年度利用限额指标，经营者需缴纳野生动物资源保护管理费。至此，野生动物的经营利用（收购、出售、运输、携带）采用了持证操作的体制，规范了市场。

六、进出口与野生动物遗传资源保护

我国的野生动物遗传资源向国外输出有悠久的历史。《宋会要》记载，我国早在宋代就有多达 58 种药用动物由阿拉伯人运往欧洲。历史上，我国向国外输出的其他野生动物种类还包括大熊猫、麋鹿（*Elaphurus davidianus*）、獐（*Hydropotes inermis*）等。野生动物遗传资源输出主要有合法的国际贸易、国际合作、非法贸易和遗传资源掠夺等方式。野生动物遗传资源非法输出有多方面的负面影响，是导致我国许多重要野生动物遗传资源破坏和枯竭的原因之一。同时，资源流失有可能在对我国的经济建设和国家安全造成不利影响。

我国从国外引进野生动物遗传资源也有悠久的历史。早期的引入常常通过民族的迁移和国家、地区间的贸易来实现。近代以来，我国许多养殖单位开展了大量的外地或外国物种的引进项目，这些单位涉及农业、林业、水产、畜牧、特种养殖业的种源基地、饲养基地等。引进的目的是用于提高经济收益、观赏或环境保护等，其中大部分引种是通过合法渠道引入的，但也有一部分是通过非法交易引入的。此外，也有外来物种的无意入侵。这些野生动物遗传资源的引进直接或间接对当地的经济、生态、文化、社会生活产生了重要影响。

我国政府从一开始就加强了对珍稀动物的出口管理。1959 年 4 月，国务院批准并转发了中央对外文化联络委员会上报的《关于我国珍贵动物出口问题的请示报告》，该报告要求限制 5 类 29 种野生动物的出口。1964 的 5 月国务院又批准并转发了《关于我国珍贵动物出口问题的意见的报告》，重新限定了出口种类，分 2 类 31 种。第一类 7 种为我国特产，除特殊情况外，一律不得出口；第二类 24 种，出口仅限对外赠送、交换和展览。

1980 年 12 月 25 日，我国宣布加入《濒危野生动植物种国际贸易公约》，简称 CITES。

1981 年 4 月 8 日 CITES 对我国正式生效,政府指定中华人民共和国濒危物种出口管理办公室(简称濒管办)为 CITES 管理机构。至此,我国的野生动物进出口有了专门的管理机构。1995 年 8 月,政府对濒管办进行了加强,分别在全国 17 个省(自治区、直辖市)设立了办事处,野生动物进出口工作完全规范化。1998 年初,濒管办与海关总署联合发布了《进出口野生动植物商品目录》,明确了野生动物进出口管理对象。1999 年 6 月,濒管办发布了《允许进出口证明书申办审批程序(暂行)》,明确了野生动植物允许进出口证明书的申办审批程序和发证要求,规范了允许进出口证明书的管理。

《野生动物保护法》规定,出口国家重点保护野生动物或者其产品的,以及进出口中国参加的国际公约所限制进出口的野生动物或者其产品的,必须经进出口单位或者个人所在地的省、自治区、直辖市人民政府林业行政主管部门审核,报国务院林业行政主管部门或者国务院批准;属于贸易性进出口活动的,必须由具有有关商品进出口权的单位承担;动物园因交换动物需要进出口前款所称野生动物的,国务院林业行政主管部门批准前或者国务院林业行政主管部门取得国务院批准前,应当经国务院建设行政主管部门审核同意;非法进出口野生动物或者其产品的,由海关依照海关法处罚;情节严重,构成犯罪的,依照刑法关于走私罪的规定追究刑事责任。

根据《陆生野生动物保护实施条例》的规定,从国外引进的珍贵、濒危野生动物,经国务院林业行政主管部门核准,可以视为国家重点保护野生动物;从国外引进的其他野生动物,经省、自治区、直辖市人民政府林业行政主管部门核准,可以视为地方重点保护野生动物。

从国外或者外省、自治区、直辖市引进野生动物进行驯养繁殖的,应当采取适当措施,防止其逃至野外;需要将其放生于野外的,放生单位应当向所在省、自治区、直辖市人民政府林业行政主管部门提出申请,经省级以上人民政府林业行政主管部门指定的科研机构进行科学论证后,报国务院林业行政主管部门或者其授权的单位批准。擅自将引进的野生动物放生于野外或者因管理不当使其逃至野外的,由野生动物行政主管部门责令限期捕回或者采取其他补救措施。

(赵永聚)

主要参考文献

1. J.A.波尔琴柯.农业益鸟与害鸟.北京:科学出版社,1959.

2. B.M.查瓦多夫斯基.家畜起源.张忠仁,译.南京:江苏人民出版社,1958.

3. 长江水系渔业资源调查协作组.长江水系渔业资源.北京:海洋出版社,1990.

4. 陈灵芝.中国的生物多样性.北京:科学出版社,1993.

5. 陈幼春.中国黄牛生态种特征及其利用方向.北京:中国农业出版社,1990.

6. 樊瑛,丁自勉.药用昆虫养殖与应用.北京:中国农业出版社,2001.

7. 根井正利.分子群体遗传学与进化论(第一版).王家玉,译.北京:中国农业出版社,1975.

8. 国家环境保护总局等编.中国生物多样性国情研究报告.北京:中国环境科学出版社,1998.

9. 湖北省水生生物研究所鱼类研究室.长江鱼类.北京:科学出版社,1976.

10. 季维智,宿兵.遗传多样性研究的原理与方法.杭州:浙江科学技术出版社,1999.

11. 江静波.无脊椎动物学.北京:高等教育出版社,1982.

12. 蒋英,陶雍.中国山羊.西安:陕西科学技术出版社,1988.

13. 蒋志刚,马克平,韩兴国.保护生物学.杭州:浙江科学技术出版社,1997.

14. 李思发.中国淡水鱼类种质资源和保护.北京:中国农业出版社,1996.

15. 联合国粮农组织,联合国环境规划署.动物遗传资源保护和管理.北京:中国农业科技出版社,1988.

16. 刘建康.中国淡水鱼类养殖学(第三版).北京,科学出版社,1996.

17. 陆承平.动物保护概论(第二版).北京:高等教育出版社,2004.

18. 楼允乐.鱼类育种学.北京:中国农业出版社,1999.

19. 罗泽殉.中国野兔.北京:中国林业出版社,1998.

20. 马建章,贾竞波.野生动物管理学(第二版).哈尔滨:东北林业大学出版社,2004.

21. 马逸清,胡锦矗,翟庆龙.中国的熊类.成都:四川科学技术出版社,1994.

22. 马月辉,陈幼春,冯维琪.中国家养动物多样性概况.畜牧兽医学报,2000,31(5).

23. 马月辉,徐桂芳,王端云,等.中国畜禽遗传资源信息动态研究.中国农业科学,2002,35(5).

24. 欧阳淦,曾中平,张国斌.观赏动物.成都:四川科学技术出版社,1984.

25. 朴厚坤,张南奎.毛皮动物的饲养与管理.北京:中国农业出版社,1984.

26. 齐钟彦.中国经济软体动物.北京:中国农业出版社,1998.

27. 沈俊宝,张显良.引进水产优良品种及养殖技术.北京:金盾出版社,2002.

28. 盛和林,王培潮,陆厚基,等.哺乳动物学概论.上海:华东师范大学出版社,1983.

29. 盛和林.中国鹿类动物.上海:华东师范大学出版社,1992.

30. 史荣仙.水牛学.北京:中国农业出版社,1994.

31. 寿振黄.中国经济动物志——兽类.北京:科学出版社,1963.

32. 王献尊,刘玉凯.生物多样性的理论与实践.北京:中国环境科学出版社,1994.

33. 伍献文,曹文宣,易伯鲁等.中国鲤科鱼类志(上、下卷).上海:上海人民出版社,1977.

34. 薛达元.中国生物遗传资源现状与保护.北京:中国环境科学出版社,2004.

35. 杨秀元,吴坚.中国森林昆虫名录.北京:中国林业出版社,1981.

36. 叶昌媛,费梁,胡淑琴.中国珍稀及经济两栖动物.成都:四川科学技术出版社,1993.

37. 张沅.家畜育种学.北京:中国农业出版社,2001.

38. 张洁.中国兽类生物学研究.北京:中国林业出版社,1995.

39. 张觉民.中国内陆水域渔业资源.北京:中国农业出版社,1990.

40. 张容昶.中国的牦牛.兰州:甘肃科学技术出版社,1989.

41. 张兴忠,仇潜如,陈曾龙,等.鱼类遗传与育种.北京:中国农业出版社,1988.

42. 郑生武.中国西北地区珍稀濒危动物志.北京:中国林业出版社,1993.

43. 郑作新.中国经济动物志——鸟类(第二版).北京:科学出版社,1993.

44. 中国自然资源丛书编撰委员会.中国自然资源丛书(渔业卷).北京:中国环境科学出版社,1995.

45. 中华人民共和国林业部野生动物保护司.中国野生动物保护管理文件汇编.北京:中国林业出版社,1994.

46. 中华人民共和国水产局.中国渔业统计四十年.北京:海洋出版社,1991.

47. 钟金城.牦牛遗传与育种.成都:四川科学技术出版社,1996.

48. 周放,刘小华,曹指南,等.野生经济动物的养殖.南宁:广西人民出版社,1988.

附 录

国家重点保护野生动物名录

(1988 年 12 月 10 日国务院批准)

中　　名	学　　名	保护级别	
		Ⅰ级	Ⅱ级
兽纲 MAMMALIA			
灵长目	*Primates*		
懒猴科	*Lorisidae*		
蜂猴(所有种)	*Nycticebus spp.*	Ⅰ	
猴科	*Cercopithecidae*		
短尾猴	*Macaca arctoides*		Ⅱ
熊猴	*Macaca assamensis*	Ⅰ	
台湾猴	*Macaca cyclopis*		Ⅰ
猕猴	*Macaca mulatta*		Ⅱ
豚尾猴	*Macaca nemestrina*	Ⅰ	
藏酋猴	*Macaca thibetana*		Ⅱ
叶猴(所有种)	*Presbytis spp.*	Ⅰ	
金丝猴(所有种)	*Rhinopithecus spp.*	Ⅰ	
猩猩科	*Pongidae*		
长臂猿(所有种)	*Hylobates spp.*		Ⅰ
鳞甲目	*Pholidota*		
鲮鲤科	*Manidae*		
穿山甲	*Manis pentadactyla*		Ⅱ
食肉目	*Carnivora*		
犬科	*Canidae*		
豺	*Cuon alpinus*		Ⅱ

中　　名	学　　名	保护级别	
		Ⅰ级	Ⅱ级
熊科	*Ursidae*		
黑熊	*Selenarctos thibetanus*		Ⅱ
棕熊	*Ursus arctos*		Ⅱ
（包括马熊）	*U. a. pruinosus*		
马来熊	*Helarctos malayanus*	Ⅰ	
浣熊科	*Procyonidae*		
小熊猫	*Ailurus fulgens*		Ⅱ
大熊猫科	*Ailuropodidae*		
大熊猫	*Ailuropoda melanoleuca*	Ⅰ	
鼬科	*Mustelidae*		
石貂	*Martes foina*		Ⅱ
紫貂	*Martes zibellina*	Ⅰ	
黄喉貂	*Martes flavigula*		Ⅱ
貂熊	*Gulo gulo*	Ⅰ	
＊水獭（所有种）	*Lutra spp.*		Ⅱ
＊小爪水獭	*Aonyx cinerea*		Ⅱ
灵猫科	*Viverridae*		
斑林狸	*Prionodon pardicolor*		Ⅱ
大灵猫	*Viverra zibetha*		Ⅱ
小灵猫	*Viverricula indica*		Ⅱ
熊狸	*Arctictis binturong*	Ⅰ	
猫科	*Felidae*		
草原斑猫	*Felis lybica*（＝*silvestris*）		Ⅱ
荒漠猫	*Felis bieti*		Ⅱ
丛林猫	*Felis chaus*		Ⅱ
猞猁	*Felis lynx*		Ⅱ
兔狲	*Felis manul*		Ⅱ
金猫	*Felis temmincki*		Ⅱ
渔猫	*Felis viverrinus*		Ⅱ
云豹	*Neofelis nebulosa*	Ⅰ	
豹	*Panthera pardus*	Ⅰ	
虎	*Panthera tigris*	Ⅰ	
雪豹	*Panthera uncia*	Ⅰ	
＊鳍足目（所有种）	*Pinnipedia*		Ⅱ

附
录

中　名	学　名	保护级别	
		Ⅰ级	Ⅱ级
海牛目	Sirenia		
儒艮科	Dugongidae		
＊儒艮	Dugong dugong	Ⅰ	
鲸目	Cetacea		
喙豚科	Platanistidae		
＊白暨豚	Lipotes vexillifer	Ⅰ	
海豚科	Delphinidae		
＊中华白海豚	Sousa chinensis	Ⅰ	
＊其他鲸类	(Cetacea)		Ⅱ
长鼻目	Proboscidea		
象科	Elephantidae		
亚洲象	Elephas maximus	Ⅰ	
奇蹄目	Perissodactyla		
马科	Equidae		
蒙古野驴	Equus hemionus	Ⅰ	
西藏野驴	Equus kiang	Ⅰ	
野马	Equus przewalskii	Ⅰ	
偶蹄目	Artiodactyla		
驼科	Camelidae		
野骆驼	Camelus ferus（＝bactrianus）	Ⅰ	
鼷鹿科	Tragulidae		
鼷鹿	Tragulus javanicus	Ⅰ	
麝科	Moschidae		
麝(所有种)	Moschus spp.		Ⅱ
鹿科	Cervidae		
河麂	Hydropotes inermis		Ⅱ
黑麂	Muntiacus crinifrons	Ⅰ	
白唇鹿	Cervus albirostris	Ⅰ	
马鹿	Cervus elaphus		Ⅱ
(包括白臀鹿)	(C. e. macneilli)		
坡鹿	Cervus eldi	Ⅰ	
梅花鹿	Cervus nippon	Ⅰ	
豚鹿	Cervus porcinus	Ⅰ	
水鹿	Cervus unicolor		Ⅱ
麋鹿	Elaphurus davidianus	Ⅰ	

中　名	学　名	保护级别	
		Ⅰ级	Ⅱ级
驼鹿	Alces alces		Ⅱ
牛科	Bovidae		
野牛	Bos gaurus	Ⅰ	
野牦牛	Bos mutus（＝grunniens）	Ⅰ	
黄羊	Procapra gutturosa		Ⅱ
普氏原羚	Procapra przewalskii	Ⅰ	
藏原羚	Procapra picticaudata		Ⅱ
鹅喉羚	Gazella subgutturosa		Ⅱ
藏羚	Pantholops hodgsoni	Ⅰ	
高鼻羚羊	Saiga tatarica	Ⅰ	
扭角羚	Budorcas taxicolor	Ⅰ	
鬣羚	Capricornis sumatraensis		Ⅱ
台湾鬣羚	Capricornis crispus	Ⅰ	
赤斑羚	Naemorhedus cranbrooki	Ⅰ	
斑羚	Naemorhedus goral		Ⅱ
塔尔羊	Hemitragus jemlahicus	Ⅰ	
北山羊	Capra ibex	Ⅰ	
岩羊	Pseudois nayaur		Ⅱ
盘羊	Ovis ammon		Ⅱ
兔形目	Lagomorpha		
兔科	Leporidae		
海南兔	Lepus peguensis hainanus		Ⅱ
雪兔	Lepus timidus		Ⅱ
塔尔木兔	Lepus yarkandensis		Ⅱ
啮齿目	Rodentia		
松鼠科	Sciuridae		
巨松鼠	Ratufa bicolor		Ⅱ
河狸科	Castoridae		
河狸	Castor fiber	Ⅰ	
鸟纲 *AVES*			
鸊鷉目	Podicipediformes		
鸊鷉科	Podicipedidae		
角鸊鷉	Podiceps auritus		Ⅱ
赤颈鸊鷉	Podiceps grisegena		Ⅱ
鹱形目	Procellarllformes		

中　名	学　名	保护级别	
		Ⅰ级	Ⅱ级
信天翁科	Diomedeidae		
短尾信天翁	Diomedea albatrus	Ⅰ	
鹈形目	Pelecaniformes		
鹈鹕科	Pelecanidae		
鹈鹕(所有种)	Pelecanus spp.		Ⅱ
鲣鸟科	Sulidae		
鲣鸟(所有种)	Sula spp.		Ⅱ
鸬鹚科	Phalacrocoracidae		
海鸬鹚	Phalacrocorax pelagicus		Ⅱ
黑颈鸬鹚	Phalacrocorax niger		Ⅱ
军舰鸟科	Fregatidae		
白腹军舰鸟	Fregata andrewsi	Ⅰ	
鹳形目	Ciconllformes		
鹭科	Ardeidae		
黄嘴白鹭	Egretta eulophotes		Ⅱ
岩鹭	Egretta sacra		Ⅱ
海南虎斑鳽	Gorsachius magnificus		Ⅱ
小苇鳽	Ixbrychus minutus		Ⅱ
鹳科	Ciconiidae		
彩鹳	Ibis leucocephalus		Ⅱ
白鹳	Ciconia ciconia	Ⅰ	
黑鹳	Ciconia nigra	Ⅰ	
鹮科	Threskiornithidae		
白鹮	Threskiornis aethiopicus		Ⅱ
黑鹮	Pseudibis papillosa		Ⅱ
朱鹮	Nipponia nippon	Ⅰ	
彩鹮	Plegadis falcinellus		Ⅱ
白琵鹭	Platalea leucorodia		Ⅱ
黑脸琵鹭	Platalea minor		Ⅱ
雁形目	Anseriformes		
鸭科	Anatidae		
红胸黑雁	Branta ruficollis		Ⅱ
白额雁	Anser albifrons		Ⅱ
天鹅(所有种)	Cygnus spp.		Ⅱ
鸳鸯	Aix galericulata		Ⅱ

中　名	学　名	保护级别	
		Ⅰ级	Ⅱ级
中华秋沙鸭	Mergus squamatus	Ⅰ	
隼形目	Falconiformes		
鹰科	Accipitridae		
金雕	Aquila chrysaetos	Ⅰ	
白肩雕	Aquila heliaca	Ⅰ	
玉带海雕	Haliaeetus leucoryphus	Ⅰ	
白尾海雕	Haliaeetus albcilla	Ⅰ	
虎头海雕	Haliaeetus pelagicus	Ⅰ	
拟兀鹫	Pseudogyps bengalensis	Ⅰ	
胡兀鹫	Gypaetus barbatus	Ⅰ	
其他鹰类	（Accipitridae）		Ⅱ
隼科（所有种）	Falconidae		Ⅱ
鸡形目	Galliformes		
松鸡科	Tetraonidae		
细嘴松鸡	Tetrao parvirostris	Ⅰ	
黑琴鸡	Lyrurus tetrix		Ⅱ
柳雷鸟	Lagopus lagopus		Ⅱ
岩雷鸟	Lagopus mutus		Ⅱ
镰翅鸟	Falcipennis falcipennis		Ⅱ
花尾榛鸡	Tetrastes bonasia		Ⅱ
斑尾榛鸡	Tetrastes sewerzowi	Ⅰ	
雉科	Phasianidae		
雪鸡（所有种）	Tetraogallus spp.		Ⅱ
雉鹑	Tetraophasis obscurus	Ⅰ	
四川山鹧鸪	Arborophila rufipectus	Ⅰ	
海南山鹧鸪	Arborophila ardens	Ⅰ	
血雉	Ithaginis cruentus		Ⅱ
黑头角雉	Tragopan melanocephalus	Ⅰ	
红胸角雉	Tragopan satyra	Ⅰ	
灰腹角雉	Tragopan blythii	Ⅰ	
红腹角雉	Tragopan temminckii		Ⅱ
黄腹角雉	Tragopan caboti	Ⅰ	
虹雉（所有种）	Lophophorus spp.	Ⅰ	
藏马鸡	Crossoptilon crossoptilon		Ⅱ
蓝马鸡	Crossoptilon aurtun		Ⅱ

中 名	学 名	保护级别	
		Ⅰ级	Ⅱ级
褐马鸡	Crossoptilon mantchuricum	Ⅰ	
黑鹇	Lophura leucomelana		Ⅱ
白鹇	Lophura nycthemera		Ⅱ
蓝鹇	Lophura swinhoii	Ⅰ	
原鸡	Gallus gallus		Ⅱ
勺鸡	Pucrasia macrolopha		Ⅱ
黑颈长尾雉	Syrmaticus humiae	Ⅰ	
白冠长尾雉	Syrmaticus reevesii		Ⅱ
白颈长尾雉	Syrmaticus ewllioti	Ⅰ	
黑长尾雉	Syrmaticus mikado	Ⅰ	
锦鸡(所有种)	Chrysolophus spp.		Ⅱ
孔雀雉	Polyplectron bicalcaratum	Ⅰ	
绿孔雀	Pavo muticus	Ⅰ	
鹤形目	Gruiformes		
鹤科	Gruidae		
灰鹤	Grus grus		Ⅱ
黑颈鹤	Grus nigricollis	Ⅰ	
白头鹤	Grus monacha	Ⅰ	
沙丘鹤	Grus canadensis		Ⅱ
丹顶鹤	Grus japonensis	Ⅰ	
白枕鹤	Grus vipio		Ⅱ
白鹤	Grus leucogeranus	Ⅰ	
赤颈鹤	Grus antigone	Ⅰ	
蓑羽鹤	Anthropoides virgo		Ⅱ
秧鸡科	Rallidae		
长脚秧鸡	Crex crex		Ⅱ
姬田鸡	Porzana parva		Ⅱ
棕背田鸡	Porzana bicolor		Ⅱ
花田鸡	Coturnicops noveboracensis		Ⅱ
鸨科	Otidae		
鸨(所有种)	Otis spp.	Ⅰ	
形鸻目	Charadriiformes		
雉鸻科	Jacanidae		
铜翅水雉	Metopidius indicus		Ⅱ
鹬科	Soolopacidae		

中　名	学　名	保护级别	
		Ⅰ级	Ⅱ级
小勺鹬	Numenius borealis		Ⅱ
小青脚鹬	Tringa guttifer		Ⅱ
燕鸻科	Glareolidae		
灰燕鸻	Glareola lactea		Ⅱ
鸥形目	Lariformes		
鸥科	Laridae		
遗鸥	Larus relictus	Ⅰ	
小鸥	Larus minutus		Ⅱ
黑浮鸥	Chlidonias niger		Ⅱ
黄嘴河燕鸥	Sterna aurantia		Ⅱ
黑嘴端凤头燕鸥	Thalasseus zimmermanni		Ⅱ
鸽形目	Columbiformes		
沙鸡科	Pteroclididae		
黑腹沙鸡	Pterocles orientalis		Ⅱ
鸠鸽科	Columbidae		
绿鸠（所有种）	Treron spp.		Ⅱ
黑颏果鸠	Ptilinopus leclancheri		Ⅱ
皇鸠（所有种）	Ducula spp.		Ⅱ
斑尾林鸽	Columba palumbus		Ⅱ
鹃鸠（所有种）	Macropygia spp.		Ⅱ
鹦形目	Psittaciformes		
鹦鹉科（所有种）	Psittacidae		Ⅱ
鹃形目	Cuculiformes		
杜鹃科	Cuculidae		
鸦鹃（所有种）	Centropus spp.		Ⅱ
鸮形目（所有种）	Strigiformes		Ⅱ
雨燕目	Apodiformes		
雨燕科	Apodidae		
灰喉针尾雨燕	Hirundapus cochinchinensis		Ⅱ
凤头雨燕科	Hemiprocnidae		
凤头雨燕	Hemiprocne longipennis		Ⅱ
咬鹃目	Trogoniformes		
咬鹃科	Trogonidae		
橙胸咬鹃	Harpactes oreskios		Ⅱ
佛法僧目	Coraciiformes		

中　名	学　名	保护级别	
		Ⅰ级	Ⅱ级
翠鸟科	Alcedinidae		
蓝耳翠鸟	Alcedo meninting		Ⅱ
鹳嘴翠鸟	Pelargopsis capensis		Ⅱ
蜂虎科	Meropidae		
黑胸蜂虎	Merops leschenaulti		Ⅱ
绿喉蜂虎	Merops orientalis		Ⅱ
犀鸟科（所有种）	Bucertidae		Ⅱ
䴕形目	Piciformes		
啄木鸟科	Picidae		
白腹黑啄木鸟	Dryocopus javensis		Ⅱ
雀形目	Passeriformes		
阔嘴鸟科（所有种）	Eurylaimidae		Ⅱ
八色鸫科（所有种）	Pittidae		Ⅱ
爬行纲 REPTILIA			
龟鳖目	Testudoformes		
龟科	Emydidae		
＊地龟	Geoemyda spengleri		Ⅱ
＊三线闭壳龟	Cuora trifasciata		Ⅱ
＊云南闭壳龟	Cuora yunnanensis		Ⅱ
陆龟科	Testudinidae		
四爪陆龟	Testudo horsfieldi	Ⅰ	
凹甲陆龟	Manouria impressa		Ⅱ
海龟科	Cheloniidae		
＊蠵龟	Caretta caretta		Ⅱ
＊绿海龟	Chelonia mydas		Ⅱ
＊玳瑁	Eretmochelys imbricata		Ⅱ
＊太平洋丽龟	Lepidochelys olivacea		Ⅱ
棱皮龟科	Dermochelyidae		
＊棱皮龟	Dermochelys coriacea		Ⅱ
鳖科	Trionychidae		
＊鼋	Pelochelys bibroni	Ⅰ	
＊山瑞鳖	Trionyx steindachneri		Ⅱ
蜥蜴目	Lacertiformes		
壁虎科	Gekkonidae		
大壁虎	Gekko gecko		Ⅱ

中　　名	学　　名	保护级别	
		Ⅰ级	Ⅱ级
鳄蜥科	Shinisauridae		
蜥鳄	Shinisaurus crocodilurus	Ⅰ	
巨蜥科	Varanidae		
巨蜥	Varanus salvator	Ⅰ	
蛇目	Serpentiformes		
蟒科	Boidae		
蟒	Python molurus	Ⅰ	
鳄目	Crocodiliformes		
鼍科	Alligatoridae		
扬子鳄	Alligator sinensis	Ⅰ	
两栖纲 AMPHIBIA			
有尾目	Caudata		
隐鳃鲵科	Cryptobranchidae		
＊大鲵	Andrias davidianus		Ⅱ
蝾螈科	Salamandridae		
＊细痣疣螈	Tylototriton asperrimus		Ⅱ
＊镇海疣螈	Tylototriton chinhaiensis		Ⅱ
＊贵州疣螈	Tylototriton kweichowensis		Ⅱ
＊大凉疣螈	Tylototriton taliangensis		Ⅱ
＊细瘰疣螈	Tylototriton verrucosus		Ⅱ
无尾目	Anura		
蛙科	Ranidae		
虎纹蛙	Rana tigrina		Ⅱ
鱼纲 PISCES			
鲈形目	Perciformes		
石首鱼科	Sciaenidae		
＊黄唇鱼	Bahaba flavolabiata		Ⅱ
杜父鱼科	Cottidae		
＊松江鲈鱼	Trachidermus fasciatus		Ⅱ
海龙鱼目	Syngnathiformes		
海龙鱼科	Syngnathidae		
＊克氏海马鱼	Hippocampus kelloggi		Ⅱ
鲤形目	Cypriniformes		
胭脂鱼科	Catostomidae		
＊胭脂鱼	Myxocyprinus asiaticus		Ⅱ

中　名	学　名	保护级别	
		Ⅰ级	Ⅱ级
鲤科	Cyprinidae		
＊唐鱼	Tanichthys albonubes		Ⅱ
＊大头鲤	Cyprinus pellegrini		Ⅱ
＊金钱鲃	Sinocyclocheilus grahami grahami		Ⅱ
＊新疆大头鱼	Aspiorhynchus laticeps	Ⅰ	
＊大理裂腹鱼	Schizothorax taliensis		Ⅱ
鳗鲡目	Anguilliformes		
鳗鲡科	Anguillidae		
＊花鳗鲡	Anguilla marmorata		Ⅱ
鲑形目	Salmoniformes		
鲑科	Salmonidae		
＊川陕哲罗鲑	Hucho bleekeri		Ⅱ
＊秦岭细鳞鲑	Brachymystax lenok tsinlingensis		Ⅱ
鲟形目	Acipenseriformes		
鲟科	Acipenseridae		
＊中华鲟	Acipenser sinensis	Ⅰ	
＊达氏鲟	Acipenser dabryanus	Ⅰ	
匙吻鲟科	Polyodontidae		
＊白鲟	Psephurus gladius	Ⅰ	
文昌鱼纲 *APPENDICULARIA*			
文昌鱼目	Amphioxiformes		
文昌鱼科	Branchiostomatidae		
＊文昌鱼	Branchiotoma belcheri		Ⅱ
珊瑚纲 *ANTHOZOA*			
柳珊瑚目	Gorgonacea		
红珊瑚科	Coralliidae		
＊红珊瑚	Corallium spp.	Ⅰ	
腹足纲 *GASTROPODA*			
中腹足目	Mesogastropoda		
宝贝科	Cypraeidae		
＊虎斑宝贝	Cypraea tigris		Ⅱ
冠螺科	Cassididae		
＊冠螺	Cassis cornuta		Ⅱ

中　名	学　名	保护级别	
		Ⅰ级	Ⅱ级
瓣鳃纲 *LAMELLIBRANCHIA*			
异柱目	Anisomyaria		
珍珠贝科	Pteriidae		
＊大珠母贝	Pinctada maxima		Ⅱ
真瓣鳃目	Eulamellibranchia		
砗磲科	Tridacnidae		
＊库氏砗磲	Tridacna cookiana	Ⅰ	
蚌科	Unionidae		
＊佛耳丽蚌	Lamprotula mansuyi		Ⅱ
头足纲 *CEPHALOPODA*			
四鳃目	Tetrabranchia		
鹦鹉螺科	Nautilidae		
＊鹦鹉螺	Nautilus pompilius	Ⅰ	
昆虫纲 *INSECTA*			
双尾目	Dipura		
铗科	Japygidae		
伟铗	Atlasjapyx atlas		Ⅱ
蜻蜓目	Odonata		
箭蜓科	Gomphidae		
尖板曦箭蜓	Heliogomphus retroflexus		Ⅱ
宽纹北箭蜓	Ophiogomphus spinicorne		Ⅱ
缺翅目	Zoraptera		
缺翅虫科	Zorotypidae		
中华缺翅虫	Zorotypus sinensis		Ⅱ
墨脱缺翅虫	Zorotypus medoensis		Ⅱ
蛩蠊目	Grylloblattodae		
蛩蠊科	Grylloblattidae		
中华蛩蠊	Galloisiana sinensis	Ⅰ	
鞘翅目	Coleoptera		
步甲科	Carabidae		
拉步甲	Carabus (Coptolabrus) lafossei		Ⅱ
硕步甲	Carabus (Apotopterus) davidi		Ⅱ
臂金龟科	Euchiridae		

中　名	学　名	保护级别	
		Ⅰ级	Ⅱ级
彩臂金龟（所有种）	Cheirotonus spp.		Ⅱ
犀金龟科	Dynastidae		
叉犀金龟	Allomyrina davidis		Ⅱ
鳞翅目	Lepidoptera		
凤蝶科	Papilionidae		
金斑喙凤蝶	Teinopalpus aureus	Ⅰ	
双尾褐凤蝶	Bhutanitis mansfieldi		Ⅱ
三尾褐凤蝶	Bhutanitis thaidina dongchuanensis		Ⅱ
中华虎凤蝶	Luehdorfia chinensis huashanensis		Ⅱ
绢蝶科	Parnassidae		
阿波罗绢蝶	Parnassius apollo		Ⅱ
肠鳃纲 ENTEROPNEUSTA			
柱头虫科	Balanoglossidae		
＊多鳃孔舌形虫	Glossobalanus polybranchioporus	Ⅰ	
玉钩虫科	Harrimaniidae		
＊黄岛长吻虫	Saccoglossus hwangtauensis	Ⅰ	

注：标"＊"者，由渔业行政主管部门主管；未标"＊"者，由林业行政主管部门主管。